河谷型城市气候效应

——格局、过程、机制与调控

李国栋　著

科学出版社

北京

内 容 简 介

本书是一部系统介绍河谷型城市气候效应的学术专著，从格局、过程、机制、调控四个维度开展河谷型城市气候效应研究。主要内容包括：城市气候理论和方法的发展历程与现状，河谷型城市的地理环境特征，河谷型城市气候效应的多时间尺度变化特征，在城市尺度、街区尺度、建筑物尺度下的城市非均匀下垫面热场、湿度场、热环境的时空格局和动态演变过程，河谷型城市典型下垫面的辐射平衡、能量平衡、地-气能量交换过程及城市气候效应的驱动机制，城市化进程与城市气候效应的关联机制，河谷型城市气候效应的趋势预测和调控策略。

本书可供从事地理、大气、环境、生态、规划等学科领域的科研人员和高等院校师生参考使用。

图书在版编目（CIP）数据

河谷型城市气候效应：格局、过程、机制与调控 / 李国栋著. —北京：科学出版社，2021.10

ISBN 978-7-03-070021-6

Ⅰ．①河…　Ⅱ．①李…　Ⅲ．①城市气候－气候效应－研究－兰州　Ⅳ．① P468.242.1

中国版本图书馆 CIP 数据核字（2021）第 206399 号

责任编辑：李秋艳 / 责任校对：何艳萍
责任印制：吴兆东 / 封面设计：蓝正设计

科学出版社 出版
北京东黄城根北街16号
邮政编码：100717
http://www.sciencep.com

北京捷迅佳彩印刷有限公司 印刷
科学出版社发行　各地新华书店经销

*

2021年10月第 一 版　开本：720×1000 B5
2021年10月第一次印刷　印张：18 3/4
字数：375 000

定价：189.00元
（如有印装质量问题，我社负责调换）

城市化进程的加快是目前全球性变化趋势之一，城市化的速度和规模已成为检验社会文明和生产力发达程度的重要标志。随着城市规模不断扩大、人口不断增长、人类活动加剧、区域的土地利用/覆盖发生了急剧变化，这种变化通过陆面过程改变原有地-气间的物质、能量交换过程；同时，城市高度集中的经济活动、工业生产以及生活活动向大气中排放了大量的人为热量、污染物、气溶胶等物质。这些因素共同作用于大气，使城市大气边界层特性和结构发生变化，进而影响局地天气过程和局地环流，导致城市气候要素发生显著变化，城市气候出现"五岛"效应特征，城市化气候效应成为既影响气候过程又影响生态过程的城市环境问题。同时，全球变暖也是当前全球性变化趋势之一，工业革命以来的全球气候变暖已经成为毋庸置疑的事实，对全球生态系统的结构、功能和过程甚至世界各国的社会经济、政治外交等领域产生了并将继续产生深远影响。当前，在气候变暖的背景下，城市化气候效应对全球变暖的贡献问题已经引起广泛关注，开展全球变暖和城市化双重作用下的城市气候效应研究已成为当今气候、生态、环境领域研究的新热点。

河谷型城市是城市建成区在河谷中形成和发育的城市，其城市空间尺度和形态特征受到河谷地形较为强烈的限制，本书选择中国非常典型的河谷型城市——兰州市作为研究案例。首先，河谷型城市空间结构和演变过程明显有别于平原型城市；其次，河谷型城市环境容量比平原型城市相对较小，极易造成城市大气污染，该问题已具有全球普遍性，大气污染物的扩散与河谷型城市特殊的局地环流和城市气候特征有密切关系；再次，河谷型城市边界层大气易形成逆温，静风频率高，这将导致非常不利的扩散条件和有限的环境容量，导致频繁的雾霾和热浪。这些自然因素和人为因素使得河谷型城市气候效应时空格局、演变过程和驱动机制较其他城市表现的更加突出和独特，研究内容具有特色和创新。本书对于研究河谷型城市的大气污染治理、土地利用、城市规划、人居环境和城市生态建设等方面具有一定的理论价值和现实意义。

本书基于作者在兰州大学攻读博士期间、河南大学工作期间及英国诺丁汉大学公派访学期间所做的研究工作，总结国家自然科学基金"典型河谷型城市非均匀下垫面温湿场多尺度结构特征及其能量驱动机制研究（U1404401）"、河南省教育厅科学技术研究重点项目"全球变化和都市化双重作用下的郑州城市气候效应分析和模拟（12A170002）"等项目的研究成果，梳理作者近16年来在城市气候领域的研究，并综合国内外学者相关研究成果撰写而成的。本书从格局、过程、机制、调控四个维度开展河谷型城市气候效应研究，主要研究内容包括：①城市气候研究的发展历程、研究现状、研究方法和理论的总结和评述；②河谷型城市的地理环境特征；③河谷型城市气候效应多时间尺度变化特征；④城市尺度下的地面热场空间格局；⑤街区尺度下的非均匀下垫面热场和湿度场时空演变；⑥建筑物尺度下的热环境和能量交换过程模拟；⑦河谷型城市下垫面辐射平衡、能量平衡和地-气能量交换过程；⑧河谷型城市气候效应与城市化进程的定量关系及其趋势预测；⑨河谷型城市气候效应的减缓措施和调控策略。

在本书的编写过程中，兰州大学王乃昂教授，河南大学张俊华教授、丁圣彦教授、朱连奇教授、马建华教授、潘少奇副教授、田海峰讲师，英国诺丁汉大学 Parham A. Mirzaei 博士，加拿大康考迪亚大学 Fariborz Haghighat 教授等专家给予了帮助和支持，在此表示衷心感谢。河南大学硕士研究生任晓娟、刘曼、吴东星，河南大学博士研究生丁亚鹏、田惠文，复旦大学博士研究生张茜等参与了资料收集整理、数据处理等方面的工作，一并表示感谢。

在本书的编辑和出版过程中，科学出版社李秋艳编辑付出了大量辛勤工作和给予了宝贵建议，在此表示衷心感谢！在成书过程中，引用了大量学者的研究成果，在此表示诚挚谢意！若有标注疏漏，同时表示歉意。

由于河谷型城市非均匀下垫面和城市大气边界层的复杂性、城市化等人类活动的不确定性，对河谷型城市气候效应的研究具有挑战性，对其理解和分析仍有待深入。加之作者水平和精力所限，书中的遗漏、不足甚至谬误之处还仍然存在，殷切希望各位专家和同仁慷慨地给予批评指正。

李国栋

2021年6月于河南大学

目　　录

第1章 绪 论

1.1 快速城市化进程

随着人类社会文明和经济的发展，城市逐渐兴起并成为人类活动比较集中的区域。城市化是指人口向城市或城市地带集中、乡村地区转变为城市地区的现象或过程，它既表现为非农产业和人口向原城市集聚，城市规模扩大，又表现为在非农产业和人口集聚的基础上形成新的城市，城市数量增加。在某种程度上，城市化既是人类进步必然要经过的过程，也是人类社会结构变革中的一个重要节点，只有经历了城市化才能真正地实现现代化的目标（杨秋各和曹雪芹，2019）。因此，城市化的速度和规模成为检验社会文明和生产力发达的重要标志之一。中国的城市化与美国的高科技被认为是深刻影响21世纪人类发展的两大主题。城市规模随人口的增加而迅速增大，2000年全球居住在城市里的人口比例为45%，到2014年这个比例达到了54%，预计到2050年将达到66%（Du et al.，2016）。

我国改革开放初期，工业化的迅速发展推动了中国经济开始高速发展。20世纪90年代中后期，在外向型工业化快速发展的同时，中国城市化也开始了其加速历程，并成为中国经济进一步发展的新动力（张平和刘霞辉，2011）。在工业化和城市化的带动下，中国经济保持了三十多年的高速增长，被称为"中国奇迹"。中国经济的发展进一步推动了城市化的快速发展，城市化率从1949年的10.6%增长到2018年的59.58%，城镇常住人口增加了约7.7亿人，如此大规模的农村人口迁移到城市，在世界城市化发展历史上也是少见的经典案例（踪家峰和林宗建，2019）。

我国的城市化进程具有明显的阶段性特征，新中国成立以后至1978年城市化进程缓慢而曲折，城乡二元结构明显。这一时期，中国过度加快工业化的发展，特别是重工业的发展水平，城镇化的发展主要以工业化为特征。这一阶段的城市化特征是：城市人口快速增长，城市化的年均增长率为0.53%，略高于世界平均水平。城市化水平由1949年的10.6%增加到1978年的17.92%，30年间增加了7.32%，城市数量由1949年的136个增加到1978年的192个，30年间增加了56个（连倩倩和安乾，2018；踪家峰和林宗建，2019；杨秋各和曹雪芹，2019）。1978～2012年为我国城市化转型阶段，改革开放以来，原有的计划经济体制逐渐放开，商品经济快速发展，同时国家放松了对人口流动的管制，城市经济体制改革陆续展开，小城镇发展战略的实施、经济开发区的普遍建立以及乡镇企业的兴起，推动了城市化水平的高速发展。从1979年到1991年，全国共新增城市286个，相当于前30年增加数的4.7倍。到1991年末，城镇人口增加到31203万人，城市化率达到26.94%，比1978年提高了9个百分点。此后，城市化进程不断加快，2010年城市化水平达到了49.68%，城乡人口基本上持平。2012年以来为城市化新常态化阶段，十九大报告明确提出了实行乡村振兴战略，破除城乡二元结构，推进城乡一体化发展。国民经济和社会发展第十个五年计划中突出了城市化因素，《国家中长期科学和技术发展规划纲要（2006—2020年）》首次将"城镇化与城市发展"列为主题，使中国城市化研究进入空前的繁荣时期。2015年城市化率达到56.1%，城镇常住人口达到7.7亿人，2017年1000万人口以上城市达到7个，500万～1000万人城市达到9个，100万～500万人城市达到124个，50万～100万人城市达到138个，50万人以下城市达到380个（顾朝林等，2008；连倩倩和安乾，2018；踪家峰和林宗建，2019；杨秋各和曹雪芹，2019；郑毅，2020）。目前，我国城市化呈现出下面的特征。

1）城市化已经进入快速增长时期

中国城市化进程不断加快，20世纪80年代，中国的城市化率不超过20%，与世界发达国家相距甚远；90年代以后，超过25%；21世纪以来，中国的城市化率已超过50%。由此可见，中国城市化率不断提高，城市人口规模不断扩大。1949年中国城市化水平仅10.6%，1979～1996年，中国城市化水平由17.92%提高到30.48%，年均增长0.70个百分点，是前29年中国城市化速度的2.5倍，是世界同期城市化平均速度的2倍。1997～2006年，城市化水平年均增幅1.33%，是1979～1996年的2倍左右，城市化进入快速发展期（顾朝林等，2008）。

2）多层次城市体系正在形成

中国城市体系规模结构从城镇数量的分布看，呈宝塔形，结构基本合理。

城镇人口数量的分布则呈葫芦形，两头粗中间细，大城市和小城市的人口数量偏多。在全国范围内已初步形成以大城市为中心，中小城市为骨干，小城镇为基础的多层次城市体系。

　　3）不同地区的城市化水平不同，城市群成为国家经济增长核心

　　我国幅员辽阔，不同地区的经济发展水平不尽相同。中国沿海和沿江地区，由于拥有多方面的地理优势和较好的经济基础，始终是中国城市分布最密集的地区，也是若干城市密集区形成、发展的主要地带，其城市化进程非常快。中部城市的经济发展水平有待提高，西部地区的城市化水平最低。城市群也在国内正在形成并发展。2006年，珠江三角洲、长江三角洲、环渤海湾地区三大城市密集区GDP分别占全国的11.34%、20.67%和10.34%，三大城市群GDP占全国的比重达42%以上（顾朝林等，2008；林雨滢，2019；孙倩，2020）。

　　研究表明，2016年有54%的世界人口被报告为城市居民，预计到2050年，全球城市居民将增长到68%（Du et al.，2016；Kousis and Pisello，2020；Guo et al.，2020；Yamak et al.，2021）；而越来越多城市人口的快速增加，使得世界范围内的城市化进程加快，从而引起了土地覆盖和土地利用的变化和一系列的环境问题，导致城市气候效应的增强（Morabito et al.，2016；Lu et al.，2020）。

1.2　全球气候变暖

　　近百年来，全球气候变暖已经成为毋庸置疑的事实。自1950年以来，气候系统观测到的许多变化是过去几十年甚至近千年以来史无前例的。IPCC（2014）第五次评估报告指出，1880～2012年，全球海陆表面平均温度呈线性上升趋势，升高了0.85℃（0.65～1.06℃），2003～2012年平均温度比1850～1900年平均温度上升了0.78℃，过去30年，每10年地表温度的增暖幅度高于1850年以来的任何时期。其间，陆地比海洋增温快，高纬度地区增温比中低纬度地区大，冬半年增温比夏半年明显。在北半球，1983～2012年是过去1400年来最热的30年，21世纪的第一个10年是最暖的10年。特别是1971～2010年海洋变暖所吸收热量占地球气候系统热能储量的90%以上，海洋上层（0～700m）已经变暖。具有高信度的是，在中世纪气候异常期（950～1250年）中的多个年代内一些区域的温暖程度与20世纪后期相当。几乎可以确定的是，自20世纪中

叶以来，在全球范围内对流层已变暖（沈永平和王国亚，2013；Daba and You，2020）。全球变暖对全球生态系统的结构、功能和过程甚至世界各国的社会经济、政治外交等领域产生了并将继续产生重大影响。因此，全球变暖问题已成为各国政府、社会公众以及科学界共同关心的重大问题。

中国气候变暖趋势与全球及北半球基本一致，中国陆地区域的平均地表气温在1909~2011年上升幅度达到了1.2℃。特别是近50年中国平均气温变暖趋势达到了0.6~1.1℃/50a，升温速率可达0.25℃/10a，大于北半球平均的升温速率（林学椿和于淑秋，2003；任国玉等，2005；赵宗慈等，2005；丁一汇等，2007；张学珍等，2020），可认为在近百年来，我国变暖趋势高于全球平均水平（Cao et al.，2017）。气候代用资料研究也表明，中国20世纪的变暖在近千年中属于明显的。气温变暖幅度在空间上是不均匀的，最显著的变暖发生在中国的西北部和东北部，中国北方地区气温升高幅度大于南方地区，青藏高原大于同纬度的亚热带区域，气温年方差总体呈现减小趋势，气温年内波动减缓（Chen et al.，2014；Cheng et al.，2019；赵东升等，2020）。相关研究表明，中国西北地区近50年平均气温呈极显著上升趋势，增幅达到0.427℃/10a，西北地区气温持续变暖、降水量总体增加趋势（刘维成等，2017；罗万琦等，2018；黄小燕等，2018；冯蜀青等，2019）。

全球气候变化的原因包括自然因素与人为因素两大类。目前，多数气候学家认为1850~1920年的变暖主要由太阳辐射的增加、火山活动的减少及气候系统内部因子的反馈引起；而导致近50年来变暖的主要影响因子则是人类活动，主要由于温室气体排放导致的温室效应增强有关，IPCC报告认为在过去的100多年里，尤其是最近50年中，人类活动引起大气中温室气体特别是CO_2的浓度超出了过去40万年间的任何时期。

1.3　城市气候效应

伴随着城市化高速发展，城市成为人类活动最剧烈的区域，人口密集，下垫面变化很大，由于高度集中的经济活动、工业生产以及居民生活向城市大气中排放大量的温室气体、人为热量、人为水汽、烟尘、气溶胶等，再加上对下垫面的大幅度改造，这对城市气温、降水、湿度、日照、能见度和风等都有很大影响，使人类活动对大气的影响在城市中表现得最为突出。城市气候就是在区域气候的背景上，经过城市化后，在城市的特殊下垫面和城市人类活动的影响下而形成的一种局地气候（周淑贞和束炯，1994）。大量观测事实表明，城市的气候特征可归纳为五岛效应，即城市热岛效应、城市混浊岛效应、城市干岛效应、城市湿岛效应、城市雨岛效应（周淑贞，1988；刘晓英，2012），尤其热岛效应是现代城市气候最具代表性的特征之一（崔林林等，2018；陈炳杰等，2021），此外城市风速减少、多变。城市气候既受所属区域大气候背景的影响，又反映了城市化后人类活动所产生的影响（崔林丽等，2008；史军等，2009）。

自1818年，英国学者Howard发现伦敦市内的气温比郊区高后，各国学者在诸多城市进行了城市气候的观测研究。国内早在宋朝时，著名诗人陆游就有"城市尚余三伏热，秋光先到野人家"，描述了城市热岛效应这种现象。城市热岛效应是人类首次关注城市气候特征的开端，也是城市人类活动对气温影响最突出的特征，对城市热岛效应的研究也一直是城市气候研究乃至气候学研究的重要课题（Zsolt et al.，2005）。2005年，国家环境保护总局曾在《中国的城市环境保护》报告中列举了城市环保工作面临的三大新问题，其中，由城市生态失衡加重导致的"热岛效应"榜上有名。近年来全国各大城市气温持续走高，尤其在夏季，几乎所有的大城市都有高温橙色警报的发布，其主要原因之一就是城市热岛效应的增强。国内外大量的研究结果表明，世界上所有城市，无论规模大小、纬度高低，是位于沿海还是内陆以及地形、环境如何，均存在城市气候效应。城市热环境作为城市空间环境在热力场中的综合表现，是包括空气温度、空气湿度、太阳辐射、气流速度等诸项因素组成的与人们身体健康、工作效率直接相关的物理环境条件（柳孝图等，1997）。通过对城市热环境的研究可以揭示城市空间结构、城市规模的发展变化，有助于引导城市可持续发展，提高人居环境质量。城市气候效应对全球变暖的贡献问题已经引起广泛关注，对城市化气候效应的研究也已成为当今气候、生态、环境领域研究的新热点。

随着城市规模不断扩大、人口不断增长、人类活动加剧、城市的生产活动和特殊地面结构共同作用于大气，使大气边界层的特性发生变化，导致城市出现气温、湿度、降水、风速和气压等气候要素的变化，城市气候要素的改变，对城市环境质量、工业生产和居民生活产生很大的负面影响，对人类的生产生活产生了一系列危害，这些危害表现在以下方面。

（1）首先，城市化气候效应导致城市局部地区气候异常和极端气候事件增多。最典型的是城市热岛效应，导致冬季气候干燥、夏季气候燥热，造成夏季高温天气持续时间较长，加重了城市高温、热浪出现的频率和强度。据测算，柏油马路的升温速率为4.9℃/h，草地为1.9℃/h，大树为0.5℃/h，城市温度通常要比郊区高，热岛强度的大小不同的城市表现不一。此外，由于城市干岛效应的存在，蒸发减少，水蒸发带走的潜热减少，形成城市大气热岛，伴生热岛效应，加剧城市热污染。城市气温升高，城市热岛环流增强，也会促发城市暴雨，在一些城市产生城市雨岛效应，产生一系列极端天气事件（彭少麟等，2005；苏宏伟和蔡宏，2017）。城区峰高量大的暴雨导致洪水机会增大，加剧了城市的防洪压力。由于城市雨岛效应易出现在汛期和暴雨之时，这样易形成大面积积水，甚至形成城市区域性内涝（曹琨等，2009；Zhang et al.，2018）。

（2）城市气候效应对市区空气质量产生严重影响。由于城市热岛环流的存在，在城区形成热低压中心，在热岛中心形成较强的上升气流，上升到一定高度后，会向郊区辐散下沉，郊区的空气沿着近地层流向市区，从而形成热岛环流和低空逆温，释放到大气的污染气体和气溶胶，被带向城市中心，无法向城外扩散，加重市区空气污染的程度，导致空气质量恶化，加快光化学烟雾的形成速率，产生"雾岛"。城市热岛环流的上升气流中含有大量的烟尘等气溶胶，因而城市上空容易形成以这些微粒为团粒结构的云团，造成城市地区近地层空气污染严重。此外，城市干岛效应会造成城市大气相对湿度降低，大气稳定度提高，底部大气不易与高层发生对流，城市污染物集中于城市下垫面区域，造成持续的大气污染。在高温季节，城市工厂排放的废气中，如氮氧化合物、碳氢化合物，经光化学反应形成一种浅蓝色的烟雾，在热岛的影响下形成二次污染物，其危害性更大（康文星等，2011；苏宏伟和蔡宏，2017）。此外，空气中大量的污染物容易引发"酸雨"现象。研究表明，深圳城市气候变化主要表现为高温、灰霾、气压、风速等方面的变化，仅灰霾现象而言，20世纪整个90年代，灰霾天数高达773天，约为20年前的80倍、10年前的13倍；2000～2006年，灰霾天数已达814天，超过20世纪90年代10年的总数（孙石阳等，2006；张恩洁等，2008）。当城区空气中二氧化氮浓度极大时会使天空呈棕褐色，在这样的天色背景下会很难分辨目标的距离从而造成视程障碍（姜润和钱半吨，2014）。城市混浊岛的危害主要在于颗粒物对光线有散射和吸收作用有减小能见度的效应，且由于城市下垫面复杂摩擦阻障效应的存在使得天气系统移动缓慢，雾霾的消散时间明显推后、持续时间增加。

（3）城市气候效应对城市物候和城市生态产生影响。城市暖冬、无霜期延长，使城市植物的发芽和开花期提前，植物生长期延长，绿化程度提高，美国宇航局利用机载陆地探测传感器（AT-LAS）以及 Landsat 卫星从1997年开始连续观测分析得出结论：认为城市热岛效应使城市周围的降雨量增加，使春季到秋季的树木生长季节延长，枝繁叶茂，绿化程度提高。研究人员还发现城市气候对距离城市10km以内的植物生长有明显的影响，北美东部大城市植物的生长季节比远离城市的农村地区要长15天左右；大概气温每增加1℃，植被会早生长3天；研究认为城市温度变化对生态系统的影响可以作为衡量全球变暖对生态系统影响的参考。此外，城市气候对物候和媒介的直接和间接影响会诱发流行性病毒的大规模暴发，钟南山院士认为由于全球变暖和城市热岛效应等因素造成的暖冬，由于温度对病毒的影响，使得本该1~2月到来的流感高峰推迟到了3~5月，同时春季又是禽流感的高峰期，两个高峰期的同时到来，可能导致病毒冲突变异，从而引发人禽流感大流行。

（4）城市气候效应导致的空气质量恶化，对居民的身体健康产生严重危害。在城市热岛环流的作用下，大量污染物在城市中心聚集，污染物浓度剧增，在这些有害大气污染物的作用下，人们容易患消化系统和呼吸道疾病，神经系统容易受损害。污染物刺激人们的呼吸道黏膜，轻者引起咳嗽流涕，重者会诱发呼吸系统疾病。另外，大气污染物还会刺激皮肤，导致皮炎，甚而引起皮肤癌。有的污染物质，如铬等，若进入眼内会刺激结膜，引起炎症，重者可导致失明。城市气温升高还会加快光化学反应速度，使近地面大气中臭氧浓度增加，影响人体健康。1948年美国宾夕法尼亚的多诺拉事件，导致6000人住院；1940年起，美国洛杉矶光化学烟雾事件，平均每天300余人死亡；1952年英国伦敦泰晤士河谷烟雾事件，4天造成4000人死亡，2个月12000人死亡。

（5）城市热岛效应加重城市高温出现的频率和持续时间，使城市用电量剧增，加重了能源消耗问题，对社会生产、国民经济和GDP带来损失。由于住宅和高大建筑物吸收太阳能，暑期降温需求加大，增加能源消耗，如在大中城市，气温增加1℃，其电力负荷增加2.5%~3.5%，生活用水负荷增加4%~5%。美国由于城市热岛效应造成因空调制冷而多付出的电费约为140万美元/h。我国每年高温天气的到来都会给华北、西北、华东、华南电网带来巨大的用电压力，达到电网极限，相关数据表明只要高温持续，用电就会不断攀升，中午达到用电高峰。上海每年夏天40%的用电负荷来自居民空调用电。高温下的电力吃紧，煤电价格联动，煤矿、石油消耗随之加大，产生能源短缺。Fung 等

（2006）研究表明香港同期月平均气温升高1℃，香港的家庭电力消耗、商业电力消耗、工业电力消耗将分别增加9.2%、3.0%、2.4%，相应的经济方面的影响为17亿港币。高温天气下，企业的生产受到影响，工厂停工。高温导致城市用水量激增，中国共有660座城市，其中2/3缺水，110座城市严重缺水。由于缺水，每年工业总产值的损失大约2000亿人民币。

（6）城市气候舒适度变差，对人体健康造成危害，影响人的思维活动和生活质量，降低了工作和生产效率。医学研究表明，环境温度与人体的生理活动密切相关，气温>28℃，人体有不适感；气温>30℃，会产生烦躁、中暑、精神紊乱等症状。气温>34℃，使心脏、脑血管和呼吸系统疾病的发病率上升，死亡率明显增加；气温>36℃，持续高温是引发中暑死亡的根本原因。2004年北京国际马拉松比赛因高温造成参赛运动员死亡事故。北京2008年奥运会由7月25日推迟至8月8日举行，其中一个原因是避开高温酷暑天气。如气温是15℃时工效为100，则25℃时工效为92.5，35℃时工效为84.3。

在目前全球变暖的背景下，随着城市化水平加快导致城市人口密度的急剧增加、化石燃料的大量消耗、机动车的增加、各种人为热的释放，以及人工构筑的下垫面的增加，城市气候效应对人们生产生活的影响日益突出。进行城市气候效应格局、过程、机制、调控的研究理论意义和现实意义十分明显而深远，对城市生态环境建设、城市规划、城市建筑设计、城市能源利用以及居民生活健康等应用领域具有重要的现实意义。城市气候效应研究为城市规划管理和环境保护、能源合理使用、土地使用规划、城市生态建设，创造更适宜的城市人居环境，制定缓解城市热环境的策略措施等方面提供理论基础和应对依据；对保护公共健康、降低能源消耗，建设低碳城市等方面都具有重要的社会意义。

1.4 城市气候研究的发展历程

国际城市气候研究的发展历程大致经历以下三个阶段。

第一阶段是从19世纪初到20世纪初，这一阶段的研究特点主要是从对城市中的某些城市气候特征进行定性描述发展到以城市和郊区几个有代表性的观测站点的观测数据为基础，在同一时间对比二者的温度变化；在方法上面，进行静态的观测，观测点比较固定，而且观测站点比较少。研究指标一般选取

温度或雾日数等单一性的指标来研究气候要素的季节和年际的变化（Yoshino，1991）。这个阶段较为典型的研究有：Howard根据伦敦市区和郊区的气象资料对伦敦大雾、气温进行了系统研究，《伦敦气候》一书于1818年问世，标志着城市气候研究的开端，受到世界气候研究领域的普遍关注；法国学者Renon通过对法国巴黎市的气象资料进行汇编，对巴黎市的城市气候特征做了分析（Renou，1855）；德国气象学家Wittwer对德国慕尼黑城市气候特征进行了研究（Whittwer，1860）；英国学者Russel对伦敦的雾进行了研究（Russel，1889）。

第二阶段是从1927年Schmidt等首先利用汽车携带气象观测仪器在城市区域进行流动观测开始到二战结束这个阶段。Schmidt于1917年开始对城市内部不同景观类型下的小气候特征开展研究，首创了利用汽车装备气象观测仪器做流动观测（Schmidt，1927），Schmidt开创的流动观测方法能够在较短时间内收集到较多点的数据资料，对研究城市气候研究的帮助很大，利用多点流动观测数据可以绘制出城市温度场分布的等值线图，流动观测方法一直延续到了现在仍在广泛使用。德国学者Schmauss研究了慕尼黑市降水特征，发现城市下风向降水有增加的现象，并发现城市和郊区间存在微弱的城市环流（Schmauss，1927）。Kratxzer对之前的城市气候研究工作进行了总结，出版了《城市气候》一书，引证了560篇关于城市气候的文献，是世界第一部通论性城市气候著作（Kratxzer，1963）。该阶段城市气候研究特点体现在观测方法逐渐走向定量化、科学观测实验，开始了对城市温度场的动态测量，以及对以往研究进行归纳集成。

第三阶段是从20世纪50年代至今，二战后全球工业化高速发展，都市规模迅速扩大，城市气候效应越来越显著。城市气候观测手段的日益现代化，使得城市气候研究的广度、深度和方法革新都有了显著的发展。随着城市化进程步伐的加快，城市气候各要素发生了显著变化，表现在太阳辐射削弱增强、气温升高、风速减小、风向改变、蒸发减弱、湿度减小、雾增多等现象。这些变化在世界上引起广泛的关注，加上观测手段的现代化，有力地推进了城市气候研究在深度、广度上的快速发展。1968年联合国世界气象组织气候学委员会在布鲁塞尔召开了第一次国际性的城市气候会议"城市气候和建筑气候学讨论会"。此次会议交流了世界各地城市气候研究的最新成果，总结了研究经验，指出了当时城市气候研究的不足之处和应加强的三个方面：加强城市气候形成机制的研究、加强城市气候的数学模拟研究、扩大城市气候研究的空间范围（周淑贞和张超，1985）。Landsberg（1981）发表了《城市气候》，系统地分析了城市和乡村气候的差异及成因，并对世界特别是发达国家城市气候研究工作进行了总结。Oke（1982）研究指出，中纬度城市理想状况下，即城市地形平坦、天气晴朗、风速小的情况下，热岛效应在很大程度上是一种夜间现象，并给出了具体的模式。Arnfield（2003）较为系统总结了近20年来国际城市热岛研究的成果；Voogt和Oke（2003）研究了热红外遥感技术在城市热场研究方面的应用；Hadas等（2000）研究了以色列特拉维夫市城市热岛的空间分布和微观特征。在这一阶段人们开始重视城市气候和热环境的机理和应用研究，并且在研究方法方面也有了极大的突破，利用计算机进行数值模拟和数学建模分析（柳孝图，1999），代表性的研究有：Soundborg（1951）首先利用统计模型对城市温度场进行了分析，给出了热岛强度与气象因子关系的经验公式。边界层模式在这个时期得到较为广泛的应用，具有代表性的有：Halstead（1957）等首先利用计算机对城市微气候特征进行了模拟；Myrup（1969）提出具有两层垂直结构的近地层能量平衡模式；Carlson等（1981）提出考虑了近地面层与上层边界层相互作用的四层结构模式（土壤层、地气界面间的转换层、近地湍流层和混合层）；Vukovick（1971）模拟了大气稳定性和风速对城市热岛环流的影响；Atwater（1977）利用欧拉静力学模型研究了城市化进程对城市气候的影响；Khan和Simpson（2001）模拟了复杂城市区域的城市热岛效应。该阶段是城市气候数值模拟快速发展的阶段。

近年来，许多研究开始注重城市气候具体应用，研究的重点已从城市区域气候转为局部的城市热环境研究，研究方法手段上也有了较大的转变（柳孝图，1999）。城市热环境被认为是主导整个城市环境的要素之一，扮演着重要角色（Oak，1995）。城市热环境对城市微气候、空气质量、近地层臭氧含量、能源消耗结构以及公共健康等方面产生了深远影响，城市热环境正在以其特有的方式影响和改变人们的生产和生活方式（陈云浩等，2004）。Mihailovic（1993）利用大气模型模拟了植被和裸地对城市热环境的影响；Swaid等（1991）研究了城市覆盖层中人工热源和阴影陆面的热效应；Arnfield（1990）研究了小尺度的街道规划与太阳辐射之间的关系；Goward（1981）对比了夏季、冬季、日、夜热场结构的空间变化规律；Lowry（1997）应用RS、GIS技术评价了热场空间结构及其对周围环境的影响；日本学者对东京人为热曾做过较详细的调查，通过对不同用途建筑（如住宅区、写字楼、商场、学校、宾馆等）的各种能量消耗（如取暖、制冷、热水、厨房等）以及汽车和工业废热排放进行统计，并利用精细的土地利用类型图（其中包括每个格点的建筑物的层数），绘制了详细的人为热排放图及其在一日中和年际变化规律。调查发现：冬季东京人为热的排放对城市热环境影响很大，而夏天由于短波辐射很强影响相对很小，数值试验表明，如减少50%热水供应或100%的制冷消耗就可以使地表附近的空气温度下降0.5℃（Kimura and Takahashi，1991；Toshiaki and Kazuhiro，1999）。

　　城市气候效应正在以其特有的方式影响和改变人们的生产和生活，国际社会也正在积极研究应对的有效方法和措施，美国一些高校和研究机构20世纪70年代共同拟定一项为期5年的大规模城市气象观测计划，称为"METROMEX"（Metropolitan Meteorological Experiment，大都市气象观测计划），该计划在半径为42km的面积范围内，进行与降水有关的各个气象要素的观测。METROMEX计划是世界上第一次集中诸多单位，用先进的技术和方法进行的连续5年的长期多项目观测，它标志着城市气候研究的新发展，这项观测和大规模模拟试验取得了很多重大成果（Changnon et al.，1977；Ackerman et al.，1978；Changnon，1978）。1997年美国宇航局（NASA）和环保署（EPA）共同发起的"Urban Heat Island Pilot Project"计划，旨在利用地面观测和遥感技术开展针对夏季城市热岛的研究与治理工作；加拿大也启动了旨在缓解多伦多城市热岛效应的"Cool Toronto Project"计划，日本、西欧也在开展类似的研究工作，可见，城市热环境已成为当前城市气候与环境研究中最为重要的内容之一。

　　与国外相比，我国在城市气候方面的研究起步较晚，周淑贞等是我国城市气候研究的开拓者，取得了丰硕的研究成果（周淑贞和张超，1985；周淑贞和束炯，1994）。1980年中国气象学会气候学学术会议在庐山举行，会上曾有《关于城市气候的若干问题》的专题报告，呼吁我国气候学者积极开展城市气候方面的研究。同年的中国地理学会气候专业委员会上，讨论并通过成立城市气候研究组，此次会议对我国城市气候的研究起了重要的推动作用。1982年中国地理学会在厦门召开我国第一次城市气候学术会议，内容除论述城市气候总体特征以外，探讨城市气候要素的面也比较广，有气温、大气污染、日照、辐射、降水、湿度、雾、能见度及风等要素。1985年在上海举行的城市气候学术研讨会，成立了"全国高校城市气候研究中心"。在此期间，有关城市气候应用领域及低纬度城市气候研究的比例增加，气象卫星数据资料和遥感手段的应用有所增强，在城市气候数值模式和城市街谷气候的研究方面都取得了一定成果。

　　自此以后，随着中国城市化进程的加快，全国各大中城市都纷纷开展了各具特色的城市气候研究，在1980年以后的十几年时间内，我国城市气候研究取得了丰硕成果，出版了《城市气候学导论》《城市气候学》《北京城市气候》《城市气候与城市规划》等著作（周淑贞和张超，1985；中国地理学会，1985；北京市气象局气候资料室，1991；周淑贞和束炯，1994）。我国的城市气候研究，起初大多是从解决城市大气污染入手，大多利用常规气象观测仪器进行流动观测和定点观测。观测采用的方法有地面观测、气象铁塔在不同高度上的梯度观测以及城市大气环境的低空探测大气边界层运动规律；涉及的领域有利用卫星遥感资料诊断城市热岛结构以及利用长序列的城郊气候资料分析城市气候与人体健康及城市气候灾害及其防治等（刘睿，2004）。我国一些大城市，如北京、上海、天津、成都、重庆、西安、兰州、合肥、济南、武汉、郑州、沈阳、昆明、广州、太原、福州、杭州、南宁、石家庄等城市都相继开展了城市气候研究（周淑贞和张超，1985；钱妙芬，1989；任启福，1992；孙旭乐，1994；白虎志等，1997；吴宜进等，1998；严平等，2000；陈二平等，2001；林志垒，2001；李有等，2002；张一平等，2002；陈剑锋等，2002；宋艳玲和张尚印，2003；凌颖和黄海洪，2003；鞠丽霞等，2003；张云海等，2003；林学椿等，2005；季崇萍等，2006；韩素芹等，2007；江学顶等，2007）。

我国城市气候的研究，最先是利用不同时间尺度的城、郊气象观测资料，分析城市气候的"五岛"效应特征。国内一些大中城市较早开展了相关研究，周淑贞、张超等为了研究上海的城市热岛，于1979年12月13日用汽车进行了流动观测，并与定点观测相结合，取得了几十个观测点的资料，绘制了上海市区等温线分布图（周淑贞和张超，1982）。一些学者就城市化的增温效应和对气候的影响做了评估，并就城市化气候效应研究目前存在的问题进行了分析（赵宗慈，1991；吴息等，1994；Lowry，1997）。周明煜等（1980）进行了北京市热岛环流特征和热岛平面结构的研究；王传松和刘际松（1982）开展了杭州市城市气候的研究；束炯等（2000）利用上海市城区和郊区的自动气象观测站观测记录，分析了近年来上海市城市热岛的变化特征，发现上海市全年出现城市热岛的概率为85.13%，大多数热岛强度为2~3℃，最大的热岛强度可达到7.37℃，上海市热岛效应的季节、年际变化都很显著，热岛强度有逐年增强的趋势；林学椿等（2005）用北京地区20个气象观测站41年的年平均气温记录，研究了北京地区热岛效应，研究发现：北京地区气温的年际变化具有大尺度的特点，1981年是显著的跃变点，跃变后比跃变前气温增加了0.55℃，近40年的气温增温率为0.25℃/10a；北京城市热岛效应具有典型性，1960~2000年北京城市热岛平均强度接近1℃。目前，随着北京城市规模的扩大，城市热岛强度也在明显加强,近40年热岛强度的增温率为0.31℃/10a;杜春丽等(2008)利用1961~2003年气候观测资料和辐射资料,综合分析了我国10个城市(哈尔滨、沈阳、北京、兰州、乌鲁木齐、成都、昆明、武汉、广州和上海)近43年的云量、日照百分率、相对湿度、气温、降水、太阳辐射等要素的变化趋势,结果表明:43年来10个城市中,多数城市的总云量减少而低云量增加;各城市的日照百分率呈减少趋势;除乌鲁木齐外,其他城市相对湿度呈现减小趋势;各地气温都有所升高;降水量变化的地区性差异较大,而总体上变化幅度不明显;除昆明外,各地太阳总辐射呈下降趋势,且总辐射减少主要是由直接辐射减少引起。43年来我国城市正经历着以变暖变干为主的气候变化过程,人类活动特别是工业化和城市化进程对气候系统产生了重要影响。

在城市热环境的研究中,陈云浩等(2002a,2002b)将景观生态学的研究方法引入城市热环境的研究,提出热力景观的概念,用以研究上海市城市热环境空间格局,创建了热力景观空间格局的评价体系,对不同时期上海市城市热环境的空间结构与格局开展研究,使热环境空间格局的定性研究进入定量研究阶段;并将分形几何引入到对热场结构信息的定量研究中,针对城市热环境的结构特点设计出3种不同的分形计算模型:灰度曲面分形、剖面线分形和像元点分形;徐祥德和汤绪(2002)对城市气候的特征、城市化环境大气污染模型及城市建筑风环境动力学等问题进行了深入的分析;周红妹(1998)利用NOAA卫星遥感影像对上海热力场进行了动态监测;孙奕敏等(1984)应用红外遥感技术对天津的温度场进行了反演;范心圻(1995)研究了城市热场与城市大气环境之间的关系;张光智等(2002)利用北京市16个标准国家气候站的近40年的温度资料对北京及周边地区的城市尺度热岛特征及其演变进行了研究,研究表明:北京城区与郊区温度是同位相升降,且郊区温度一直低于城区,其温差维持并同位向振荡,温度逐年升高,城区与郊区温差逐年增大,表明北京热岛效应一直稳定存在,而且北京的热岛效应在随时间加剧,北京具有城市、卫星城市热岛多中心的复杂特征,20世纪90年代的10年与80年代的10年相比,北京城区与郊区的热岛效应增强趋势显著;佟华等(2004)通过对北京冬季的居民采暖排放废热、汽车排放废热和工业生产排放废热的估算,制订了考虑随时空变化的北京市人为热排放清单,并利用北京大学城市边界层模式对北京冬季城市边界层结构特征进行模拟,通过考虑和忽略人为热的排放研究北京地面温度的变化,并对减少人为热排放的几种方案做出评价。

纵观近30年我国城市气候效应的研究,有如下特点:研究队伍不断壮大,研究成果逐年增多，但技术力量尚未形成规模；城市气候的研究对象主要集中于东部少数几个大城市，对其他地区城市特别是干旱区城市的研究缺乏重视，关于中小规模城市的研究则更为少见；在技术手段上，从早年的定性描述到近年的定量分析，热岛效应研究的技术手段不断改进；国内的城市热岛研究效应受国外的影响很大，理论、方法还缺乏自身的创新，没有同本国的自然环境本底更好的结合（贡璐，2007）。虽然还存在一些问题，但城市热环境的研究将会不断地发展和深入。

1.5 城市气候效应研究现状

1.5.1 热岛效应

热岛效应是人类活动引起的城市气候变化最明显，最广为人知的气候效应。城市热岛效应是指由于城市化过程中人为改变自然地表引起或加强的城市区域地表及大气温度高于周边非城市区的现象（苑睿洋等，2019）。国家环保总局公布的《中国的城市环境保护》报告列举了城市环保工作面临的三大新问题，其中，由城市生态失衡加重导致的"热岛效应"榜上有名。近年来全国各大城市气温的持续走高，尤其在夏季，几乎所有的大城市都有高温橙色警报的发布，其主要原因之一就是城市热岛效应的增强。Manley在论文中正式提出城市热岛（urban heat island，UHI）这个概念并引起关注（Manley，1958）。周淑贞以20世纪50年代到80年代的气象观测数据研究上海市热岛效应，奠定了国内城市热岛现象研究的基础（周淑贞和张超，1982）。城市热岛引起的极端高温是建筑环境中最危险的挑战，频繁、强烈和持续时间较长的热浪对人类健康、能源消耗和生活质量产生直接和间接影响，并对环境产生不利影响（Androjić et al.，2018）。在天气晴朗无云，大范围内气压梯度极小的形势下，由于城市热岛的存在，城市中形成一个低压中心，并出现上升气流。从热岛垂直结构看来，在一定高度范围内，城市低空都比郊区同高度的空气为暖，因此随着市区热空气的不断上升，郊区近地面的空气必然从四面八方流入城市，气流向热岛中心辐合。郊区因近地面层空气流失需要补充，于是热岛中心上升的空气又在一定高度上流回到郊区，在郊区下沉，形成一个缓慢的热岛环流，又称城市风系。在近地面部分风由郊区向城市辐合，称为乡村风。当前对城市热岛效应的产生和发展进行的研究，按其形成机制主要有：城市下垫面性质的改变、人为热的释放、气象条件、大气污染、城市地形条件等方面（丁海勇等，2017）。

1）下垫面性质的改变

伴随城市化的推进，城区越来越多的绿地和湿地被以砖石、水泥和沥青等材料为主的建筑物和道路等下垫面所取代。这些人工材料的热容量、导热率比郊区自然界的下垫面要大，而对太阳光的反射率低、吸收率大，绿地和水面减少，蒸发作用减弱，城市下垫面储存了大量的太阳辐射能，城市地表含水量少，热量更多地以显热形式进入大气中（袁琦，2016；李扬和刘平，2017；丁海勇等，2017；刘施含等，2019；许睿等，2020；孙政等，2020；Wonorahardjo et al.，2020）。在白天，城市下垫面表面温度远远高于气温，此时下垫面的热量主要以湍流形式传导，推动周围大气上升运动，形成"涌泉风"，并使城区气温升高。在夜间，城市下垫面层主要通过长波辐射，使近地面大气层温度升高。由于城区下垫面保水性差，水分蒸发散耗的热量少（地面每蒸发1g水，下垫面失去2.5kJ的潜热），所以城区储热大，温度也高（苏宏伟和蔡宏，2017）。由于城区建筑物高低不一，太阳辐射在城区街谷、墙壁、地面经过多次反复、吸收，从而奠定了城市热岛形成的能量基础。城市热岛形成的前提是热量平衡，地表吸收太阳短波辐射的热量是形成城市热岛效应的根本热源，城、郊下垫面热性质不同是产生昼夜温差变化的根本原因（李祥余，2015）。

2）人为热的排放

城市中人为热的排放在城市热岛形成与发展中也发挥着十分重要的作用，它主要来源于人类生产和生活向外排放的热量。相关研究把城市的人为热归纳为汽车燃料燃烧、工厂能耗、空调运转、居民炊事和建筑储热等（Fan and Sailor，2005；彭少麟等，2005），这些大量人为热的排放直接导致了城市气温的上升。城市中心和边缘的工厂生产，不断地释放出大量的热能；机动车燃油、居民日常生活等都会燃烧各种燃料、消耗了大量化石燃料，排放大量人为热；大城市建筑物鳞次栉比，各类商业街越来越多，这些地方建筑密集，热量不易散发，造成了城市热环境的破坏和能源消耗的增加（Wonorahardjo et al.，2020）。现代城市中，各类工程材料大量使用，这些工程材料具有较大的蓄热能力和更低的反照率，反之各类原生植被减少，对热岛效应产生重大影响（Golden and Kaloush，2006；Mohajerani et al.，2017）。供暖和制冷能源需求增加也会加强热岛效应，其中最重要的是空调系统，虽然它能有效地增加人类的舒适度，但它本身就会产生更高水平的热量（Grimmond，2007）。当前城市生产和生活活动，空调系统应用越来越广泛，全球气候变暖背景下，日益炎热的气候使得空调的使用量增加，这会显著增加城市的热量，造成热不适，增加温室气体排放，影响人类福祉（Rossi et al.，2016）。城市交通工具也是一类大的散热源，研究发现在各种人为散热源中，来自工厂、家庭炉灶、冷气、采暖等固定热源的热量约占3/4，而汽车、摩托车、电车等移动热源散发的热量约占1/4（陈群玉，2011）。城市化程度越高，高楼、大厦、柏油路和水泥路越多，热岛效应就越明显。

3）气象条件

在下垫面因子、人为热释放量、大气污染程度等基本相同的情况下，城市热岛效应在同一城市不同时间内的强弱取决于当时的天气状况和气象条件（徐祥德，2002）。热岛强度除了城市本身的内部原因以外，还需要外部的气象条件配合，如气压场必须稳定，气压梯度小，静风或微风的环流条件；天气晴朗少云或无云，大气层结构稳定，无对流上升运动等。我国大部分地区夏季受副热带高气压控制，以下沉气流为主，多静风天气，近地面热量不易散发，进一步加剧了城市热岛效应（白振平和齐童，2004；李祥余，2015）。降水可以有效地缓解城市热岛效应，但其能力取决于降雨强度和持续时间，降水对城市热岛效应的影响具有季节性趋势，这与区域气候特征有关（刘斌，2014；王晓默等，2016；He，2018）。当前城市雨水排水系统和城市防渗层的建设造成了雨水的大量流失，这已经削弱了降水对城市热岛效应的缓解能力。因此，如何将雨水储存在城市地表，保持降水的蒸发冷却是当前生态城市、海绵城市建设的重点。

沿海地区多受海陆风的影响，海陆风是由于海陆热力差异昼夜反转而形成的局地热力环流，白天为从海面吹到陆面的海风，夜间为从陆面吹向海面的陆风。在海陆风的影响下，沿海地区的陆地和海洋之间产生了较强的热量和空气交换，垂直交换也加强了，从而促进了城市的热量和污染物的扩散。相关研究通过对福州和厦门两个城市对比，分析海陆风环流对城市热岛效应的影响，厦门和福州同为福建省沿海城市，城市经济发展、气候背景、地形条件、经济类型等因素基本相同，但厦门是受海陆风影响较强的沿海城市。结果表明，在20世纪80年代之前，福州的年气温距平总体上小于厦门，从80年代开始迅速上升，最终超过厦门。因此，海陆风环流有利于城市热扩散，从而减弱热岛效应（Chen and Wang，2012）。

4）大气污染物的影响

大气环境污染在城市热岛形成中起着非常复杂和特殊的作用（徐祥德，2002；寿亦萱和张大林，2012）。城市中的机动车辆、工业生产以及大量的人类活动，都会产生大量的氮氧化物、二氧化碳、粉尘等大气污染物，这些污染物在城市聚集，形成覆盖在城市上空的"尘罩"与"气罩"，这些物质可以大量地吸收长波辐射，产生众所周知的温室效应，引起大气的进一步升温（许睿等，2020）。其中较多的是CO_2废气能强烈吸收地面长波辐射，并能增加大气对地面的长波逆辐射，加剧城市热岛强度。机动车的尾气、工厂的废气排放，不仅影响城市的空气质量、雾霾天气增多，而且大量的废气飘在城市上空，不利于城市热量的扩散，还会吸收更多的太阳辐射，增加大气的温度（彭少麟等，2005；袁琦，2016；苏宏伟和蔡宏，2017）。

5）地形条件

热量和空气的扩散速率往往受到地形的影响（杨梅学和陈长和，1998；许睿等，2020）。山谷、小流域等封闭的地形不利于与外界的热量交换，如果城市位于山谷、河谷、盆地地形，就容易聚集热量，有利于城市热岛的形成和发展。平原、高原等地形开阔，与周边大气热量交换强烈，不利于城市热岛的发展。例如，兰州市区地处黄河河谷盆地，是典型的河谷地貌，而邻近的城市银川市区地处河套平原，地形开阔，与兰州截然相反。这两个城市的其他环境因素、城市化特征差异不大，20世纪80年代以来，兰州市气温增长较快，且持续大于银川，且有逐渐增大的趋势。其中，一个重要原因是兰州城市热岛强度比银川市大，兰州市的河谷地形更有利于城市热岛的发展（Chen and Wang，2012）。

城市热岛的产生与发展是多个因子相互作用的结果，不仅仅是受一种因素的影响，除上述影响因素外，也有学者研究发现，热岛强度与城市发展速度、人口、经济规模、产业结构等社会经济驱动因素有关。相关研究表明不同季节、不同城市群的社会经济因素对城市热岛效应的影响程度不同，城市经济规模对城市热岛效应变化的贡献率相对较高，达到9%~12%，高于人口和产业结构，此外，城市经济规模的扩大可能会加剧炎热夏季城市中心的热压力（Li et al.，2020a，2020b）。

当前对于城市热岛的特征研究，大多是在不同时间尺度以及不同空间区域上开展研究。热岛强度随时间主要表现出周期性变化，主要有日变化、季节变化以及年变化。对于城市热岛的日变化，研究结果比较统一，一般表现为白天弱，夜晚强，大多研究表明，热岛强度最低值出现在14~16时（吉曹翔等，2018；王可心等，2019；郁珍艳等，2020；Anjos et al.，2020）。相关研究对中国285个城市的土地利用数据进行城乡区域划分，并从时空动态异质性的角度对城乡土地利用类型进行了对比分析，结果表明：98.9%的城市在夏季夜间表现出城市热岛效应（Peng et al.，2018）。关于热岛效应的季节变化，多数研究表明秋、冬季热岛效应强度比较强，夏季较弱（王宁，2016；王可心等，2019；郁珍艳等，2020；孟凡超等，2020），但由于不同的地理位置、地形、气候条件等因素影响，也有部分地区不符合上述规律，相关学者通过利用地表温度数据产品MOD11A2，分析了济南地表温度的季节变化，得到春、夏两季热岛效应最强，冬季最弱的结果（孙振东等，2019）。不同城市的研究都表明热岛强度的年际变化一直是处于增加的状态（王宁，2016；雷金睿等，2019；Zheng et al.，2020；邓玉娇等，2020）。我国大多数城市白天城市热岛强度最大值出现在夏季，而夜间，北方城市热岛强度最大值出现在寒冷的季节，最小值出现在炎热的季节，与南方城市结果相反（Li et al.，2020a）。

随着城市化的发展，人口数量的不断增加，高楼建筑、柏油路面、广场等公共基础设施的不断增加，导致绿化地和水体不断减少，使得下垫面的热力属性发生了变化。柏油路面和水泥地会吸收大量的太阳辐射，加上地面含水量的减少，导致大量的热量进入到空气中，从而使气温不断上升（刘施含等，2019；丁海勇等，2017；许睿等，2020）。因此在人口多、建筑物密度大，自然下垫面占比小的区域，热岛强度高，而在植被或水体覆盖度高的区域，热岛强度低。城市中心地带的平均温度最高，从中心到郊区的平均温度按中心地区、城市边缘地区、农村居民的顺序递减（黄铁兰等，2018；Chen et al.，2020）。从土地利用类型看，热岛强度较高地区主要分布在建设用地比较聚集的地方，草地和水域则比较低（谢哲宇等，2019；Guo et al.，2020）；在空间区域来看，在白天，我国东、南部地区（包括东北、华东及华南）的热岛强度高于北部地区（包括华北和西北地区），但是夜间却相反，北部地区高于南部地区（王媛媛，2018）。相关研究对中国67个主要城市的地表热岛效应强度的日变化和季节变化进行了比较研究，发现地表城市热岛强度在中国北方和南方之间的差异很大，在白天，城市热岛强度在南方城市更为强烈，而在夜间，北方城市的地表城市热岛强度则更为强烈（Wang et al.，2015）。也有学者基于线性拟合及统计分析（李龙，2020），对中国102个百万人口大城市地表温度和环境变量的时空变化特征进行了分析，结果同样表明，在白天，南方城市的热岛强度大于北方城市的热岛强度。在夜间，则相反，城市热岛强度呈现出显著的时间变化趋势,在大部分城市呈现出显著的增长趋势。在不同规模的城市中,热岛强度表现出等级效应,即超级城市>特大城市>Ⅰ型大城市>Ⅱ型大城市(Yang et al.,2020)。

📊 1.5.2 城市干、湿岛效应

城市特殊的下垫面,以建筑物和人工铺砌的坚实路面为主,大多数为不透水层,城市人工排水系统发达,降雨后雨水很快沿屋顶、路面汇入人工排水管渠流失,故地面比较干燥。而且城市植被覆盖面积小,与地下水之间被人工构筑面所隔离。因此,城市的自然蒸发,蒸腾量比郊区小,空气含水量少,再加上城市下垫面粗糙度大和热岛效应,空气层结较不稳定,其机械湍流、热力湍流都比较强,近地面有限的水汽通过湍流不断上传扩散,使城区的绝对湿度和相对湿度都比郊区小,形成"城市干岛"。这在植物生长茂盛的季节和白昼比较显著。在静风和晴朗天气下,因城市热岛效应的增强,城市和郊区的相对湿度差异最为显著。尤其在夜间,中纬度城市的相对湿度可以比郊区低30%以上。夜间在静风或小风天气,城市热岛较强的情况下,郊区由于下垫面温度及近地气温下降比城区快、凝霜量大,空气中水汽含量迅速减少,而市区因热岛效应,温度较高,凝露量小,湍流强度又比白天弱,水汽上传量减少,故出现城区水汽含量比郊区大的"城市湿岛"现象,称"凝露湿岛"。城市与郊区除凝露作用的差异产生湿岛外,结霜、融霜、雾天、下雨的差异也会产生城市湿岛现象,分别称之为"结霜湿岛"、"融雪湿岛"、"雾天湿岛"和"雨天湿岛"(周淑贞和王行恒,1996;钱妙芬,2001;刘红年等,2008)。

在城市干、湿岛效应的研究方面,目前的研究主要集中在对长时期、大范围气象观测资料的对比分析上,目前大部分研究表明随着城区的扩大,城市干岛效应强度是明显增强的(张建新和周陆生,1997;宋艳玲等,2003),对于城市干岛效应的季节分布和日变化特点,相关学者通过研究发现干岛效应在春季和秋季尤为明显(宋艳玲等,2003;顾丽华等,2009),但是仍有一些研究结论不一致,例如西宁市在夏季降水最多的时期,干岛效应表现得尤为明显(张建新和周陆生,1997);昆明市干岛效应的日和季节变化特征研究表明,干岛强度同样是干季大于雨季、冬季大于夏季,日变化特点在雨季为夜间弱、白天强,在干季则反过来为夜间强、白天弱(施晓晖和顾本文,2001);云南省楚雄市干岛效应研究则表明,城市干岛效应夜间强白天弱,干岛强度是干季大于雨季（何萍，2005）。城市干岛的形成主要有两个原因：一方面城区下垫面大多是不透水层，降雨后雨水很快流失，因此地面比较干燥；另一方面，城区植被覆盖度低，蒸散量比较小（任春艳等，2006；刘红年等，2008）。

相关学者利用Landsat TM/ETM等遥感数据，研究了土地利用/土地覆盖类型变化对蒸散的影响，结果表明：水体和高植被覆盖区的蒸散最大，农田次之，建设用地等的蒸散最小，由于城市化进程的不断深化导致了区域植被覆盖度的相对减小，使得区域蒸散作用整体呈下降趋势（刘朝顺等，2007；潘卫华等，2007）。城市热岛效应也使市区的动力湍流和热力乱流都比郊区快，最终造成市区的低空大气中的水汽含量小于郊区，形成城市干岛效应（陈千盛，1997）。在城市热岛强度大的时段，城市干岛效应更为突出，城市热岛效应使城市气温上升，在水汽含量不变的条件下将使饱和水汽压增加，从而使城区相对湿度减少，也加剧了城市干岛效应。城市干岛的发生有助于城市热岛的加强和维持，也有利于城区大雾较郊区趋于减少（何萍等，2004）。城市湿岛效应增强的主要原因来源于城市绿地和水面的增多（马凤莲等，2009a，2009b；丛波等，2020）。城市化期间，干、湿岛强度正负转换更加频繁，变化幅度大（何冬燕等，2018），并且干、湿岛强度在未来一段时间内还会继续上升（丛波等，2020）。

1.5.3 城市雨岛效应

随着人类活动影响的不断加剧，大城市内高层建筑使空气循环不畅，盛夏空调、城市中车辆、工厂等向空气中释放大量热能，形成热岛环流，并且伴随热能的释放，大量污染颗粒物排入空气中，成为形成降水的凝结核，城市及其下风向地区存在降水增多的雨岛效应，随着城市规模不断扩大、人口不断增长、人类活动加剧、城市的生产活动和特殊地面结构共同作用于大气，使大气边界层的特性发生变化，从而使得城市降水量增大、雨岛效应加剧（曹琨等，2009；刘家宏等，2014；李鹏等，2020）。城市雨岛效应的理论依据有三方面：①由于有热岛效应，空气层结不稳定，有利于产生热力对流，容易形成对流云和对流性降水；②城市凝结核效应：空气中尘粒及其他微粒比周围地区多，为形成降水提供了丰富的凝结核；③城市阻滞效应：城市因有高高低低的建筑物，对移动滞缓的降水系统有阻滞效应，使其移动速度减慢，在城区滞留时间加长，因而导致城区的降水强度增大，降水的时间延长。

大量研究通过分析城市化发展特点与降水时间序列特征，横向对比同时期城区与郊区降水量，并且纵向对比某雨量站城市化前后降水特征，分析了城市化对降水量、降水强度及降水频次的影响，得出城市化对降水事件具有促进作用的结论（曹琨等，2009；乔建民等，2013；任正果等，2014；陈圣劼等，2016；何萍等，2017；Zhang et al.，2018）。上海地区降水资料分析发现，城市化效应有一定的增雨作用。也有学者针对上海地区的观测研究也发现，随着长江三角洲城市群的发展，降水量也呈现出增加的趋势（Chen et al.，2003）。相关学者利用观测数据和相关模式研究表明，城市化会增加城区及下风方向的降水量（Baik et al.，2001；Dixon and Mote，2003；Diem and Mote，2005），降水的峰值中心和区域出现在城市的下风方向，比城市中心的大（Shepherd et al.，2002；Guo et al.，2006）。

城市化对降水量的影响是增加还是减少仍然存在争论，有些研究甚至得出相反的结论，如王喜全等（2008）研究发现北京地区冬季城市热岛效应和城市干岛效应增强，加速了云下降水物质的蒸发过程，使城区及南部地区的降水相对减少。目前，存在三种不同的观点：一是认为城市化有使城区及其下风方向降水增多的效应；二是认为城市对降水没有明显的增加或减少的效应；三是认为城市对降水有减少作用，城市热岛和城市建筑物，人工铺装的路面不透水层，又可使城市空气湿度减小，形成干岛效应，不利于降水的形成，所以认为有使降水减少的效应。

1.5.4 城市混浊岛效应

大气污染的主要表现之一是使能见度的下降，城市地区气溶胶浓度增加，城市雾日随之增多（李青春等，2013）。随着城市化进程的加剧越来越多的人选择居住在城市，由于人类活动带来的一系列污染问题已经摆在人们眼前成为制约经济和社会发展的障碍。城市大气质量问题是城市化研究的一个重要部分和热点问题，城市的大气污染一般比郊区严重是摆在我们眼前难以忽视的真实现状。我国的城市大气污染问题十分突出。2005年的监测数据表明，所监测的522个城市中39.7%的城市处于中度或重度污染（张继娟和魏世强，2006）。

混浊岛效应是指城市市区由于工业企业集中、机动车辆众多、人口密集致使排出的各种大气污染物悬浮在空中，对太阳辐射产生吸收和散射作用，降低了大气透射率，并削弱了到达地面的太阳直接辐射，使大气能见度减少，污染气体和空气中的尘埃等混浊程度都大大高于周边地区形成城市混浊岛效应（王宝强等，2019）。城市大气污染灾害事故频发不仅危害到人们的正常生活而且威胁着人们的身心健康。

近年来的《中国环境状况公报》显示颗粒物是影响城市空气质量的主要污染物并且城市规模越大总悬浮颗粒物超标的比例越高。城市大气颗粒物污染多在天气系统较为稳定的条件下形成，雾与霾的天数增加，大气能见度下降，加剧城市混浊岛效应。影响大气能见度的因素有人为因素与自然因素两方面（张浩等，2008）：人为因素是指人类活动带去的污染物排放所造成的空气污染；自然因素是指影响大气能见度的天气现象，如降水、雾、大风、沙尘暴、扬沙等引起大气能见度下降，其中大气颗粒物特别是细颗粒物是造成能见度下降的主要原因（王淑英等，2003；宋宇等，2003）。

雾和霾是常见的天气现象，会显著降低能见度，雾和霾往往与空气污染事件有关，严重威胁公众健康，影响太阳辐射和区域气候（Tang et al.，2020）。雾是一种自然的大气现象，是由大量悬浮在近地面空气中的微小水滴或冰晶组成的气溶胶系统，是近地面层空气中水汽凝结（或凝华）的产物。大量的气溶胶粒子可以作为凝聚核促进雾滴的形成。研究发现，在大雾期间观测到大量小尺寸（5~6μm）的雾滴，导致能见度极低（小于100m）（Quan et al.，2011）。霾（灰霾）是一种稳态大气中的污染现象，静风、逆温、颗粒物和污染气体排放增加均可引起灰霾，特别是细颗粒物和污染气体是灰霾的直接诱因（谭吉华，2007），大气颗粒物对光散射是使能见度降低的主要原因（Latha and Badarinath，2003；侯美伶和王杨君，2011）。大气能见度降低是气象因素和空气污染共同作用的结果，雾霾是一种大气现象，空气中的烟雾、灰尘、水分和水蒸气由于大气中高浓度的污染物而降低能见度（Watson，2002），细颗粒物（空气动力学直径小于2.5μm的颗粒物）的密集积累而导致水平能见度低于10km的天气现象（吴兑，2011；An et al.，2019）。超过80%的雾霾颗粒含有初级有机气溶胶（POA）。通过对灰霾形成过程中所获得的资料的比较，得到了以下过程的综合模式：①稳定的天气气象条件驱动了灰霾的形成；②早期灰霾（轻、中度灰霾）的形成主要是由于家庭取暖和做饭燃煤产生的POA富集所致；③高水平的次生有机气溶胶（SOAs）、硫酸盐和硝酸盐的异相反应以及POAs的积累促进了雾霾由轻、中到重的演变（Zhang et al.，2017）。人为的气溶胶颗粒主要由硫酸盐、硝酸盐、有机物、黑碳、飞灰、金属和矿物粉尘组成（Bi et al.，2007；Tian et al.，2015）。主流观点认为，汽车尾气以及二次无机气溶胶、粉尘、燃煤和生物质燃烧是造成雾霾的主要原因（Zhao et al.，2018），通常雾霾的特征是$PM_{2.5}$值极高（Yang et al.，2015；Zhang et al.，2020），$PM_{2.5}$应该是雾霾污染的罪魁祸首（Zheng et al.，2015）。由于$PM_{2.5}$排放量相对较大，且不利于污染扩散的气象条件，$PM_{2.5}$浓度一般北方高于南方。$PM_{2.5}$存在明显的季节变化，冬季最高，夏季最低（Zhang and Cao，2015）。根据雾霾天气的形成机理和诱发雾霾天气形成的影响因素，大致可分为两类，一类是雾霾天气形成的污染源（二氧化硫、一氧化碳、二氧化氮、臭氧、PM_{10}和$PM_{2.5}$等）；另一类是通过雾霾成分的扩散，进而影响雾霾天气形成的天气条件。雾霾不仅已成为大气科学家的主要担忧，而且也因其对能见度（Zhang et al.，2010）和人类健康（Ebenstein et al.，2017）的有害影响而受到公众和政府的关注。

一些研究认为城市热岛效应是加重城市空气污染的重要因素之一，由城市与郊区之间的温差使城市空气上升，郊区空气补充进来，在近地面风由郊区向城市辐合，形成"城市风系"的局地小环流，使得城市周边排放的污染物向城市中心区域流动聚集加重城市空气污染（李燕等，2009）。城市混浊岛效应的存在使得城区中心形成明显的混浊度高值区域，并且这一效应伴有一定的时间和空间变化特征。城市大气质量的季节变化受气候变化及采暖燃煤等因素的影响在冬春季较高。城郊空气质量的差异，同以冬春季较高（姜润和钱半吨，2014）。但是仍有相关学者研究表明快速城镇化期，夏季混浊岛强度最大，秋季次之，冬季最小（何冬燕等，2018）。

1.6 城市气候的研究方法

1.6.1 对比法

城市气候研究的对比法包括城、郊对比法，历史对比法和城市内部不同性质下垫面对比法。城市化气候效应最初的发现和研究就是通过收集城、郊气象站观测资料来对比分析热岛强度，对比法是研究城市化气候效应的经典方法，最常见的就是对长期的城区和郊区的气象站观测资料进行对比分析来研究城市气候的时间变化规律。

（1）城、郊对比法：是应用城区和郊区同步的观测资料进行对比，将两者的差值作为城市对气候影响的标志。应用该方法时须注意城区和郊区资料的同步性，且必须使城郊站处于同一区域气候条件下，这样资料才具有可比性。城区单个气象站无法代表整个城市的气候特征，最好用城区各站点气象要素平均值与同时间同高度附近郊区各站点气象要素的平均值来表示，这种方法能在一定程度上滤除区域气候变化对城市气候的影响。作为参考站的郊区观测站点的选择十分严格，它必须与城区站处于同一气候区中，具有相同的地理位置、地形状况，并且不受城市化影响或影响较少。该方法的优点是可以利用长期观测资料，研究城市各气候要素和热岛强度在时间序列上变化特征；这种方法的缺点是选取不同的气象站，城市热岛强度研究结果差异较大（赵晶，2001）；气象站有限，空间分辨率低。相关学者通过对各个城市的城区和郊区各气象站点长时间序列的气温数据资料进行对比分析，发现市区站附近热岛效应明显，并且呈显著增强趋势，城、郊平均气温温差呈现显著上升趋势，热岛强度具有明显的季节变化、月变化及日变化特征，且由于研究区域不同，呈现不同的变化规律（刘卫平等，2010；卞韬等，2012；曲静等，2013；李艳红等，2013；吉莉等，2015；陈惠芳等，2015；吴志杰和何云玲，2015；何永晴和尹继鑫，2018；张文静等，2019；王文本等，2019）。相关学者通过利用城郊多个气象观测站多年逐日平均、最高和最低温度的均一化资料，分析城、郊区极端温度事件发生频次（强度）的变化趋势，并对比了城、郊差异以及城市热岛强度对城郊差异的影响，研究发现城区和郊区在极端温度事件发生频次上的差别很小，城区极端温度事件的年平均发生频次明显高于郊区，并且极端温度事件发生频次和强度在城、郊之间的差别与热岛强度均没有明显的相关特征（杨萍等，2013）。

（2）历史对比法：是为了研究城市化对气候的影响，对某一城市，利用其多年气候资料，分析其在城市化前后和发展过程中气候变化特征。在应用历史对比法时须注意三点：首先，城市气候资料来源最好出自同一气象站，或前后站点地理环境差异不大，这样历史资料才具有对比性；其次，在研究某一城市的气候变化特征时，须滤去大区域气候因素的作用，如太阳黑子、大气环流所引起的自然变化（周淑贞和张超，1985）；然后，气候资料要具有连续性。许多学者利用历史对比法对研究区域的气温变化进行长时间序列分析和处理，通过对城市化前后区域气温变化研究发现，随着该地区城市化进程的加快和经济社会发展，区域气温呈现增温趋势，城市化对平均气温贡献最大的区域主要集中在城区，并且大量研究表明，城市人口、GDP与城郊温差呈正相关，表明城市化进程对城区的气温变化有显著影响，这在石家庄、北京、重庆、顺德、长沙、兰州、上海等地都有表现（曹爱丽等，2008；殷红等，2011；卞韬等，2012；龙海丽和王爱辉，2013；刘伟东等，2014；李易芝等，2015；吉莉等，2015；陈惠芳等，2015；彭嘉栋等，2017；张万军等，2020）。除此之外，不少学者对城市群历年来的气温变化进行了比较研究，例如通过对京津冀城市群的气温变化分析发现，在研究时间段内城市热岛强度均呈现不同程度的上升趋势，且冬季明显高于夏季，时间上城市热岛强度变化趋势与城市化水平相关，空间上城市热岛强度则受城市所处的地理位置、区域气候等影响（丁楠和王娟，2017）。相关学者对珠三角城市群热岛效应时空分布特征以及城镇化发展对温度场的影响程度进行了研究，结果表明，时间上，20世纪60～80年代呈减少趋势，80年代开始呈增加趋势，90年代后期珠三角城市群热岛效应全面形成，21世纪之后大幅增加。尤其是近二十几年以来，温度上升趋势明显；空间上，珠三角热岛效应贡献主要来自中部城市群与沿海城市群，与近年来城镇化快速发展紧密相关（王志春等，2017；朱娟等，2018；程迪等，2019）。

（3）城市内部不同性质下垫面对比法：是按其不同城市功能区、土地利用类型、建筑密度、不透水地面所占面积百分比、植被覆盖度等进行分类。在不同类型的下垫面设置观测点，采用定点长期观测与短时段流动观测相结合的方法，观测地表和城市冠层内不同高度的气象要素的分布和变化，分析其时空分布规律及形成机制。相关学者通过对研究区域下垫面重要表征组分，例如植被、不透水面等进行定量关系分析，得到植被指数与地表温度之间呈负相关关系；而不透水面指数与地表温度呈正相关关系，说明植被对城市热岛效应的改善起到积极的作用，而不透水面会增加地表温度，从而加剧热岛效应，并且相关研究表明水体具有明显的降温效应（曹丽琴等，2008；潘竟虎和李民生，2012；毛文婷等，2015；莫新宇等，2013；祝亚鹏等，2018；何泽能等，2018；裴志方等，2019；魏雪梅等，2019；李膨利等，2020）。相关学者进一步对沥青、水泥、裸地和草地等4种城市下垫面地表温度的常年观测资料，系统分析了4种城市下垫面地表温度年变化特征及其影响因素，建立了地表温度模拟模型，表明典型城市下垫面对大气具有一定的加热作用，以沥青最强，水泥次之，裸地和草地较弱；总云量、日平均相对湿度、日照时数等气象因子对4种下垫面温度的影响较大，云量总体上对地表以降温作用为主，相对湿度则相反；总云量和日平均相对湿度对裸地和草地等透水性下垫面温度变化影响较大（刘霞等，2011）。相关学者通过分析不同下垫面的温度、湿度、风速等要素在不同季节的差异，分析归纳了以戈壁、湿地、城市工业用地、园林绿地为代表的下垫面对小气候的影响和贡献；并以人体舒适度为指标，探讨分析园林绿地对宜居城市建设的贡献，结果表明：4 种下垫面的气象要素在春季、夏季有显著或极显著差异，而秋季、冬季差异不显著；园林绿化区具有很好的降温、保湿、风屏等效应，对城市生态影响显著；4 个区域平均舒适度，呈现湿地保护区＞园林绿化区＞城市热岛区＞戈壁荒漠区的趋势，园林绿化区舒适程度在 5～9 月明显大于其他下垫面类型；园林绿化区的降温、增湿效应能够有效缓解城市热岛，对改善城市热环境有着重要的作用和意义（任桂萍等，2019）。

1.6.2 定点观测法

定点观测法是通过人工布点小型气象观测仪对选定区域进行实时不间断的气象数据采集，并对比分析监测区域与郊区气象数据差异，从而研究选定区域的热岛现象（杨恒亮等，2016）。它能反映同一时间不同地点或同一地点不同时间的温度变化情况（李国栋等，2012；李祥余，2015）。城市各气候要素的分布特征一般是选用城郊若干个典型的位置，进行数项气候要素指标的测定比较（邓莲堂，2001）。水平定点观测法通常选取若干个典型的城、郊观测地点，测定比较多项气候要素，也可利用城市横剖面线进行观测分析（何云玲等，2002），陈云浩等（2004）曾在上海城市空间热环境的研究中选择 NS 剖面来分析市中心、建成区热场的内部结构，选择 WE 剖面侧重研究热场的城乡差异、城市变迁对热场的影响。城市气候垂直结构的定点观测研究自 20 世纪 50年代起开始，多是使用铁塔、探空气球、飞机等进行观测（Davidson，1967；Bernstein，1968；Clarke，1969）。

定点观测法的优点是可以进行同时间高精度的各气象因子的测定；缺点是受局部环境影响较大，只能应用在较小范围内，结果会受到测点选择的限制和小环境的影响，缺乏代表性，工作量大，受到人力、物力限制，难以获取大面积区域同步的观测资料（肖荣波等，2005；杨恒亮等，2016）。张一平等（2002）在昆明城市近郊、城郊接合部、城市中心设置观测点，定时利用气球观测不同高度的温度，能够获取较为丰富的数据，分析了昆明城市热岛效应的立体分布特征；Huang 等（2008）分别在南京市的中心城区、城市湖泊、森林、郊区布设 4 个观测点进行了定点观测，监测城市热岛特征。叶有华等（2008）利用定点观测的方法对广州商业区、工业区、社区和森林公园的热岛发生频率及其强度进行了研究，研究功能区对热岛发生频率及其强度的影响。葛珂楠等（2010）通过对温度定点监测，绘制了热岛3D图像，并得出热岛中心随时间偏移的假设，为进一步研究城市热岛对城市环境的影响提供了参考依据。相关学者将定点观测与流动观测结合在一起来研究相关区域的气候环境变化特征，李翔泽等（2014）在深圳市采用定点观测法与区域样带观测相结合的方法，对深圳市典型土地利用类型的气温进行监测、分析，探讨不同土地利用类型对城市热环境的影响。

1.6.3 流动观测法

流动观测法是利用交通工具携带气象观测仪器在城市区域进行流动观测，是研究城市局地小气候的有效工具（李志乾等，2009；李祥余，2015）。流动观测法的优点是可以弥补固定观测站点数量不足和遥感反演实际气温准确度不高的缺点，灵活机动的观测城市不同区域真实环境的小气候特征，对监测局地范围的环境变化有十分明显的优势，具有利用有限的设备获取尽可能多的连续点位气象要素的优点（郭勇等，2006；李国栋等，2012）。流动观测法也存在一些缺点：首先，不同样线上的观测无法同步进行，从而导致获得的数据缺乏可比性；其次，观测不是同期测定，不便于比较，需要对流动观测的各点位数据进行订正；最后，受到局部环境及交通工具影响，代表性较差，存在测试条件不易控制、费用昂贵、通用性差等不可克服的困难（李国栋等，2012；杨恒亮等，2016）。

Schmidt（1927）首次利用汽车装备气象观测仪器对城市进行了流动观测；Saitoh等（1996）用汽车流动观测的方法对日本东京和仙台的城市热岛进行了观测研究；Kazimierz和Krzysztof（1999）将气象传感器同时安装在5部车上，研究了波兰洛兹市热岛的空间格局；Wong和Yu（2005）应用汽车流动观测方法研究了新加坡热岛效应和绿地的降温作用；Unger等（2001）在不同的天气条件下应用流动观测法研究了匈牙利塞格德市城市下垫面与近地面气温之间的关系；郭勇等（2006）采用车载气象观测仪器、GPS和连续数据采集系统的流动观测法研究了北京城区内不同城市地表覆盖物对城市局地小气候的影响和气象要素分布。刘加平等（2007）、王志浩等（2012）利用汽车流动观测，分别研究了西安、重庆昼夜间城市热岛效应的空间分布；刘鹏（2008）通过15次流动观测试验建立了重庆市城市热岛强度均值与下垫面绿化率、建筑密度、不透水率的关系；相关学者通过汽车流动观察法在冬季采暖期、非采暖期，用自记式温/湿度计分别在昼间和夜间观测了西安城区 280 个点的温度和相对湿度值，对观测数据进行同时性修正后，绘制城市等温线图，研究采暖对城市热岛的影响及城市冬季空间湿环境分布特征（刘艳峰和刘加平，2007；刘艳峰等，2007）；刘红年等（2008）在南京市市区和郊区两个观测点进行了城市边界层气象观测，同时采用流动观测方法进行城市热岛观测；李国栋等（2008，2013）利用定点观测与流动观测法对兰州市城市气候特征及演变规律进行了研究。

1.6.4 遥感反演法

通过遥感手段获取的观测数据具有时间同步性好、覆盖范围广的特点。随着当前高分辨率的热红外遥感技术的发展完善，热红外遥感在城市气候学研究中发挥着越来越重要的作用。在城市气候和城市热环境的定量遥感研究方面，近二十年来，国外学者侧重利用卫星遥感数据和技术对城市地表温度进行定量研究，国内城市热环境遥感监测研究更偏重实践应用研究（王伟武，2004）。Rao（1972）最早利用热红外遥感数据研究城市热岛效应，并应用 TIROS-1 卫星提取的热红外数据观测了太平洋中部海岸城市的地表温度类型。自此以后，随着遥感技术的发展，如遥感图像空间分辨率和辐射分辨率的提高以及遥感数据源的多样化，遥感方法在城市热岛研究中得到越来越多的应用（冯文峰，2008）。目前，利用遥感技术研究城市气候和热环境分为三种方法。

（1）基于温度的反演方法：热红外遥感探测到的是以像元为单位的下垫面辐射温度（亮温），而卫星亮温、地温、气温三者之间关系密切，因而基于下垫面温度的城市热岛监测方法便成为进行城市热岛研究最常用、最直观的方法。一些学者相继发展出简化后的反演算法，并在实际应用中取得了较好的结果（覃志豪等，2001；Qin and Kamieli，2002；Sobrino et al.，2004；Wen et al.，2004；Wen，2006）。国内相关学者使用 NOAA/AVHHR 或 Landsat TM/ETM 影像在各城市进行了城市气候和空间热环境的研究，并取得许多成果（范天锡，1987；范心圻等，1991；赵大庆和韩釜山，1991；周红妹，1998；纪瑞鹏等，2000；周红妹等，2001；陈云浩等，2002a，2002b；丁学才等，2002）。

（2）基于植被指数的反演方法：Gallo（1993）首次运用由 AVHRR 数据获得的植被指数估测了城市热岛效应在引起城乡气温差异方面的作用。植被指数和城乡气温之间存在明显的线性关系，其进一步的研究表明（Gallo，1996），城乡之间的NDVI差异同城乡之间最低气温差异的关系比同期的城乡地表温度与城乡最低气温差异的关系要紧密且更稳定。城乡间NDVI的差别可能成为导致城乡两种不同环境下最低气温差异（城市热岛效应）的地表物质属性的标志。

（3）基于热力景观的监测方法：陈云浩等（2004）借鉴景观生态学的研究方法，引入了"热力景观"的概念，在遥感和GIS技术的支持下，用景观生态学的观点来研究城市热环境，建立了一套热环境空间格局与过程研究方法和评价指标体系。该方法的评价指标由分维数、形状指数、优势度、破碎度、分离度、多样性等组成。遥感反演方法的最大优点是能够获取空间上连续的地表温度信息，把握热岛的空间分布模式，同时能够获得地表土地覆盖、植被指数等信息；缺点是只能获得瞬时地表信息，在时间上不连续，受大气状况的影响较大，反演精度受各种复杂因素的影响。

遥感技术反演城市热岛效应强度，反演算法从20世纪80年代末开始被不断完善，根据研究区域特点选择适合的反演算法有助于地表温度反演精度的提高。常见的方法有单窗算法、辐射传输方程法、劈窗算法等。辐射传输方程法（又称大气校正法）将计算出的大气对地表热辐射的影响因子从卫星传感器观测到的热辐射总量中减去，得到地表热辐射强度，再根据地表热辐射强度与地表温度关系函数将地表热辐射强度转换为地表温度（张菊和刘汉胡，2020）；单窗算法是反演地表温度最常用的算法之一，是覃志豪等（2001）提出的针对仅有一个热红外波段遥感数据的算法，是根据地表热辐射传导方程，把大气和地表的影响直接包括在演算公式中，推导出的一个简单易行并且精度较高的演算方法；劈窗算法适用于有两个热红外波段的遥感数据，是基于卫星观测到的热辐射数据为标准，通过大气所在两个波段上的吸收率差异来消除大气所造成的影响，然后再根据这两个波段的线性组合算出地表的实际温度，劈窗算法是一种精度较高的代表性算法（李军等，2018）。盛辉等（2010）基于不同年份的Landsat TM影像数据运用马尔科夫数值化模型对城市热岛效应未来几十年的发展和变化趋势进行预测；史新等（2018）采用辐射传输方程法（RTE）、单窗算法（MW）和单通道算法（SC）三种算法及相关参数，结合流域数据反演地表温度，三种算法计算LST的像元值线性拟合程度类似，空间分布一致，其中辐射传输方程法与单通道算法精度接近一致，差值在0~0.05K区间范围内，单窗算法的LST偏高于其他2种算法，差值在0~1.27K区间范围内。经过多年研究，地表温度反演算法逐步趋于成熟。

目前，大量卫星遥感数据已经应用于城市热岛效应研究，如NOAA/

AVHRR、Landsat TM/ETM+/TIRS、Terra/Aqua MODIS/ASTER、FY-2C 等遥感数据（纪瑞鹏等，2000；李昕瑜等，2014；王亚维等，2015；宋彩英等，2015；Bokaie et al.，2016；Jose et al.，2016）。典型的研究有：Chen 等（2016）使用 NDVI 从不同时期的遥感影像中提取深圳市土地利用/覆盖信息，分析其与热红外波段反演的 LST 之间的关系，并通过城市不透水面分析 LST 与城镇化之间的关系；Mathew 等（2016）研究了 LST 与不透水面面积及海拔的关系；Shen 等（2016）通过时空融合方法分析了武汉市连续 26 年间高空间分辨率城市热岛效应发展模式及其与 NDVI、不透水面面积及植被覆盖度之间的相关关系；许飞等（2014）在 Hottel 模型中利用 TM 数据模拟了城市屋顶在不同反射率下对太阳辐射的吸收过程，结果表明"白屋顶计划"能有效缓解城市热岛效应；王力涛等（2020）基于 Landsat-8 数据反演天津市蓟州区地表温度，定量建立回归方程分析地表温度与不同遥感指数之间的相关关系，从而揭示热岛效应与土地利用的关系以及影响下垫面地表温度的主要因素；刘丹丹等（2020）利用陆地卫星影像数据，利用单窗算法对哈尔滨进行地表温度反演，分析了 35 年来哈尔滨市城区的热岛效应变化特征。随着遥感技术的发展，遥感影像可以提供大范围、高空间分辨率、全天候观测等信息，同时能清晰直观的展示城市热场的动态变化和内部结构特点，为进一步城市热岛效应研究提供便利（王小鸽和胡洪涛，2020）。其中，基于 MODIS 的 LST 由于记录时间长、时间分辨率高、数据质量好，是开展 SUHI 大规模调查最常用的数据来源（Yao et al.，2017；Peng et al.，2018；Chakraborty and Li，2019）。

1.6.5 模型模拟和实验室模拟

城市气候研究常用研究模型有统计模型、能量平衡模型、数值模型、解析模型和物理模型（卢曦，2003；肖荣波等，2005）。比较有代表性的是 Soundborg（1951）首先利用统计模型对城市温度场进行分析，得到一系列经验公式；Baik（2004）对韩国六个大城市进行调查，用多元回归模型将每日最大热岛强度和前一天的最大热岛强度、风速、云量、相对湿度联系起来进行分析研究；Myrup（1969）根据能量交换方程，建立了城市热岛的静力学模式；Delage 和 Taylor（1970）建立了二维的城市热岛环流的动力学模式；Summers（1965）以城市大小、人为能量释放比率、周围平均风速、温度梯度等为要素建立的城市热岛模型，用于预测夜间热岛混合高度以及热岛强度；Streutker

（2002）的高斯模型、Atwater欧拉静力学模型等都为城市气候的分析预测做了较好的尝试。

城市气候和热环境的现场监测存在测试条件不易控制、很难重复再现、费用昂贵、通用性差等不可克服的困难。实验室模拟具有条件易控、可重复实验、周期短、经济、可靠，特别是实验室实验不受计算的复杂度限制，对于城市气候这样的复杂模型研究具有明显的优势。最常用的是将城市实况按比例做成模型，采用风洞实验，来研究建筑物对风的湍流扰动分析，研究气压的分布与风的结构，以及城市中污染物扩散分布的情况。Cermak（1971）利用风洞实验对美国科罗拉多州丹佛城进行了研究；Mihalakakou和Floeasetal（2002）利用中枢神经网络方法研究了Athens的低对流层的天气型范围内的环流对热岛的影响，分析了不同天气型下的热岛效应；Mihalakakou等（2004）以天气型分类和影响热岛的气象条件作为输入参数，用网络神经模型研究低对流层的天气环流对雅典城市热岛的影响。模型模拟的缺点是城市热岛复杂多变，模型通用性差；实验室模拟不能代表实际复杂的城市气候环境。

计算机技术的发展和数值模式的完善，数值模拟逐渐成为研究城市气象问题的常用方法之一。数值模式以动力学和热力学为理论基础，模拟各种条件下风、温、湿的时空变化。WRF模式是由美国国家大气研究中心（NCAR）和美国国家环境预报中心（NCEP）于2000年联合建立的一套中尺度预报和同化系统。WRF模式具有完善的物理方案来描述各类复杂的气候现象，在全世界范围内广泛用于天气预报和气象研究（郭飞，2017；李海俊等，2019）。通过不断改进模式中的边界层参数（Hu et al.，2010；Chen et al.，2011）和陆面过程（Case et al.，2008；Gilliam and Pleim，2010），WRF成为目前世界比较通用的中尺度气象预报模式。当前，与WRF嵌套的城市模式有三种：单层城市冠层模式（urban canopy model，UCM）、多层城市冠层模式（building environment parameterization，BEP）和建筑物能量模式（building energy model，BEM）。三种城市冠层方案已被耦合到WRF中尺度天气模式中（Chen et al.，2011），推动了城市气候模拟研究快速发展。相关学者发展了单层城市冠层方案（Kusaka et al.，2001；Kusaka and Kimura，2004）；也有学者在城市冠层内垂直方向上进行分层计算处理，考虑建筑物对气流的拖曳和对湍流的影响，提出了多层城市冠层方案（Martilli et al.，2002）；相关研究基于BEP方案增加了建筑物能量模型，考虑了城市建筑物内外的能量交换，设计了BEP+BEM方案（Salamanca and Martilli，2010）。

目前,应用较为广泛的单层城市冠层方案(UCM)特点在于:根据不透水面积百分比将城市类型分为高、中、低密度3类,考虑不同城市类型建筑街道的几何特征,以及人为热等下垫面参数的差异。这为研究城市下垫面非均匀性的影响提供了重要手段。以往的研究表明,WRF/UCM 模拟系统模拟得到的气温、相对湿度、风等模拟结果和观测值进行比较,具有较好的一致性(缪国军等,2007;张璐等,2011)。Kusaka 等(2012)将平板模型和UCM的模拟结果与气象观测数据对比发现,UCM能够模拟出热岛效应,而平板模型没有,平板模型比实际观测值最大偏离幅度达6.2℃。耦合了城市冠层模式UCM的WRF模式,考虑了城市下垫面特征、建筑物对辐射的影响等作用,能够较好地改进模式对城市区域的描述,对城市的热效应、流场和降雨等都有较好的模拟能力,并在许多城市的城市化影响研究中得到应用(赖绍钧等,2020)。陈光等(2016)利用WRF/UCM 模型对城市化背景下城市热环境进行模拟研究,验证了WRF /UCM 模型对城市热环境研究的可行性,并发现城市区域温度随着建筑密度与人为热升高而升高;Chen 和 Frauenfeld(2014)利用WRF/UCM 模型模拟分析了杭州市热岛效应,发现城市土地利用和人为热分别对 UHI 有较大的影响;郭飞(2017)利用WRF/UCM 模型表明,WRF 可以较好地模拟出城市热岛效应的强度和时空变化。

WRF可以成功模拟城市热岛效应、热岛环流等城市气候现象,模拟结果与观测数据吻合也较好,将WRF应用于城市总体尺度的气候评估具有较好的优势。但同时,由于WRF模式中默认的陆面资料USGS是1992年前后在AVHRR数据基础上得到的,随着地球表层系统的快速变迁,USGS资料已经有不足之处,自 WRF 3.1 版本发布以来,WRF 模式提供了 MODIS 的地表土地利用资料,使得WRF能得到比USGS更好的结果(张朝林等,2007;Miao et al.,2009)。2006年WRF模式中加入了分辨率更高,具有更多地表信息的下垫面数据,但是全球城市化迅速发展,该资料与实际的城市区域相比还有明显的差别。何建军等(2014)研究表明,陆面资料可影响整个边界层温度场分布,准确的陆面资料对提升WRF模式模拟近地面乃至整个边界层气象场至关重要,特别对高分辨率数值模拟来说,引入最新的、与实际最接近的陆面信息资料是非常重要的。

1.6.6 城市气候长时间序列数据的统计方法

在城市气候研究中,对于城市站和乡村站的较长时间尺度的气候数据的处理，常用的时间序列处理方法有用Mann-Kendall检验法、小波分析法、R/S分析法。这些分析方法可以很好地揭示长时间序列的城市气候变化特征，获得城市的气候变化趋势，判断突变点的时间范围，获得气候变化的多尺度周期特征，能有效区分某一自然过程是处于自然波动还是存在确定的变化趋势，对城市气候要素的年际变化进行预测。

1）Mann-Kendall检验法

世界气象组织推荐并已广泛应用的Mann-Kendall非参数统计方法，能有效区分某一自然过程是处于自然波动还是存在确定的变化趋势（李国栋等，2013）。对于非正态分布的气象数据，Mann-Kendall秩次相关检验具有较为突出的适用性。Mann-Kendall检验经常用于气候变化影响下的气温、降水、干旱频次趋势检测。Mann-Kendall检验不要求数据必须呈正态分布，个别离群值也不会影响分析结果，并且是非参数检验方法，计算简易（魏凤英，1999）。Mann-Kendall突变检测相对其他气温突变检测方法的优势是其检测范围宽、人为性少、定量化程度高的特点（符淙斌和王强，1992）。

2）小波分析法

小波分析法是一种信号的时间尺度调和分析方法，被称为数学放大镜，被认为是傅里叶分析方法的突破性进展，它在傅里叶变换的基础上引入窗口函数（小波函数），小波分析的原理是用一簇函数来表示或逼近某一变化值，即可以更为有效解译、提取气候变化趋势，在时间和频率两个方面对一维信号进行展开分析，从而对气候系统的时间频率结构进行详细的分析。分析得到的小波系数与时间和频率有关，因此可将变换结果以形象的二维图呈现出来。利用小波处理能够很好地解译获取气候数据的时空和频谱特性，能够解译分析气温在时空多尺度上的发展规律，探索获取隐含的时序特征（张伟等，2009；叶茂等，2010；张茜等，2016），通过小波变换分析不仅可以给出气候序列变化的尺度，还可以显示出变化的时间位置。Morlet小波分析是研究气候变化规律的有效手段，在气温变化周期分析中应用广泛（樊高峰和苗长明，2008；张晶，2015；白长江和高敏华，2018），该方法能够在不同时间尺度上分析过去气候的变化周期，在解释气候变化多尺度构型和主周期以及研究气候变化多尺度结构和突变特征等方面具有明显的优势（张楠等，2009；刘晓梅等，2009）。

3）R/S分析法

为能够更好地表达和判断某一时间或时空序列是否存在趋势强度，英国科学家赫斯特（Hurst）提出了基于重标极差（R/S）分析方法的Hurst指数，目前该指数方法普遍应用于气候、水文等学科领域研究中（陈昭和梁静溪，2005）。*R/S*分析法是对时间序列进行研究的一种分形理论（翟秋敏等，2017），可以根据Hurst指数大小来判断时序函数和序列的变化周期及大致趋势。

1.7　城市气候研究存在的主要问题

（1）目前对城市气候的研究方法使用单一的方法比较多，而集成、融合多种方法开展的研究比较少。在城市温度场研究方面，卫星遥感的方法被广泛应用，较多研究反演的是地面亮温或地面温度。由于受复杂大气状况、城市地物的特殊性、反演算法等因素影响，单纯利用热红外遥感反演的大气温度误差较大；目前，在城市湿度场方面的成果较少，近地层大气湿度场的监测、模拟还缺乏较好的手段方法；此外，将温度场和湿度场结合起来开展的研究较少见，而能量和水分是相互联系的，水相转变、水分运移是需要能量来驱动的，水能运动是相互耦合的传输过程，温度场和湿度场作为水分和热量空间分布的外在表现，二者是密切联系的。当前，伴随高时间、高空间、高光谱分辨率传感器、三维成像仪、新一代遥感卫星的发展和应用，基于地表温度、植被指数、热力景观等多平台、多尺度、多角度的遥感反演技术，气象站历史记录数据、人工实地测量数据和边界层数值模拟等多方法、多技术手段的综合运用与交叉融合使研究效果更加明显而具有可信度。

（2）缺乏形成机制和变化机理的研究。首先，缺乏从根源-能量交换的角度去解释城市气候效应和城市热环境的成因，许多研究是通过城市土地利用/土地覆盖类型空间分布与温度场的空间相关关系去解释。其次，人为热的准确估算问题，由于人类活动的不确定性、人为热空间分布的非均匀性，如何准确量化人为热对城市热岛的影响也是目前一个难点问题。此外，在机理解释时一些模型通用性较差，所需要的有关城市下垫面-大气界面参数的设定有很大的不确定性，而且对于城市边界层内部的参数化仍缺乏足够的认识，这都需要开展长期的、针对性的多尺度观测实验。

（3）缺乏气候效应的时空多尺度研究，在一个时段内对单个城市开展的研究比较多，在较大的时空尺度上开展的研究比较少，尤其是城市群或更大区域的研究较少。需要将研究尺度扩大，宏观上需要从全球视角研究城镇化与全球变化双重作用下的城市气候效应，结合区域气候对全球气候变化的响应，评估城市热岛效应对区域平均气温序列的影响和城市热岛效应对区域增温的贡献率问题。中尺度上认识土地利用/土地覆盖分布格局对城市热场、热岛效应的影响，从微观尺度上分析建筑物特征、街道布局、人为热释放等因素对城市气候的影响。

（4）在调控措施方面，首先是大多数的缓解措施都是基于某一地方某一尺度上的，在不同时间、不同空间尺度上的结果还需要进一步验证，例如关于绿色屋顶、高反照率屋顶等材料的研究，主要是以天为单位的短期测量，并未考虑到长时间内各种因素，相互作用下的效果。其次，目前的研究多集中于城市内部，对一些外在因素，例如该城市政策的变化以及周围区域的影响，研究较少。对于减缓措施多是单个措施的独立作用，鲜有研究将多种缓解措施组合起来共同探索其缓解程度。

开展典型河谷型城市的城市气候效应的格局、过程、机制和调控研究，揭示不同时间、空间尺度下河谷型城市非均匀下垫面温度场、湿度场的结构特征和演变规律；明确温度场、湿度场演变过程及与土地利用/土地覆盖变化的定量关系。阐明四季不同天气条件下城区和郊区典型下垫面的辐射平衡、能量平衡、城市冠层能量交换特征；揭示非均匀下垫面地-气能量交换过程及其对温湿场的作用机制。建立从大尺度、中尺度和微观尺度来研究非均匀下垫面温湿场结构特征及其能量驱动过程的观测和模拟方法体系。上述研究可以帮助了解城市化进程在不同时间、空间尺度上是如何影响大气边界层结构，进而影响局地天气过程和大气环流运动的，为城市边界层模式、城市冠层模式的发展和城市陆面过程参数化方案的改进提供科学依据。在认识了河谷型城市非均匀、复杂下垫面的大气边界层结构特征和大气扩散规律的基础上，也就清楚了城市空气污染物的输送与扩散机制，这为兰州市这类空气污染严重的河谷型城市的空气污染预报和治理提供科学依据。同时在城市生态环境的建设、城市微气候、城市规划、城市建筑设计、城市能源利用以及居民生活健康等应用领域具有重要的现实意义。

参 考 文 献

白长江, 高敏华. 2018. 基于小波与 R/S 方法的库车绿洲最高和最低温度时间序列分析. 安徽农业科学, 46（11）: 45-48, 51.

白虎志, 张焕儒, 张存杰. 1997. 兰州城市化发展对局地气候的影响. 高原气象, 16（4）: 410-416.

白振平, 齐童. 2004. 利用红外遥感技术监测城市"热岛效应". 城市与减灾,（2）: 27-28.

北京市气象局气候资料室. 1992. 北京城市气候. 北京：气象出版社.

卞韬, 任国玉, 张翠华, 等. 2012. 石家庄气象站记录的城市热岛效应及其趋势变化. 南京信息工程大学学报（自然科学版）, 4（5）：402-408.

曹爱丽, 张浩, 张艳, 等. 2008. 上海近50年气温变化与城市化发展的关系. 地球物理学报, （6）：1663-1669.

曹琨, 葛朝霞, 薛梅, 等. 2009. 上海城区雨岛效应及其变化趋势分析. 水电能源科学, 27（5）：31-33, 54.

曹丽琴, 张良培, 李平湘, 等. 2008. 城市下垫面覆盖类型变化对热岛效应影响的模拟研究. 武汉大学学报（信息科学版）, （12）：1229-1232.

陈炳杰, 陈佩敏, 黄泽鹏, 等. 2021. 基于Landsat的广州市热岛效应时空变化分析. 广东工业大学学报, 38（2）：53-59.

陈二平, 武永利, 张怀德. 2001. 太原市城市热岛的数值模拟及其成因浅析. 山西气象, 2：26-28.

陈光, 赵立华, 持田灯. 2016. 城市扩张对城市热环境影响的模拟研究. 建筑科学, 32（10）：65-72.

陈惠芳, 伍淑瑜, 黄先香, 等. 2015. 顺德热岛强度变化及其与城市化发展的关系. 广东气象, 37（3）：60-62.

陈剑锋, 方汉杰, 宋健. 2002. 杭州市城市"热岛效应"特征的初步分析. 浙江气象, 25（1）：29-31.

陈千盛. 1997. 城市效应对福州市气候的影响. 气象, （1）：42-46.

陈群玉. 2011. 城市热岛效应的成因分析及缓解措施. 科技信息, （2）：115.

陈圣劼, 尹东屏, 李玉涛, 等. 2016. 南京地区城郊降雨差异特征分析. 气象与环境学报, 32（6）：27-33.

陈云浩, 李京, 李晓兵. 2004. 城市空间热环境遥感分析——格局、过程、模拟与影响. 北京：科学出版社.

陈云浩, 李晓兵, 史培军, 等. 2002a. 上海城市热环境的空间格局分析. 地理科学, 22（3）：317-322.

陈云浩, 史培军, 李晓兵, 等. 2002b. 城市空间热环境的遥感研究. 测绘学报, 31（4）：322-326.

陈昭, 梁静溪. 2005. 赫斯特指数的分析与应用. 中国软科学, （3）：134-138.

程迪, 王咏薇, 刘寿东, 等. 2019. 1959～2012年夏季珠三角地区高温热浪的时空分布特征及其城市热岛效应的影响分析. 科学技术与工程, 19（1）：273-283.

丛波, 孙艺桃, 刘艳杰, 等. 2020. 廊坊地区城市化对空气湿度的影响——森林城市建设的气象影响要素. 对接京津——绿色发展森林城市论文集. 廊坊：廊坊市应用经济学会, 8：

192-199.

崔林丽，史军，杨引明，等. 2008. 长江三角洲气温变化特征及城市化影响. 地理研究，27（4）：775-786.

崔林林，李国胜，戢冬建. 2018. 成都市热岛效应及其与下垫面的关系. 生态学杂志，37（5）：1518-1526.

邓莲堂，束炯，李朝颐. 2001. 上海城市热岛的变化特征分析. 热带气象学报，17（3）：273-280.

邓玉娇，杜尧东，王捷纯，等. 2020. 粤港澳大湾区城市热岛时空特征及驱动因素. 生态学杂志，39（8）：2671-2677.

丁海勇，史恒畅，罗海滨. 2017. 城市热岛研究综述. 城市地理，（16）：82-83.

丁楠，王娟. 2017. 京津冀城市群热岛强度时空变化及对比研究. 北京联合大学学报，31（4）：21-28.

丁学才，张志凯，周红妹，等. 2002. 上海地区夏季高温分布及热岛效应研究. 大气科学，26（3）：412-421.

丁一汇，任国玉，赵宗慈，等. 2007. 中国气候变化的检测及预估. 沙漠与绿洲气象，1（1）：1-10.

杜春丽，沈新勇，陈渭民，等. 2008. 43a来我国城市气候和太阳辐射的变化特征. 南京气象学院学报，31（2）：200-207.

樊高峰，苗长明. 2008. 用小波分析方法诊断杭州近50a夏季气温变化. 气象科学，（4）：431-434.

范天锡. 1987. 北京地区城市热岛特征的卫星遥感. 气象，13（10）：29-32.

范心圻. 1995. 城市大气环境与热场//孙天纵，周坚华. 城市遥感. 上海：上海科学技术文献出版社：59-84.

范心圻，刘继韩，钱彬，等. 1991. 我国主要城市热岛现象动态监测研究//徐希孺. 环境监测与作物估产遥感研究论文集. 北京：北京大学出版社：171-189.

冯蜀青，王海娥，柳艳香，等. 2019. 西北地区未来10a气候变化趋势模拟预测研究. 干旱气象，37（4）：557-564.

冯文峰. 2008. 基于TM/ETM数据的城市地表温度研究. 开封：河南大学硕士学位论文.

符淙斌，王强. 1992. 气候突变的定义和检测方法. 大气科学，（4）：482-493.

葛珂楠，郝嘉凌，李卫文. 2010. 城市热岛效应的研究——以南京市为例. 武汉：环境污染与大众健康学术会议.

贡璐. 2007. 干旱区城市热岛效应定量研究——以乌鲁木齐为例. 乌鲁木齐：新疆大学博士学位论文.

顾朝林，于涛方，李王鸣，等. 2008. 中国城市化：格局·过程·机理. 北京：科学出版社.

顾丽华, 邱新法, 曾燕. 2009. 南京市城市干岛和湿岛效应研究//第26届中国气象学会年会气候环境变化与人体健康分会场论文集. 杭州: 中国气象学会年会, 10: 279-288.

郭飞. 2017. 基于WRF的城市热岛效应高分辨率评估方法. 土木建筑与环境工程, 39 (1): 13-19.

郭勇, 龙步菊, 刘伟东, 等. 2006. 北京城市热岛效应的流动观测和初步研究. 气象科技, (6): 656-661.

韩素芹, 郭军, 黄岁樑, 等. 2007. 天津城市热岛效应演变特征研究. 生态环境, 16 (2): 280-284.

何冬燕, 柏颖, 田红. 2018. 城市化背景下合肥的气候变化特征分析. 合肥: 第35届中国气象学会年会SS2科学家论坛: 城市气候变化特征、原因和影响.

何建军, 余晔, 刘娜, 等. 2014. 复杂地形区陆面资料对WRF模式模拟性能的影响. 大气科学, 38 (3): 484-498.

何萍. 2005. 楚雄市城市发展对气候的影响分析. 楚雄师范学院学报, (3): 64-68.

何萍, 江艳萍, 李矜霄, 等. 2017. 城市化对云南高原楚雄市近年来雨岛效应的影响研究. 干旱区地理, 40 (5): 933-941.

何萍, 李宏波, 马如彪. 2004. 云南楚雄市的发展对气候及气象灾害的影响. 广西科学院学报, (2): 113-115, 118.

何永晴, 尹继鑫. 2018. 基于气温日较差的西宁热岛效应研究. 合肥: 第35届中国气象学会年会S3高原天气气候研究进展.

何云玲, 张一平, 刘玉洪, 等. 2002. 昆明城市气候水平空间分布特征. 地理科学, 22 (6): 724-729.

何泽能, 高阳华, 上官昌贵, 等. 2018. 盛夏重庆下垫面温度及对热岛效应的影响浅析. 气象灾害防御, 25 (2): 14-17, 48.

侯美伶, 王杨君. 2011. 灰霾的成因、污染特征及健康危害. 广东化工, 38 (6): 134-135, 115.

黄铁兰, 刘慧忠, 柯锦灿. 2018. 基于Landsat TM卫星数据的广州城市热岛效应特征研究. 北京测绘, 32 (8): 891-896.

黄小燕, 王圣杰, 王小平. 2018. 1960~2015年中国西北地区大气可降水量变化特征. 气象, 44 (9): 1191-1199.

吉曹翔, 李崇, 陈鹏心, 等. 2018. 沈阳市夏季城市热岛特征分析. 合肥: 第35届中国气象学会年会S21卫星气象与生态遥感.

吉莉, 李强, 张爽, 等. 2015. 城市化进程对重庆北碚城郊气温变化的影响. 气象科技, 43 (2): 320-325.

纪瑞鹏, 张喜民, 李刚, 等. 2000. 沈阳等6城市热岛效应卫星监测研究. 辽宁气象, 4:

22-26.

季崇萍, 刘伟东, 轩春怡. 2006. 北京城市化进程对城市热岛的影响研究. 地球物理学报, 49（1）: 69-77.

江学顶, 夏北成, 郭泺, 等. 2007. 广州城市热岛空间分布及时域-频域多尺度变化特征. 应用生态学报, 18（1）: 133-139.

姜润, 钱半吨. 2014. 浅谈城市混浊岛效应研究工作进展. 成都: 2014中国环境科学学会学术年会.

鞠丽霞, 王勤耕, 张美根, 等. 2003. 济南市城市热岛和山谷风环流的模拟研究. 气候与环境研究, 8（4）: 467-474.

康文星, 吴耀兴, 何介南, 等. 2011. 城市热岛效应的研究进展. 中南林业科技大学学报, 31（1）: 70-76.

赖绍钧, 何芬, 吴毅伟, 等. 2020. 地表利用城市化在一次极端高温过程数值模拟中的影响. 热带气象学报, 36（3）: 347-359.

雷金睿, 陈宗铸, 吴庭天, 等. 2019. 1989～2015年海口城市热环境与景观格局的时空演变及其相互关系. 中国环境科学, 39（4）: 1734-1743.

李国栋, 田海峰, 彭剑峰, 等. 2013. 基于小波和M-K方法的商丘气温时间序列分析. 气象与环境学报, 29（3）: 78-84.

李国栋, 王乃昂, 张俊华, 等. 2008. 兰州市城区夏季热场分布与热岛效应研究. 地理科学, 28（5）: 709-714.

李国栋, 张俊华, 程弘毅, 等. 2012. 全球变暖和城市化背景下的城市热岛效应. 气象科技进展, 2（6）: 45-49.

李国栋, 张俊华, 王乃昂, 等. 2013. 典型河谷型城市春季温湿场特征及其生态环境效应. 生态学报, 33（12）: 3792-3804.

李海俊, 马红云, 林益同, 等. 2019. 长三角城市群非均匀性对区域热岛效应影响的数值模拟. 气象科学, 39（2）: 194-205.

李军, 赵彤, 朱维, 等. 2018. 基于Landsat8的重庆主城区城市热岛效应研究. 山地学报, 36（3）: 452-461.

李龙. 2020. 基于时间序列分解的中国地表城市热岛时空变化特征及其驱动因素分析. 南京: 南京师范大学硕士学位论文.

李鹏, 徐宗学, 张瑞, 等. 2020. 济南市极端降水特性与雨岛效应分析. 北京师范大学学报（自然科学版）, 56（6）: 822-830.

李膨利, Muhammad Amir Siddique, 樊柏青, 等. 2020. 下垫面覆盖类型变化对城市热岛的影响——以北京市朝阳区为例. 北京林业大学学报, 42（3）: 99-109.

李青春, 张小玲, 李林. 2013. 北京城市化对雾霾天气条件下低能见度时空分布的影响分析. 南京: 创新驱动发展提高气象灾害防御能力—S16第二届城市气象论坛——灾害·环境·影响·应对.

李祥余. 2015. 城市热岛效应研究进展与发展趋势. 科技创新与应用,(32): 12-14.

李翔泽, 李宏勇, 张清涛, 等. 2014. 不同地被类型对城市热环境的影响研究. 生态环境学报, 23(1): 106-112.

李昕瑜, 杜培军, 阿里木·赛买提. 2014. 南京市地表参数变化与热岛效应时空分析. 国土资源遥感, 26(2): 177-183.

李艳红, 李智才, 周晋红, 等. 2013. 基于自动站资料的太原城市热岛研究. 干旱区资源与环境, 27(12): 173-179.

李燕, 王友强, 刘强. 2009. 天气气候条件对大气污染物分布的影响. 安徽农业科学, 37(4): 1781-1782.

李扬, 刘平. 2017. 热岛效应对城市规划的影响研究综述. 智能城市, 3(2): 217.

李易芝, 罗伯良, 周碧. 2015. 城市化进程对湖南长株潭地区气温变化的影响. 干旱气象, 33(2): 257-262.

李有, 郑敬刚, 杨志清, 等. 2002. 郑州市深秋热(干)岛效应初探. 河南科学, 20(5): 553-556.

李志乾, 巩彩兰, 胡勇, 等. 2009. 城市热岛遥感研究进展. 遥感信息,(4): 100-105.

连倩倩, 安乾. 2018. 中国城市化的历史进程及特征分析. 当代经济,(15): 8-12.

林学椿, 于淑秋. 2003. 北京地区气温变化和热岛效应. 北京: 气候变化与生态环境研讨会.

林学椿, 于淑秋. 2005. 北京地区气温的年代际变化和热岛效应. 地球物理学报, 48(1): 39-45.

林学椿, 于淑秋, 唐国利. 2005. 北京城市化进程与热岛强度关系的研究. 自然科学进展, 15(7): 882-886.

林雨滢. 2019. 中国城市化与生态环境协调发展研究. 北京: 中国石油大学硕士学位论文.

林志垒. 2001. 福州市热岛效应动态分析研究. 四川测绘, 24(3): 140-143.

凌颖, 黄海洪. 2003. 南宁市城市热岛效应特征分析. 广西气象, 24(3): 26-27.

刘斌. 2014. 北京市热岛时空分布特征及影响因素分析. 南京: 南京信息工程大学硕士学位论文.

刘朝顺, 高志强, 高炜. 2007. 基于遥感的蒸散发及地表温度对LUCC响应的研究. 农业工程学报,(8): 1-8, 292.

刘丹丹, 刘江, 姜洪博. 2020. 基于Landsat影像的哈尔滨市热岛效应时空变化研究. 测绘与空间地理信息, 43(12): 5-7, 13.

刘红年, 蒋维楣, 孙鉴泞, 等. 2008. 南京城市边界层微气象特征观测与分析. 南京大学学报(自然科学版),(1): 99-106.

刘加平, 林宪德, 刘艳峰, 等. 2007. 西安冬季城市热岛调查研究. 太阳能学报, (8): 912-917.

刘家宏, 王浩, 高学睿, 等. 2014. 城市水文学研究综述. 科学通报, 59 (36): 3581-3590.

刘鹏. 2008. 基于用地类型的重庆城市热岛特性研究. 重庆: 重庆大学硕士学位论文.

刘睿. 2004. 天津市城市热岛效应的分析与研究. 天津: 天津大学硕士学位论文.

刘施含, 曹银贵, 贾颜卉, 等. 2019. 城市热岛效应研究进展. 安徽农学通报, 25 (23): 117-121.

刘维成, 张强, 傅朝. 2017. 近55年来中国西北地区降水变化特征及影响因素分析. 高原气象, 36 (6): 1533-1545.

刘伟东, 张本志, 尤焕苓, 等. 2014. 1978~2008年城市化对北京地区气温变化影响的初步分析. 气象, 40 (1): 94-100.

刘卫平, 张帆, 魏文寿, 等. 2010. 乌鲁木齐近30a城市与郊区气候参数对比分析. 中国沙漠, 30 (3): 681-685.

刘霞, 王春林, 景元书, 等. 2011. 4种城市下垫面地表温度年变化特征及其模拟分析. 热带气象学报, 27 (3): 373-378.

刘晓梅, 闵锦忠, 刘天龙. 2009. 新疆叶尔羌河流域温度与降水序列的小波分析. 中国沙漠, 29 (3): 566-570.

刘晓英. 2012. 城市的五岛效应和风的特征分析. 宁夏农林科技, 53 (4): 121-123.

刘艳峰, 刘加平. 2007. 采暖对城市热环境影响调查研究. 华中科技大学学报 (城市科学版), (1): 40-42, 54.

刘艳峰, 杨柳, 王怡, 等. 2007. 冬季城市湿环境测试研究. 西安建筑科技大学学报 (自然科学版), (5): 701-705.

柳孝图. 1999. 城市物理环境与可持续发展. 南京: 东南大学出版社.

柳孝图, 陈恩水, 余德敏, 等. 1997. 城市热环境及其微热环境的改善. 环境科学, 18 (1): 54-58.

龙海丽, 王爱辉. 2013. 乌鲁木齐近50年气温变化与城市化发展关系. 云南地理环境研究, 25 (4): 10-14, 21.

卢曦. 2003. 城市热岛效应的研究模型. 环境技术, 21 (5): 43-46.

罗万琦, 崔宁博, 张青雯, 等. 2018. 中国西北地区近50a气象因子时空变化特征与成因分析. 中国农村水利水电, (9): 12-19.

马凤莲, 丁力, 王宏. 2009a. 承德市干湿岛效应及其城市化影响分析. 气象与环境学报, 25 (3): 14-18.

马凤莲, 王宏, 宋喜军. 2009b. 承德市城市化对气温及空气湿度的影响. 河北师范大学学报 (自然科学版), 33 (3): 393-399.

毛文婷, 王旭红, 祝明英, 等. 2015. 城市地表温度反演及其与下垫面定量关系分析——以西安市为例. 山东农业大学学报 (自然科学版), 46 (5): 708-714.

孟凡超, 黄鹤, 郭军, 等. 2020. 天津城市热岛强度的精细化时空分布特征研究. 生态环境学报, 29 (9): 1822-1829.

缪国军, 张镭, 舒红. 2007. 利用WRF对兰州冬季大气边界层的数值模拟. 气象科学, 27 (2): 169-175.

莫新宇, 祝善友, 张磊. 2013. 苏州土地利用及热岛效应的时空变化. 地理空间信息, 11 (1): 61-63.

潘竟虎, 李民生. 2012. 城市小区下垫面结构对热环境的影响研究. 安全与环境学报, 12 (6): 140-145.

潘卫华, 徐涵秋, 李文, 等. 2007. 卫星遥感在东南沿海区域蒸散 (发) 量计算上的反演. 中国农业气象, 28 (2): 154-158.

裴志方, 文艳, 杨武年. 2019. 城市化下城市热环境与下垫面关系研究——以郑州市为例. 云南师范大学学报 (自然科学版), 39 (1): 66-71.

彭嘉栋, 赵辉, 陈晓晨. 2017. 长沙城市化进程对局地气候的影响. 气象与环境科学, 40 (4): 42-48.

彭少麟, 周凯, 叶有华, 等. 2005. 城市热岛效应研究进展. 生态环境, 14 (4): 574-579.

钱妙芬. 1989. 成都市温度场统计特征. 四川环境, 8 (3): 34-42.

钱妙芬. 2001. 成都市 "温湿能" 研究. 成都信息工程学院学报, (4): 249-254.

乔建民, 吴泉源, 李子君. 2013. 城市化对青岛市崂山区雨岛效应的影响. 水电能源科学, 31 (6): 26-28, 46.

覃志豪, Zhang M H, Karnieli A, 等. 2001. 用陆地卫星TM6数据演算地表温度的单窗算法. 地理学报, 56 (4): 456-466.

曲静, 孟小绒, 金丽娜. 2013. 西安市近30年城市热岛效应特征分析. 甘肃科学学报, 25 (2): 66-69.

任春艳, 吴殿廷, 董锁成. 2006. 西北地区城市化对城市气候环境的影响. 地理研究, 25 (2): 233-241.

任桂萍, 乔戈, 王扶斌, 等. 2019. 嘉峪关不同下垫面小气候特征及其人体舒适度对比分析. 黑龙江气象, 36 (2): 15-16, 34.

任国玉, 初子莹, 周雅清, 等. 2005. 中国气温变化研究最新进展. 气候与环境研究, 10 (4): 701-716.

任启福. 1992. 重庆城市热岛效应. 重庆环境科学, 14 (3): 37-41.

任正果, 张明军, 王圣杰, 等. 2014. 1961~2011年中国南方地区极端降水事件变化. 地理学报, 69 (5): 640-649.

沈永平, 王国亚. 2013. IPCC第一工作组第五次评估报告对全球气候变化认知的最新科学要点. 冰川冻土, 35 (5): 1068-1076.

盛辉, 万红, 崔建勇, 等. 2010. 基于TM影像的城市热岛效应监测与预测分析. 遥感技术与应用, 25 (1): 8-14.

施晓晖, 顾本文. 2001. 昆明城市气候特征. 气象, 27 (3): 38-41.

史军, 崔林丽, 田展. 2009. 上海高温和低温气候变化特征及其影响因素. 长江流域资源与环境, 18 (12): 1143-1148.

史新, 周买春, 刘振华, 等. 2018. 基于Landsat 8数据的3种地表温度反演算法在三河坝流域的对比分析. 遥感技术与应用, 33 (3): 465-475.

寿亦萱, 张大林. 2012. 城市热岛效应的研究进展与展望. 气象学报, 70 (3): 338-353.

束炯, 江田汉, 杨晓明. 2000. 上海城市热岛效应的特征分析. 上海环境科学, 19 (11): 532-534.

宋彩英, 覃志豪, 王斐. 2015. 基于Landsat TM的地表温度分解算法对比. 国土资源遥感, 27 (1): 172-177.

宋艳玲, 董文杰, 张尚印, 等. 2003. 北京市城、郊气候要素对比研究. 干旱气象, 21 (3): 63-68.

宋艳玲, 张尚印. 2003. 北京市近40年城市热岛效应研究, 11 (4): 126-129.

宋宇, 唐孝炎, 方晨, 等. 2003. 北京市能见度下降与颗粒物污染的关系. 环境科学学报, (4): 468-471.

苏宏伟, 蔡宏. 2017. 缓解城市热岛效应的有效路径. 环境经济, (Z2): 100-101.

孙倩. 2020. 中国城市化的特征与未来趋势——评《中国的城市化功能定位、模式选择与发展趋势》. 广东财经大学学报, 35 (5): 115.

孙石阳, 谢小敏, 张小丽. 2006. 深圳两次大雾天气过程对比分析及预报启示. 广西气象, 27 (2): 8-10.

孙旭乐. 1994. 西安市城市边界层热岛的数值模拟. 地理研究, 13 (2): 49-54.

孙奕敏, 李樱, 解以杨. 1984. 天津市区城市热岛温度场的特征和红外遥感技术的应用. 中国环境科学, 4 (1): 34-41.

孙振东, 廉丽姝, 张凯秀, 等. 2019. 基于MODIS数据的济南市城市热岛效应时空特征. 曲阜师范大学学报 (自然科学版), 45 (1): 86-94.

孙政, 张航, 董明轩, 等. 2020. 城市热岛的成因. 农村科学实验, (4): 119-120.

谭吉华. 2007. 广州灰霾期间气溶胶物化特性及其对能见度影响的初步研究. 广州: 中国科学院大学广州地球化学研究所博士学位论文.

佟华, 刘辉志, 桑建国. 2004. 城市人为热对北京热环境的影响. 气候与环境研究, 9 (3): 409-420.

王宝强, 李萍萍, 沈清基, 等. 2019. 上海城市化对局地气候变化的胁迫效应及主要影响因素研究. 城市发展研究, 26 (9): 107-115.

王传琛, 刘际松. 1982. 杭州城市气候. 地理学报, 37 (2): 164-173.

王可心, 陈粲, 包云轩, 等. 2019. 福建省晋江市城市热岛强度时空变化特征分析. 热带气象学报, 35 (6): 852-864.

王力涛, 高伟, 庄春晓. 2020. 基于Landsat-8数据的天津市蓟州区城市热岛效应与土地利用的定量研究. 测绘与空间地理信息, 43 (12): 90-92.

王宁. 2016. 长春市城市热岛效应特征分析. 农业与技术, 36 (15): 116-117.

王淑英, 张小玲, 徐晓峰. 2003. 北京地区大气能见度变化规律及影响因子统计分析. 气象科技, 31 (2): 109-114.

王伟武. 2004. 地表演变对城市热环境影响的定量研究. 杭州: 浙江大学博士学位论文.

王文本, 王玉红, 刘文海. 2019. 合肥市快速发展模式下城郊局地气候变化特征分析. 智能城市, 5 (14): 29-31.

王喜全, 王自发, 齐彦斌, 等. 2008. 城市化进程对北京地区冬季降水分布的影响. 中国科学 (D辑: 地球科学), 38 (11): 1438-1443.

王小鸽, 胡洪涛. 2020. 遥感技术在城市热岛效应分析及规划中的应用. 中国科技信息, (19): 51-52.

王晓默, 张翠翠, 董宁, 等. 2016. 不同气象条件下济宁城市热岛效应的变化特征. 南京信息工程大学学报 (自然科学版), 8 (2): 160-165.

王亚维, 宋小宁, 唐伯惠, 等. 2015. 基于FY-2C数据的地表温度反演验证——以黄河源区玛曲为例. 国土资源遥感, 27 (4): 68-72.

王媛媛. 2018. 中国城市热岛与空气质量的时空演变格局及影响因素研究. 上海: 华东师范大学博士学位论文.

王志春, 徐海秋, 汪宇. 2017. 珠三角城市集群化发展对热岛强度的影响. 气象, 43 (12): 1554-1561.

王志浩, 卢军, 杨轲. 2012. 重庆市华岩新城区夏季热岛效应研究. 太阳能学报, 33 (6): 953-957.

魏凤英. 1999. 现代气候统计诊断与预测技术. 北京: 气象出版社.

魏雪梅, 马卫春, 孔丽. 2019. 中小城市地表温度变化与下垫面关系. 遥感信息, 34 (3): 115-119.

吴兑. 2011. 灰霾天气的形成与演化. 环境科学与技术, 34 (3): 157-161.

吴息, 王文少, 吕丹苗. 1994. 城市化增温效应的分析. 气象, 20 (3): 7-9.

吴宜进, 王万里, 邱爱武. 1998. 武汉城市热岛的主要形成机制. 中南民族学院学报 (自然科学版), 17 (4): 75-78.

吴志杰，何云玲. 2015. 云南中部区域气温变化特征及其受城市化影响程度分析. 地域研究
　　与开发，34（6）：137-142.

肖荣波，欧阳志云，张兆明，等. 2005. 城市热岛效应监测方法研究进展. 气象，31（11）：
　　3-6.

谢哲宇，黄庭，李亚静，等. 2019. 南昌市土地利用与城市热环境时空关系研究. 环境科学
　　与技术，42（S1）：241-248.

徐祥德. 2002. 城市化环境大气污染模型动力学问题. 应用气象学报，13（S1）：1-12.

徐祥德，汤绪. 2002. 城市化环境气象学引论. 北京：气象出版社.

许飞，张雪红，李栋，等. 2014. "白屋顶计划"对缓解城市热岛效应的有效性评价. 国土
　　资源遥感，26（1）：90-96.

许睿，董家华，王凤兰. 2020. 城市热岛效应的影响因素、研究方法及缓解对策研究进展.
　　仲恺农业工程学院学报，33（4）：65-70.

严平，杨书运，王相文，等. 2000. 合肥城市热岛强度及绿化效应. 合肥工业大学学报（自
　　然科学版），23（3）：348-352.

杨恒亮，李婧，陈浩. 2016. 城市热岛效应监测方法研究现状与发展趋势. 绿色建筑，8
　　（6）：38-40.

杨梅学，陈长和. 1998. 复杂地形上城市热岛的数值模拟. 兰州大学学报，34（3）：117-124.

杨萍，刘伟东，侯威. 2013. 北京地区城郊极端温度事件的变化趋势及差异分析. 气候与环
　　境研究，18（1）：80-86.

杨秋各，曹雪芹. 2019. 1949年以来我国城市化进程路径研究. 广西科技师范学院学报，34
　　（2）：102-104.

叶茂，张鹏，王炜，等. 2010. 塔里木河流域上游三源流径流变化趋势分析. 水资源与水工
　　程学报，21（5）：10-14.

叶有华，彭少麟，周凯，等. 2008. 功能区对热岛发生频率及其强度的影响. 生态环境，17
　　（5）：1868-1874.

殷红，张美玲，辛明月，等. 2011. 近50年沈阳气温变化与城市化发展的关系. 生态环境学
　　报，20（3）：544-548.

郁珍艳，樊高峰，李正泉，等. 2020. 基于加密观测资料的杭州城市热环境及闷热特征分析.
　　气象科技，48（4）：570-578，606.

袁琦. 2016. 热岛效应对城市规划的影响研究综述. 城市地理，（2）：43-44.

苑睿洋，黄凤荣，唐硕. 2019. 城市热岛效应研究综述. 国土与自然资源研究，（1）：11-12.

翟秋敏，张文佳，安宁，等. 2017. 基于M-K、小波和R/S方法的豫南地区气候变化的多时
　　间尺度分析. 河南大学学报（自然科学版），47（5）：532-543.

张朝林，苗世光，李青春，等. 2007. 北京精细下垫面信息引入对暴雨模拟的影响. 地球物

理学报, 50 (5): 1373-1382.

张恩洁, 张晶晶, 赵昕奕, 等. 2008. 深圳城市热岛研究. 自然灾害学报, 17 (2): 19-24.

张光智, 徐祥德, 王继志, 等. 2002. 北京及周边地区城市尺度热岛特征及其演变. 应用气象学报, 13 (Z1): 43-50.

张浩, 石春娥, 谢伟, 等. 2008. 安徽省1955—2005年城市大气能见度变化趋势. 气象科学, 28 (5): 5515-5520.

张继娟, 魏世强. 2006. 我国城市大气污染现状与特点. 四川环境, 25 (3): 104-108.

张建新, 周陆生. 1997. 西宁市区的城市气候效应. 徐州师范大学学报(自然科学版), (4): 49-53.

张晶. 2015. 漳泽水库年径流周期分析. 太原: 太原理工大学硕士学位论文.

张菊, 刘汉胡. 2020. 2000—2017年上海市城市热岛效应时空变化分析. 环境科学导刊, 39 (3): 36-39.

张璐, 杨修群, 汤剑平, 等. 2011. 夏季长三角城市群热岛效应及其对大气边界层结构影响的数值模拟. 气象科学, 31 (4): 431-440.

张楠, 苗春生, 邵海燕. 2009. 1951—2007年华北地区夏季气温变化特征. 气象与环境学报, 25 (6): 23-28.

张平, 刘霞辉. 2011. 城市化、财政扩张与经济增长. 经济研究, 46 (11): 4-20.

张茜, 李国栋, 吴东星. 2016. 郑州城市化进程与城市热岛效应关系研究. 城市环境与城市生态, 29 (5): 1-6.

张万军, 苟小平, 张峰, 等. 2020. 兰州市城市化对气温变化趋势的影响. 甘肃科技, 36 (18): 65-67, 73.

张伟, 闫敏华, 彭淑贞, 等. 2009. 基于小波理论的长春市近50年来降水变化特征. 中国农业气象, 30 (4): 515-518.

张文静, 吴素良, 郝丽, 等. 2019. 西安城市热岛效应变化特征分析. 陕西气象, (1): 18-21.

张学珍, 郑景云, 郝志新. 2020. 中国主要经济区的近期气候变化特征评估. 地理科学进展, 39 (10): 1609-1618.

张一平, 何云玲, 马友鑫, 等. 2002. 昆明城市热岛效应立体分布特征. 高原气象, 21 (6): 604-609.

张云海, 李法云, 刘闽. 2003. 沈阳城市热岛变化趋势及其与TSP相关关系的初步分析. 环境保护科学, 30 (122): 1-3.

赵大庆, 韩釜山. 1991. 基于气象卫星数据的深圳地区城市热岛分析. 环境保护科学, 17 (3): 1-4.

赵东升, 高璇, 吴绍洪, 等. 2020. 基于自然分区的1960—2018年中国气候变化特征. 地球科学进展，35（7）：750-760.

赵晶．2001．兰州城市气候研究．兰州：兰州大学硕士学位论文.

赵宗慈．1991．近39年来中国的气温变化与城市化影响，气象，17（4）：14-17.

赵宗慈，王绍武，徐影，等．2005．近百年我国地表气温趋势变化的可能原因．气候与环境研究，10（4）：808-816.

郑毅．2020．中国城市化路径与城市规模的经济学分析．中国市场，（16）：3-4.

中国地理学会．1985．城市气候与城市规划．北京：科学出版社.

周红妹．1998．NOAA卫星在上海市热力场动态监测中的应用．大气科学与应用，（1）：23-28.

周红妹，葛伟强，周成虎．2001．基于遥感和GIS的城市热场分布规律研究．地理学报，56（2）：189-197.

周明煜，曲绍厚，李玉英，等．1980．北京地区热岛和热岛环流特征．环境科学，（5）：12-18.

周淑贞．1988．上海城市气候中的"五岛"效应．中国科学（B辑：化学、生物学、农学、医学、地学），（11）：106-114.

周淑贞，束炯．1994．城市气候学．北京：气象出版社.

周淑贞，王行恒．1996．上海大气环境中的城市干岛和湿岛效应．华东师范大学学报（自然科学版），（4）：68-80.

周淑贞，张超．1982．上海城市热岛效应．地理学报，37（4）：372-382.

周淑贞，张超．1985．城市气候学导论．上海：华东师范大学出版社.

朱娟，李锟，谢丹妮，等．2018．珠三角城市群热岛效应时空分布特征．环境科学导刊，37（3）：11-16.

祝亚鹏，王琳，卫宝立．2018．发展中城市地表热环境与下垫面关系研究．环境科学与技术，41（S1）：318-324.

踪家峰，林宗建．2019．中国城市化70年的回顾与反思．经济问题，（9）：1-9.

Ackerman B, Changnon S A, Dzurisin G, et al. 1978. Summary of METROMEX, Vol.2: Causes of Precipitation Anomalies, Bulletin 63. Urbana: Illinois State Water Survey.

An Z H, Huang R J, Zhang R Y, et al. 2019. Severe haze in northern China: a synergy of anthropogenic emissions and atmospheric processes. Proceedings of the National Academy of Sciences of the United States of America, 116 (18): 8657-8666.

Androjić I, Dimter, S, Marović I. 2018. The contribution to the urban heat islands exploration: underpasses and their elements. International Journal of Pavement Engineering, 21 (5): 608-619.

Anjos M, Targino A C, Krecl P, et al. 2020. Analysis of the urban heat island under different synoptic patterns using local climate zones. Building and Environment, 185: 107268.

Arnfield A J. 1990. Street design and canyon solar access. Energy and Buildings, 14: 117-131.

Arnfield A J. 2003. Two decades of urban climate research: a review of turbulence, exchanges of energy and water, and the urban heat island. International Journal of Climatology, 26 (1): 15-18.

Atwater W A. 1977. Urbanization and pollutant effects on the thermal structure in four climate regimes. Journal of Applied Meteorology, 16 (9): 888-895.

Baik J. 2004. Daily maximum urban heat island intensity in large cities of Korea. Theory and Applied Climatology, 79 (3): 151-164.

Baik J J, Kim Y H, Chun H Y. 2001. Dry and moist convection forced by an urban heat island. Journal of Applied Meteorology, 40 (8): 1462-1475.

Bernstein R D. 1968. Observation of the urban heat island effect in New York city. Journal of Application Meteorology, 7: 575.

Bi X H, Thomas G O, Jones K C, et al. 2007. Exposure of electronics dismantling workers to polybrominated diphenyl ethers, polychlorinated biphenyls, and organochlorine pesticides in South China. Environmental Science and Technology, 41 (16): 5647-5653.

Bokaie M, Zarkesh M K, Arasteh P D, et al. 2016. Assessment of urban heat island based on the relationship between land surface temperature and land use/land cover in Tehran. Sustainable Cities and Society, 23: 94-104.

Cao L J, Yan Z W, Ping Z, et al. 2017. Climatic warming in China during 1901-2015 based on an extended dataset of instrumental temperature records. Environmental Research Letters, 12 (6): 064005.

Carlson T N, Dodd J K, Benjamin S G. 1981. Satellite estimation of the surface energy balance, moisture availability and thermal inertia. Journal of Applied Meteorology, 20: 67-87.

Case J L, Crosson W L, Kumar S V, et al. 2008. Impacts of high-resolution land surface initialization on regional sensible weather forecasts from the WRF model. Journal of Hydrometeorology, 9 (6): 1249-1266.

Cermak J E. 1971. Application of fluid mechanics to wind engineering. Journal of Fluid Engineering, 97 (1): 9-19.

Chakraborty T, Lee X. 2019. A simplified urban-extent algorithm to characterize surface urban heat islands on a global scale and examine vegetation control on their spatiotemporal variability. International Journal of Applied Earth Observation and Geoinformation, 74: 269-280.

Changnon S A. 1978. METROMEX issue. Journal of Applied Meteorology, 17 (5): 565-715.

Changnon S A, Huff F A, Schickedanz P T, et al. 1977. Summary of METROMEX, Vol.1: Weather, Anomalies and Impacts. Urbana: Illinois State Water Survey.

Chen F, Kusaka H, Bornstein R, et al. 2011. The integrated WRF/urban modelling system:

development, evaluation, and applications to urban environmental problems. International Journal of Climatology, 31 (2): 273-288.

Chen F, Yang X C, Zhu W P. 2014. WRF simulations of urban heat island under hot-weather synoptic conditions: the case study of Hangzhou City, China. Atmospheric Research, 138: 364-377.

Chen H, Wang K. 2012. The study for the influencing factors of urban heat island development. Advanced Materials Research, 524: 3524-3529.

Chen L, Frauenfeld O W. 2014. Surface air temperature changes over the twentieth and twenty-first centuries in China simulated by 20 CMIP5 models. Journal of Climate, 27 (11): 3920-3937.

Chen L Z, Zhu W Q, Zhou X J, et al. 2003. Characteristics of the heat island effect in Shanghai and its possible mechanism. Advances in Atmospheric Sciences, 20 (6): 991-1001.

Chen M X, Zhou Y, Hu M G, et al. 2020. Influence of urban scale and urban expansion on the urban heat island effect in metropolitan areas: case study of Beijing-Tianjin-Hebei urban agglomeration. Remote Sensing, 12: 3491.

Chen R N, You X Y. 2020. Reduction of urban heat island and associated greenhouse gas emissions. Mitigation and Adaptation Strategies for Global Change, 25: 689-711.

Chen W, Zhang Y , Gao W J, et al. 2016. The investigation of urbanization and urban heat island in Beijing based on remote sensing. Procedia - Social and Behavioral Sciences, 216: 141-150.

Cheng S J, Li M C, Sun M L, et al. 2019. Building climatic zoning under the conditions of climate change in China. International Journal of Global Warming, 18 (2): 173-187.

Clarke J F. 1969. Nocturnal urban boundary layer over Cincinnati, Ohio. Monthly Weather Review, 97: 582-589.

Daba M H, You S. 2020. Assessment of climate change impacts on river flow regimes in the upstream of Awash basin, Ethiopia: based on IPCC fifth assessment report (AR5) climate change scenarios. Hydrology, 7 (4): 98.

Davidson B.1967. A summary of the New York urban air population dynamics research Program. Tournal of Air Pollution Control Association, 17: 154.

Delage Y, Taylor P A. 1970. Numerical studies of heat island circulations. Boundary Layer Meteorot, 1: 201-226.

Diem J E, Mote T L. 2005. Interepochal changes in summer precipitation in the southeastern united states: evidence of possible urban effects near Atlanta, Georgia. Journal of Applied Meteorology, 44 (5): 717-730.

Dixon P G, Mote T L. 2003. Patterns and causes of Atlanta's urban heat island-initiated precipitation. Journal of Applied Meteorology, 42 (9): 1273-1284.

Du H Y, Song X J, Jiang H, et al. 2016. Research on the cooling island effects of water body: a case study of Shanghai, China. Ecological Indicators, 67: 31-38.

Ebenstein A, Fan M Y, Greenstone M, et al. 2017. New evidence on the impact of sustained exposure to air pollution on life expectancy from China's Huai River Policy. Proceedings of the National Academy of Sciences of the United States of America, 114 (39): 10384-10389.

Fan H L, Sailor D J. 2005. Modeling the impacts of anthropogenic heating on the urban climate of Philadelphia: a comparison of implementations in two PBL schemes. Atmospheric Environment, 39: 73-84.

Fung W Y, Lam K S, Hung W T, et al. 2006. Impact of urban temperature on energy consumption of Hong Kong. Energy, 31: 2623-2637.

Gallo K P. 1993. The use of a vegetation index for assessment of the urban heat island effect. International Journal of Remote Sensing, 14: 2223-2230.

Gallo K P.1996. The comparison of vegetation index and surface temperature composites for urban heat island analysis. International Journal of Remote Sensing, 7: 3071-3076.

Gilliam R C, Pleim J E. 2010. Performance assessment of new land surface and planetary boundary layer physics in the WRF-ARW. Journal of Applied Meteorology and Climatology, 49 (4): 760-774.

Golden J S, Kaloush K E. 2006. Mesoscale and microscale evaluation of surface pavement impacts on the urban heat island effects. International Journal of Pavement Engineering, 7 (1): 37-52.

Goward S N. 1981. Thermal behavior of urban landscapes and the urban heat island. Physical Geography, 2 (1): 19-33.

Grimmond S. 2007. Urbanization and global environmental change: local effects of urban warming. Geographical Journal, 173 (1): 83-88.

Guo A D, Yang J, Sun W, et al. 2020. Impact of urban morphology and landscape characteristics on spatiotemporal heterogeneity of land surface temperature. Sustainable Cities and Society, 63: 102443.

Guo X L, Fu D H, Wang J. 2006. Mesoscale convective precipitation system modified by urbanization in Beijing City. Atmospheric Research, 82 (1/2): 112-126.

Hadas S, Eyal B D, Arieh B, et al. 2000. Spatial distribution and microscale characteristics of the urban heat island in Tel-Aviv, Israel. Landscape and Urban Planning, 48: 1-18.

Halstead M H. 1957. A preliminary report on the design of a computer for micrometeorology. Journal of Meteorology, 14 (3): 308-317.

He B J. 2018. Potentials of meteorological characteristics and synoptic conditions to mitigate urban heat island effects. Urban Climate, 24: 26-33.

Hu X M, Nielsen-Gammon J W, Zhang F Q. 2010. Evaluation of three planetary boundary layer schemes in the WRF model. Journal of Applied Meteorology and Climatology, 49 (9): 1831-1844.

Huang L M, Li H T, Zhao D H, et al. 2008. A fieldwork study on the diurnal changes of urban microclimate in four types of ground cover and urban heat island of Nanjing, China. Building and Environment, 43 (1): 7-17.

IPCC. 2014. Climate Change 2014: Impacts, Adaptation, and Vulnerability. Cambridge: Cambridge University Press.

Jose L F R, Augusto J P F, Hugo A K. 2016. Estimation of long term low resolution surface urban heat island intensities for tropical cities using MODIS remote sensing data. Urban Climate, 17: 32-66.

Kazimierz K, Krzysztof F. 1999. Temporal and spatial characteristics of the urban heat island of Lódź, Poland. Atmospheric Environment, 33: 3885-3895.

Khan S M, Simpson R W. 2001. Effect of a heat island on the meteorology of a complex urban airshed. Boundary Layer Meteorology, 100: 487-506.

Kimura F, Takahashi S. 1991. The effects of land use and anthropogenic heating on the surface temperature in the Tokyo metropolitan area: a numerical experiment. Atmospheric Environment, 25B (2): 155-164.

Kousis I, Pisello A L. 2020. For the mitigation of urban heat island and urban noise island: two simultaneous sides of urban discomfort. Environmental Research Letters, 15 (10): 103004.

Kratxzer P A. 1963. 城市气候. 谢克宽译. 北京: 中国工业出版社.

Kusaka H, Chen F, Tewari M, et al. 2012. Numerical simulation of urban heat island effect by the WRF model with 4-km grid increment: an inter-comparison study between the urban canopy model and slab model. Journal of the Meteorological Society of Japan, 90: 33-45.

Kusaka H, Kimura F. 2004. Coupling a single-layer urban canopy model with a simple atmospheric model: impact on urban heat island simulation for an idealized case. Journal of the Meteorological Society of Japan, 82 (1): 67-80.

Kusaka H, Kondo H, Kikegawa Y, et al. 2001. A simple single-layer urban canopy model for atmospheric models: comparison with multi-layer and slab models. Boundary Layer Meteorology, 101 (3): 329-358.

Landsberg H E. 1981. The Urban Climate. New York: Academic Press.

Latha K M, Badarinath K V S. 2003. Black carbon aerosols over tropical urban environment—a case study. Atmospheric Research, 69 (1/2): 125-133.

Li L, Zha Y, Zhang J H, et al. 2020. Using prophet forecasting model to characterize the temporal variations of historical and future surface urban heat island in China. Journal of Geophysical Research: Atmospheres, 125 (23): 031968.

Li Y, Sun Y W, Li J L, et al. 2020a. Socioeconomic drivers of urban heat island effect: empirical evidence from major Chinese cities. Sustainable Cities and Society, 63: 102425.

Lowry W P. 1997. Empirical estimation of urban effects on climate: a problem analysis. Journal of Applied Meteorology, 16: 129-135.

Lu L L, Weng Q H, Xiao D, et al. 2020. Spatiotemporal variation of surface urban heat islands in relation to land cover composition and configuration: a multi-scale case study of Xi'an, China. Remote Sensing, 12 (17): 2713.

Manley G. 1958. On the frequency of snowfall in metropolitan England. Quarterly Journal of the Royal Meteorological Society, 84 (359): 70-72.

Martilli A, Clappier A, Rotach M W. 2002. An urban surface exchange parameterisation for mesoscale models. Boundary Layer Meteorology, 104 (2): 261-304.

Mathew A, Khandelwal S, Kaul N. 2016. Spatial and temporal variations of urban heat island effect and the effect of percentage impervious surface area and elevation on land surface temperature: study of Chandigarh city, India. Sustainable Cities and Society, 26: 264-277.

Miao S G, Chen F, Lemone M A, et al. 2009. An observational and modeling study of characteristics of urban heat island and boundary layer structures in Beijing. Journal of Applied Meteorology and Climatology, 48 (3): 484-501.

Mihailovic D T. 1993. A resistance representation of schemes to evaporation from bare and partly plant covered surface for use in atmosphere models. Journal of Applied Meteorology, 32 (6): 1038-1053.

Mihalakakou G, Floeasetal H. 2002. Applieation of neural networks to the simulation of the heat island over athens, greeee, using synoptic types as a predictor. Journal of Applied Meteorology, 41: 519-527.

Mihalakakou G, Santamouris M, Papanikolaou N. 2004. Simulation of the urban heat island phenomenon in Mediterranean climates. Pure and Applied Geophysics, 161: 429-451.

Mohajerani A, Bakaric J, Jeffrey-Bailey T. 2017. The urban heat island effect, its causes, and mitigation, with reference to the thermal properties of asphalt concrete. Journal of Environmental Management, 197: 522-538.

Morabito M, Crisci A, Messeri A, et al. 2016.The impact of built-up surfaces on land surface temperatures in Italian urban areas. Science of the Total Environment, 551-552: 317-326.

Myrup L O. 1969. A numerical model of the urban heat island. Journal of Applied Meterology, 8 (6): 908-918.

Oak T R. 1995. The heat island of the urban boundary layer: characteristics, causes and effects. Wind Climate in Cities, 277: 81-107.

Oke T R. 1982. The energetic basis of the urban heat island. Quarterly Journal of the Royal Meteorological Society,108 (455): 1-24.

Peng J, Ma J, Liu Q Y, et al. 2018. Spatial-temporal change of land surface temperature across 285 cities in China: an urban-rural contrast perspective. Science of the Total Environment, 635: 487-497.

Qin Z, Kamieli A. 2002. A mono-window algorithm for retrieving land surface temperature from Landsat TM data and its application to the Israel-Egypt border region. International Journal of Remote Sensing, 22 (18): 3719-3746.

Quan J, Zhang Q, He H, et al. 2011. Analysis of the formation of fog and haze in North China Plain (NCP). Atmospheric Chemistry and Physics, 11 (15): 8205-8214.

Rao P K. 1972. Remote sensing of urban "heat islands" from an environmental satellite. Bulletin of the American Meteorological Society, 53 (7): 647-648.

Renou E. 1855. Instructions meteorologiques. Annuaire Meteorologique De La France, 3 (1): 73-160.

Rossi F, Bonamente E, Nicolini A, et al. 2016. A carbon footprint and energy consumption assessment methodology for UHI-affected lighting systems in built areas. Energy and Buildings, 114: 96-103.

Russel F A. 1889. Der nebel in London and scine beziehung zum rauch. Meteorologlsche Zeitschrift, S: 33-36.

Saitoh T S, Shimada T, Hoshi H. 1996. Modeling and simulation of the Tokyo urban heat island. Atmospheric Environment, 30 (20): 3431-3442.

Salamanca F, Martilli A. 2010. A new building energy model coupled with an urban canopy parameterization for urban climate simulations—part II. Validation with one dimension off-line simulations. Theoretical and Applied Climatology, 99: 345-356.

Schmauss A. 1927. Groszstadte and niederschlag. Meteorology, 2 (44): 339-341.

Schmidt W. 1927. Die Verteiling der Minimum temperaturen in der Frostnachi des im Gemeindegebiet Von Wien. Forschritte d. Londwirtschaft, 2 (S): 21.

Shen H F, Huang L W, Zhang L P, et al. 2016. Long-term and fine-scale satellite monitoring of the urban heat island effect by the fusion of multi-temporal and multi-sensor remote sensed data: a 26-year case study of the city of Wuhan in China. Remote Sensing of Environment, 172: 109-125.

Shepherd J M, Pierce H, Negri A J. 2002. Rainfall modification by major urban areas: observations from spaceborne rain radar on the TRMM satellite. Journal of Applied Meteorology, 41 (7): 689-701.

Sobrino J A, Jimnez-Munoza J C, Paolini L. 2004. Land surface temperature retrieval from Landsat TM5. Remote Sensing of Environment, 90: 434-446.

Soundborg A. 1951. Climatological studies in Uppsala with special regard to the temperature conditions in the urban area. Geographica, 22 (2): 111-124.

Streutker D R. 2002. A remote sensing study of the urban heat island of Houston, Texas. International Journal of Remote Sensing, 23 (13): 2595-2608.

Summers P W. 1965. An urban heat island model: its role in air pollution problems, with application to Montreal. Toronto, Canada: First Canadian Conference on Micrometeorology.

Swaid H N. 1991. Thermal effects of artificial heat sources and shaded ground areas in the urban canopy layer. Energy and Buildings, 15-16: 253-261.

Tang Y X, Han S Q, Yao Q, et al. 2020. Analysis of a severe regional haze-fog-dust episode over North China in autumn by using multiple observation data. Aerosol and Air Quality Research, 20 (10): 2211-2225.

Tian H Z, Zhu C Y, Gao J J, et al. 2015. Quantitative assessment of atmospheric emissions of toxic heavy metals from anthropogenic sources in China: historical trend, spatial distribution, uncertainties, and control policies. Atmospheric Chemistry and Physics, 15 (17): 10127-10147.

Toshiaki I, Kazuhiro S. 1999. Impact of anthropogenic heat on urban climate in Tokyo. Atmospheric Environment, 33: 3897-3909.

Unger J, Sümeghy Z, Zoboki J. 2001. Temperature cross-section features in an urban area. Atmospheric Research, 58: 117-127.

Voogt J A, Oke T R. 2003. Thermal remote sensing of urban climates. Remote Sensing of Environment, 86: 370-384.

Vukovick F M. 1971. Theoretical analysis of the effect of the mean wind and stability on a heat island circulation characteristic of an urban complex. Monthly Weather Review, 99 (9): 919-926.

Wang J, Huang B, Fu D J, et al. 2015. Spatiotemporal variation in surface urban heat island intensity and associated determinants across major Chinese cities. Remote Sensing, 7: 3670-3689.

Watson J G. 2002. Visibility: science and regulation. Journal of the Air and Waste Management Association, 52 (6): 628-713.

Wen Q H. 2006. Thermal remote sensing of urban areas: an introduction to the special issue.

Remote Sensing of Environment, 104: 119-122.

Wen Q H, Lu D S, Schubring J. 2004. Estimation of land surface temperature vegetation abundance relationship for urban heat island studies. Remote Sensing of Environment, 89: 467-483.

Wong N H, Yu C. 2005. Study of green areas and urban heat island in a tropical city. Habitat International, 29: 557-558.

Wonorahardjo S, Sutjahja I M, Mardiyati Y, et al. 2020. Characterising thermal behaviour of buildings and its effect on urban heat island in tropical areas. International Journal of Energy and Environmental Engineering, 11: 129-142.

Yamak B, Yagci Z, Bilgilioglu B B, et al. 2021. Investigation of the effect of urbanization on land surface temperature example of Bursa. International Journal of Engineering and Geosciences, 6 (1): 1-8.

Yang J, Zhan Y X, Xiao X M, et al. 2020. Investigating the diversity of land surface temperature characteristics in different scale cities based on local climate zones. Urban Climate, 34: 100700.

Yang Y R, Liu X G, Qu Y, et al. 2015. Formation mechanism of continuous extreme haze episodes in the megacity Beijing, China, in January 2013. Atmospheric Research, 155: 192-203.

Yao R, Wang L C, Huang X, et al. 2017. Temporal trends of surface urban heat islands and associated determinants in major Chinese cities. Science of the Total Environment, 609: 742-754.

Yoshino M. 1991. Development of urban climatology and problems today. Energy and Buildings, 15: 1-10.

Zhang J, Liu L, Xu L, et al. 2020. Exploring wintertime regional haze in northeast China: role of coal and biomass burning. Atmospheric Chemistry and Physics, 20 (9): 5355-5372.

Zhang Q H, Zhang J P, Xue H W. 2010. The challenge of improving visibility in Beijing. Atmospheric Chemistry and Physics, 10 (16): 7821-7827.

Zhang W, Villarini G, Vecchi G A, et al. 2018. Urbanization exacerbated the rainfall and flooding caused by hurricane Harvey in Houston. Nature, 563 (7731): 384-388.

Zhang Y, Murray A T, Turner B L. 2017. Optimizing green space locations to reduce daytime and nighttime urban heat island effects in Phoenix, Arizona. Landscape and Urban Planning, 165: 162-171.

Zhang Y L, Cao F 2015. Fine particulate matter ($PM_{2.5}$) in China at a city level. Scientific Reports, 5: 14884.

Zhao Y B, Gao P P, Yang W D, et al. 2018. Vehicle exhaust: an overstated cause of haze in China. Science of the Total Environment, 612: 490-491.

Zheng B, Zhang Q, Zhang Y, et al. 2015. Heterogeneous chemistry: a mechanism missing in current models to explain secondary inorganic aerosol formation during the January 2013 haze episode in North China. Atmospheric Chemistry and Physics, 15 (4): 2031-2049.

Zheng Z F, Xu G R, Wang Y T, et al. 2020. Characteristics and main influence factors of heat waves in Beijing-Tianjin-Shijiazhuang cities of northern China in recent 50 years. Atmospheric Science Letters, 21: 1001.

Zsolt B A, Andrea K S, Andor S, et al. 2005. The relationship between built-up areas and the spatial development of the mean maximum urban heat island in Debrecen, Hungary. International Journal of Climatology, 25: 405-418.

第2章　河谷型城市

河谷型城市是指城市建成区在河谷中形成和发育的城市，其城市空间尺度和形态特征具有河谷的"V"形或"U"形的空间尺度及形态特征，并且其空间分布上一般处于河流的中、上游地区。这类城市包括在河谷中发展的城市和由于城市规模的扩大城市主体（建成区）的发展已经突破谷区，但城市的发展和空间拓展仍然受河谷地形及其周围山地或丘陵等自然地理和生态因子较为强烈的直接制约的城市（杨红军，2006）。广义的河谷型城市本身不受地形约束，但城镇体系的发育却受到相当程度的限制，随地形、河流走向布局和延伸，如关中盆地、河套平原、汾河谷地、四川盆地等地的城市。狭义的河谷型城市是指城市主体发育受到河谷地形较为强烈的直接限制，城市本身被迫沿地形及河流走向发展（杨永春，1999a，1999b；杨永春和汪一鸣，2000）。中国"西高东低"的地势条件催生了大量河谷型城市在西部地区集聚（白硕等，2016）。中国西部河谷型城市分布于陕、甘、宁、青、新、藏、黔、渝、川9个省份，具有典型性和代表性的城市有兰州、重庆、乌鲁木齐、西宁等。国外典型的河谷型城市有尼泊尔的加德满都、西班牙的埃布罗河谷、墨西哥的墨西哥城、意大利的波谷、埃及的尼罗河流域城市等。

2.1　河谷型城市自然地理特征

中国幅员辽阔，地貌多样，一般山地（包括高原和丘陵）占全国陆地总面积的三分之二。一般山地地区的城市，根据城市主体是否向山体上部发展可分为山城和河谷阶地型城市两大类。山城是指城市主体不但在河谷底部发展，而且依山势向山体上延伸，形成独特的"山城景观"，如重庆市（杨永春，1999a，1999b）。河谷阶地型城市是指城市主体在河谷底部河流阶地上发育，如兰州市。

西部地区处于我国第一、二级地势阶梯上,并向东、向南倾斜,是许多河流的发源地和途径地,有青藏高原、云贵高原、黄土高原及其众多的高山山脉,地势高低起伏不平,形成了很多水草丰美、地形险要、规模不等、形状各异的河谷,为河谷型城市的发育提供了良好的自然基础。西南地区的河谷型城市,一般都位于亚热带高原盆地气候区,常年湿润多雨,云多雾多日照少;西北地区的河谷型城市,一般都深居内陆,常年干燥少雨(王晓云和张雪梅,2012)。河谷呈"V"形,近地面的风速受峡谷地形影响,呈现不均匀空间分布:整体来看,峡谷内风速增大,迎风谷口有显著加速效应,翻越迎风坡时风速减小;风速变化在山脊最强、山腰次之、峡谷轴线最弱;山腰线及峡谷轴线受狭管效应影响而风速增幅变大,且在峡谷轴线附近最为显著(楼文娟等,2016;萧乐,2018)。山是地面高耸的部分,谷是指两山之间,山谷是两山之间狭窄低凹的地方。谷地常伴有小溪、河流以及相应的泛滥区(吴春燕,2010)。相关研究表明谷坡山体多以岩石为主体,与谷底比较,谷坡土壤层较薄,土壤肥力较差,地表蓄水性差,因此往往造成水流对地表的冲刷严重,植物难以生长,多为低矮灌木,谷底土壤肥力高,是产量极高的农作物区。谷底空气湿度大,多分布高大乔木,植物的多样性丰富。近水阴湿地带水石之间多水生草本植物和苔藓类植物(陈浪和唐贤巩,2016)。

2.2 河谷型城市气候变化特征

我国最显著的变暖发生在中国的西北部和东北部,西北地区气候的变化引起了许多专家学者的关注。西北地区深居我国内陆,地形复杂,是我国最典型的干旱地区,也是全球同纬度最干旱的地区之一,中国西北地区近50年平均气温为7.37℃,呈极显著上升趋势,增暖幅度为0.427℃/10a,西北地区平均气温变化趋势与全球变暖的增温趋势一致(左洪超等,2004;罗万琦等,2018;商沙沙等,2018;赵庆云等,2006)。西北地区气温变化幅度存在季节性和空间性差异,其中,冬季增温最明显,为0.50℃/10a;秋季、夏季次之;春季增温最小,为0.27℃/10a。自1998年以来,升温趋势有所减缓,部分地区呈现下降趋势(冯克鹏等,2019;李明等,2021)。据预测未来10年西北地区年平均气温依然呈上升趋势,到2030年,西北地区年平均气温将会上升约1.67℃

（冯蜀青等，2019）。西北地区各地变暖程度并不一致，而且气温上升的同时降水量也呈现为总体增加趋势（李栋梁等，2003；罗万琦等，2018；冯蜀青等，2019；黄小燕等，2018；刘维成等，2017）。

兰州是西北地区典型的河谷型城市，1970年之前温度趋势为缓慢下降，进入20世纪80年代以后，气温呈明显的上升趋势。最暖的20世纪90年代与最冷的20世纪60年代的气温比较，兰州的平均气温上升1.5℃，最高气温上升1.0℃，最低气温的升幅更达1.9℃，气温年较差、日较差显著减小。研究表明：1969~2007年兰州市的增温为0.5℃/10a。相较于其他季节，兰州市冬季变暖趋势更加明显，冬季平均气温的增温趋势显著，近50年增加约4.9℃，年代平均值保持1℃的速率增温（张万军等，2020；朱飙和王振会，2007；李文莉等，2006；孔祥伟和陶健红，2013）。

乌鲁木齐市位于亚洲大陆地理中心，地处天山北麓、准噶尔盆地南缘，是典型的河谷型城市。乌鲁木齐近50年的年平均温度呈上升趋势（龙海丽和王爱辉，2013；祖丽皮耶·穆合合尔，2012）。普宗朝等（2005）分析了乌鲁木齐市1971~2000年不同海拔的气温、降水、无霜期及气温日较差等气候要素的变化趋势，发现乌鲁木齐市近30年以来年平均气温以0.336℃/10a的倾向率变暖，气温变暖速率超过了全球及全国平均值，并且冬季变暖率以每10年增加0.701℃的趋势上升；葛欢欢（2016）指出乌鲁木齐市年降水量逐年缓慢增加，10年增加量约5mm。

西宁市地处青藏高原河湟谷地南北两山之间，是青藏高原的东方门户。研究表明，近50年来西宁市四季和全年的平均气温都呈上升趋势，增温速率约为0.39℃/10a，冬季升温最明显，是春秋季上升幅度的15倍，是年均上升幅度的3倍，50年来西宁主要的变暖均是从20世纪70年代中期之后开始，在1994年达到历史新高，之后稍有降落（梅朵等，2013）。对于位于青海省东部的海东市，是青海省第二大城市，地处黄河上游及其重要支流湟水之间，被称为河湟间或河湟地区，有海藏咽喉之称。研究发现55年来海东市年平均气温、最高气温和最低气温呈极显著的增温趋势，年际增长率分别为0.33℃/10a、0.33℃/10a和0.43℃/10a，冬季增温对年平均气温增高贡献最大，年平均气温在1996年发生突变，最高气温于1993年发生突变（裴玉芳等，2018）。青藏高原对全球气候变化的响应较为敏感，研究发现西藏全区大部分地区气温呈较为显著的上升趋势，年平均气温每10年上升0.26℃，增幅是全国的5~10倍，也明显高于全球气温的增长率（赤曲，2017；万运帆等，2018）。

2.3　河谷型城市的社会经济特征

城市化是工业化和现代化发展的必经阶段，是评价一国经济社会发展水平的重要标志之一。2016年，有54%的世界人口被报告为城市居民，预计到2050年，全球城市居民将增长到68%（Du et al.，2016；Kousis and Pisello，2020；Yamak et al.，2021），中国城市化也呈现持续高速增长的态势，城市化率从1978年的18.57%高速增长到2017年58.52%（王星，2018）。近年来，我国西部地区经济增速迅猛，国家部署的城镇化组合新政、东部地区产业转移政策和"一带一路"建设为新一轮人口落户西部城市提供了新的机遇（张绘，2017）。在国家支持下，重庆、兰州、贵阳、乌鲁木齐、宝鸡、西宁、天水等规模较大的河谷型城市都设立了规模不等的高新技术开发区或经济技术开发区，不同程度地促进了城市新区的崛起和发展，冲击了原有的城市空间模式（杨红军，2006）。近年来，西部河谷型城市通过加大力度承接东部产业转移、发挥地区比较优势，一些省份经济增速在全国处于领先地位，但由于基数小、发展水平低，依然存在城镇化质量不高、人口外流严重、房地产市场不景气等问题（尹鸿宇，2020；汪丽萍，2020）。

当前，影响河谷型城市社会经济发展的问题主要包括：第一，地理区位的限制导致与外界的经济活动和通达度较弱；第二，河谷型空气污染问题普遍严重，西部地区生态环境禀赋较低，地形造成的城市大气扩散能力较差，水土流失导致的土地贫瘠与沙化是西部地区城市大气悬浮颗粒物污染严重的源头，不仅制约了西部地区的可持续发展，而且也降低了西部城市的宜居性，进一步降低吸引外界人才的能力；第三，水资源匮乏，城市的发展需要消耗大量的工业用水及生活用水，而水资源的缺乏限制了西部地区城市发展的规模与程度，成为制约西部地区城市发展的又一瓶颈；第四，交通体系不完善，西部河谷型城市深处内陆，没有海运条件，无法形成三位一体的交通运输体系（郭明睿，2016）。

2.4　河谷型城市面临的环境问题

河谷型城市主体发育受到河谷地形及其周围山地或丘陵较为强烈的直接限

制。河谷盆地这种特殊的地形决定了其城市环境容量比一般的平原城市相对较小。这种相对较小的城市环境容量也就直接限制了城市接纳污染物的数量，使得城市环境容量极易饱和，造成城市环境污染。由于逆温层的存在，抑制了大气湍流扩散的能力，使得河谷型城市的环境污染远比平原城市的污染严重（王晓云和张雪梅，2012）。对于河谷型城市来说，地形屏障和逆温造成的高频平静稳定的天气条件将导致非常不利的扩散条件和有限的环境容量，导致频繁的雾霾和热浪。在这种情况下，坡面流和城市热岛环流两种中尺度环流的相互作用是山谷城市通风的基本模式，主导着城市热量和污染物的消散（Wu et al.，2021）。海风、山风、谷风、坡风等局地中尺度气流和城市热岛环流在一定程度上控制着世界许多地区的局地天气和污染物输送，这种控制对河谷型城市可能相当重要，并可能导致严重的空气质量问题，因为山谷阻碍了水平通风，加上城市热岛环流的局部斜坡风可能会使城市空气再循环，特别是在垂直扩散较小的冬季和夜间较为明显（Savijärvi and Liya，2001）。

大量研究表明，目前中国西部大、中型河谷型城市的大气污染普遍比较严重，城市环境污染在造成经济损失的同时，也给城市社会带来了负面影响（渠涛，2006；Tao et al.，2009；Zhou et al.，2018；Zhao et al.，2019）。受经济或历史因素的影响，我国许多城市地处峡谷、盆地等复杂地貌，散热、排污较为困难。城市夏季极端热浪、冬季雾霾天气可能非常突出，制约流域城市的可持续发展，对居民健康造成严重损害。比如典型的河谷型城市兰州，年静风频次在60%左右，逆温频次在80%以上；地处关中盆地的西安也不容乐观，全年平静风频次高达35%，逆温频次高达45%；这些城市冬季的形势更加严峻（姜大膀等，2001；宁海文，2006）；这些城市在中国大中城市空气质量排名中位次都较低；西安也是中国夏季最热的北方城市之一，这在很大程度上是由于地形的限制（Wu et al.，2021）；相关学者指出逆温和低风速是造成极端灰霾天气的主要原因（Bei et al.，2016）。

国外的河谷型城市也面临同样的问题，据报道，加德满都是世界上污染最严重、人口最稠密的城市之一，颗粒物是加德满都空气污染的主要贡献者之一，加德满都河谷特别容易受到空气污染的影响，因为它的碗状地形限制了气流的运动，并在逆温期间将空气污染物保留在大气中（Shrestha and Malla，1996；Neupane et al.，2020）；法国阿尔卑斯山的阿尔夫河谷机场在冬季经历了特别严重的空气污染，稳定的大气条件与持续的冷气池有关，该地区记录的PM$_{10}$数据表明，山谷中央盆地区域的城市地区通风不良，通常是污染最严重的，空气污染主要来源于当地的排放源，对居民健康造成了很大影响（Quimbayo-Duarte et al.，2021）；波谷（意大利北部城市）也是著名的空气污染热点地区，颗粒物质量浓度经常超过欧洲空气质量标准，道路交通是主要污染源之一（Wang et al.，2016）；墨西哥城位于墨西哥中南部高原的山谷中，同样面临着大气污染严重、水稀缺等环境问题（Spring，2011）。

河谷型城市通常还会面临地震、滑坡、泥石流、洪水、崩塌等多种多样的灾害。随着城市人口的增加和车辆的增多，噪声、水体污染、垃圾等固体废弃物污染形势也日趋严峻（胡丽娜和赵乐东，2008；渠涛，2006）。当前，河谷型城市所处河流干流或支流的地表水污染问题也需关注，尤其黄河及其支流上的河谷型城市所处的大部分河段都在中度污染以上，很多河段为重污染和严重污染（杨永春和刘治国，2006）。

首先，在全球变暖的背景下，城市化水平的加快导致河谷型城市人工构筑的下垫面面积急剧增加，城区人口密度和建筑容积率增大、化石燃料大量消耗、机动车剧增、人们的生产生活活动释放了大量的人为热。其次，河谷型城市的大气污染较为严重，大气污染严重几乎成为河谷型城市的共性问题，而城市空气污染物的输送、扩散又与大气边界层结构有密切关系，所以，只有弄清城市大气边界层温湿场结构和物质、能量交换规律，才能科学地进行城市空气污染的预报及治理。再次，河谷型城市相对高差大、地貌闭塞，城区几乎是封闭的盆地，其特殊的地形和气象条件使得城市上空形成了深厚的逆温层，尤其在冬季表现明显。周围山体的阻挡，逆温层深厚及静风频率高，阻碍了城市热量的扩散。这些人为和自然因素的综合作用使得河谷型城市气候效应与热环境较其他城市表现更加突出和独特。

参 考 文 献

白硕，杨永春，史坤博，等. 2016. 中国西部河谷型城市土地利用效益与城市化耦合协调发展研究. 世界地理研究，25（6）：87-95.

陈浪，唐贤巩. 2016. 浅析湖南山谷地区植物景观营造. 中外建筑，（8）：133-134.

赤曲. 2017. 西藏近45年之气候变化特征浅析. 西藏科技，（1）：54-59.

冯克鹏，田军仓，沈晖. 2019. 基于K-means聚类分区的西北地区近半个世纪气温变化特征分析. 干旱区地理，42（6）：1239-1252.

冯蜀青，王海娥，柳艳香，等. 2019. 西北地区未来10a气候变化趋势模拟预测研究. 干旱气象, 37 (4): 557-564.

葛欢欢. 2016. 乌鲁木齐市近10年气温及降水变化特征分析. 安徽农学通报, 22 (23): 148-149, 165.

郭明睿. 2016. 中国西部地区城市发展问题探究. 马克思主义学刊, 4 (3): 198-203.

胡丽娜, 赵乐东. 2008. 河谷型带形城市空间布局初探——以山西省中阳县城市总体规划为例. 大连: 生态文明视角下的城乡规划——2008中国城市规划年会.

黄小燕, 王圣杰, 王小平. 2018. 1960-2015年中国西北地区大气可降水量变化特征. 气象, 44 (9): 1191-1199.

姜大膀, 王式功, 郎咸梅, 等. 2001. 兰州市区低空大气温度层结特征及其与空气污染的关系. 兰州大学学报 (自然科学版), 37 (4): 133-138.

孔祥伟, 陶健红. 2013. 兰州近50a冬季气温变化及其可能原因分析. 气象科学, 33 (6): 664-670.

李栋梁, 魏丽, 蔡英, 等. 2003. 中国西北现代气候变化事实与未来趋势展望. 冰川冻土, 25 (2): 135-142.

李明, 孙洪泉, 苏志诚. 2021. 中国西北气候干湿变化研究进展. 地理研究, 40 (4): 1180-1194.

李文莉, 李栋梁, 杨民. 2006. 近50年兰州城乡气温变化特征及其周末效应. 高原气象, 25 (6): 1161-1167.

刘维成, 张强, 傅朝. 2017. 近55年来中国西北地区降水变化特征及影响因素分析. 高原气象, 36 (6): 1533-1545.

龙海丽, 王爱辉. 2013. 乌鲁木齐近50年气温变化与城市化发展关系. 云南地理环境研究, 25 (4): 10-14, 21.

楼文娟, 刘萌萌, 李正昊, 等. 2016. 峡谷地形平均风速特性与加速效应. 湖南大学学报 (自然科学版), 43 (7): 8-15.

罗万琦, 崔宁博, 张青雯, 等. 2018. 中国西北地区近50a气象因子时空变化特征与成因分析. 中国农村水利水电, (9): 12-19.

梅朵, 高原, 马艳, 等. 2013. 近50a青海西宁气温变化特征. 干旱气象, 31 (1): 100-106.

宁海文. 2006. 西安市大气污染气象条件分析及空气质量预报方法研究. 南京: 南京信息工程大学硕士学位论文.

裴玉芳, 祁栋林, 张启发, 等. 2018. 青海省海东市1961—2015年气温变化趋势和演变特征. 农学学报, 8 (7): 15-21.

普宗朝, 张山清, 纪冬梅, 等. 2005. 近30年乌鲁木齐地区的气候变化. 新疆气象, (4): 15-17.

渠涛. 2006. 中国西部河谷型城市环境污染的经济效应和社会效应研究. 兰州: 兰州大学硕

士学位论文.

商沙沙, 廉丽姝, 马婷, 等. 2018. 近54 a中国西北地区气温和降水的时空变化特征. 干旱区研究, 35 (1): 68-76.

万运帆, 李玉娥, 高清竹, 等. 2018. 西藏气候变化趋势及其对青稞产量的影响. 农业资源与环境学报, 35 (4): 374-380.

汪丽萍. 2020. 西部地区经济可持续发展问题探析——以青海省为例. 创新, 14 (1): 34-41.

王晓云, 张雪梅. 2012. 西部河谷型城市的低碳发展路径研究. 生产力研究, (9): 124-126.

王星. 2018. 城市化对碳排放影响的区域分异性研究. 兰州: 兰州大学博士学位论文.

吴春燕. 2010. 坡地植物景观设计初探. 重庆: 西南大学硕士学位论文.

萧乐. 2018. 河谷气候影响下的生态城市形态浅析——以重庆市奉节县整体城市设计为例. 西部人居环境学刊, 33 (3): 69-72.

杨红军. 2006. 河谷型城市空间拓展探析. 重庆: 重庆大学硕士学位论文.

杨永春. 1999a. 中国河谷型城市研究. 地域研究与开发, (3): 61-65.

杨永春. 1999b. 中国西部河谷型城市的形成与发展. 经济地理, (2): 45-50.

杨永春, 刘治国. 2006. 近30年来中国西部河谷型城市水体污染变化趋势与机制. 山地学报, (1): 33-53.

杨永春, 汪一鸣. 2000. 中国西部河谷型城市地域结构与形态研究. 地域研究与开发, 25 (4): 58-61.

尹鸿宇. 2020. 新时代西部地区县域经济发展面临的问题与融合发展研究. 投资与合作, (10): 77-80.

张绘. 2017. 城镇化进程中促进西部地区经济可持续发展的策略. 经济纵横, (9): 117-122.

张万军, 苟小平, 张峰, 等. 2020. 兰州市城市化对气温变化趋势的影响. 甘肃科技, 36 (18): 65-67, 73.

赵庆云, 李栋梁, 吴洪宝. 2006. 西北区东部近40年地面气温变化的分析. 高原气象, 25 (4): 643-650.

朱飙, 王振会. 2007. 兰州温度、降雨量与蒸发量变化趋势的分析. 甘肃科技, (11): 108-110.

祖丽皮耶·穆合合尔. 2012. 乌鲁木齐市近60年来的气候变化特征 (1951—2008). 上海: 上海师范大学硕士学位论文.

左洪超, 吕世华, 胡隐樵. 2004. 中国近50年气温及降水量的变化趋势分析. 高原气象, 23 (2): 238-244.

Bei N F, Li G H, Huang R G, et al. 2016. Typical synoptic situations and their impacts on the wintertime air pollution in the Guanzhong basin, China. Atmospheric Chemistry and Physics, 11 (16): 7373-7387.

Bei N F, Xiao B, Meng N, et al. 2016. Critical role of meteorological conditions in a persistent haze episode in the Guanzhong basin, China. Science of the Total Environment, 550: 273-284.

Du H Y, Song X J, Jiang H, et al. 2016. Research on the cooling island effects of water body: a case study of Shanghai, China. Ecological Indicators, 67: 31-38.

Kousis I, Pisello A L. 2020. For the mitigation of urban heat island and urban noise island: two simultaneous sides of urban discomfort. Environmental Research Letters, 15 (10): 103004.

Neupane B B, Sharma A, Giri B, et al. 2020. Characterization of airborne dust samples collected from core areas of Kathmandu Valley. Heliyon, 6 (4): 03791.

Quimbayo-Duarte J, Chemel C, Staquet C, et al. 2021. Drivers of severe air pollution events in a deep valley during wintertime: a case study from the Arve river valley, France. Atmospheric Environment, 247: 118030.

Savijärvi H, Liya J. 2001. Local winds in a valley city. Boundary-Layer Meteorology, 100 (2): 301-319.

Shrestha R M, Malla S. 1996. Air pollution from energy use in a developing country city: the case of Kathmandu Valley, Nepal. Energy, 21 (9): 785-794.

Spring U O. 2011. Aquatic systems and water security in the Metropolitan Valley of Mexico City. Current Opinion in Environmental Sustainability, 3 (6): 497-505.

Tao Q U, Zhang Y, Liu R, et al. 2009. Social effect of environmental pollution on valley-cities in western China. Chinese Geographical Science, 19 (1): 8-16.

Wang F, Cernuschi S, Ozgen S, et al. 2016. UFP and BC at a mid-sized city in Po valley, Italy: size-resolved partitioning between primary and newly formed particles. Atmospheric Environment, 142:120-131.

Wu S H, Wang Y, Chen C W, et al. 2021.Valley city ventilation under the calm and stable weather conditions: a review. Building and Environment, 194: 107668.

Yamak B, Yagci Z, Bilgilioglu B B, et al. 2021. Investigation of the effect of urbanization on land surface temperature example of Bursa. International Journal of Engineering and Geosciences, 6 (1): 1-8.

Zhao S P, Yu Y, Qin D H, et al. 2019. Measurements of submicron particles vertical profiles by means of topographic relief in a typical valley city, China. Atmospheric Environment, 199: 102-113.

Zhou X, Zhang T J, Li Z Q, et al. 2018. Particulate and gaseous pollutants in a petrochemical industrialized valley city, western China during 2013-2016. Environmental Science and Pollution Research, 25 (15): 15174-15190.

第3章 兰州市地理环境特征

3.1 兰州市自然环境特征

3.1.1 地理区位

兰州市位于35°34′20″～37°07′07″N，102°35′58″～104°34′29″E之间。地处黄河中上游的黄土高原、内蒙古高原和青藏高原的接壤汇合地带。兰州市区南北群山对峙，黄河自西向东纵贯全市，形成东西长约35km，南北宽约2～8km的带状哑铃型河谷盆地。兰州市地处中国西北地区，是甘肃省的政治、经济、文化中心，也是西北地区的核心城市和重要的交通枢纽（冯宗富和马丁丑，2014）。兰州市作为唯一一座黄河横越市区的全国性省会城市，是中原地区通往西域的主要交通枢纽，也是西北地区重要的工业基地和综合交通枢纽，陆上丝绸之路经济带的重要节点性城市（李虹，2018；杨强等，2021）。兰州市现辖城关、七里河、安宁、西固、红古5区及榆中、皋兰、永登3县，总面积13085.6km²，市区面积1631.6km²。2019年末，兰州市户籍人口为331.92万人，其中，城镇人口235.72万人，乡村人口96.2万人；全市常住人口379.09万人，城镇人口307.21万人，占常住人口比重（常住人口城镇化率）为81.04%。有汉、回、满、藏、东乡、蒙古、土等38个民族，其中少数民族9万多人，占全市总人口的3.6%。本书中兰州市区特指主城区，指兰州盆地中的中、东两个小盆地，即西固-安宁-七里河盆地和城关盆地（图3-1），主要包括城关、七里河、安宁和西固四个区，红古城区距离其余四城区较远而保持了相对的独立性。

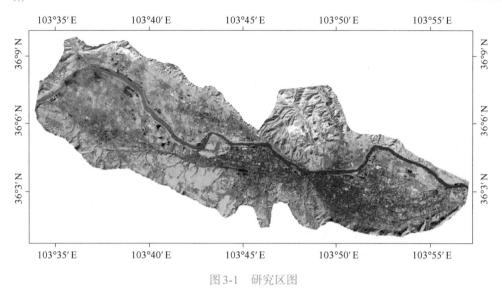

图 3-1　研究区图

3.1.2 地质地貌特征

　　兰州市是我国青藏高原、黄土高原、蒙新高原的过渡地带，隶属于昆仑—秦岭地槽褶皱系祁连山中间隆起地带，地层分布以白垩纪、第三纪和第四纪黄土为主。兰州市地质构造复杂，新构造运动强烈，断裂、褶皱发育。兰州市在地质上隶属于昆仑—秦岭地槽褶皱系祁连山中间隆起地带，地表大部分被第四纪松散沉积物所覆盖，基岩主要出露在南部、西部和北部边界一带的山区，出露面积最广的是中生界下白垩纪河口群、新生界第三系红层和第四系黄土（李发荣，2011）。兰州市位于陇西黄土高原的西北部和祁连山东沿余脉相接处，境内大部分地区是海拔为1500~2500m黄土所覆盖的丘陵和盆地。地形西南高东北低，黄河自西南向东北贯穿全境，形成峡谷与盆地相间的串珠状河谷，兰州市地貌类型多样，大致可分为石质山地、黄土梁峁丘陵、河谷冲洪积平原三种基本类型，其分别占到总面积的65%、20%和15%（周文霞等，2017；郭德弘，2018；乌亚汗，2019）。兰州地貌高差明显，海拔最高可达3670.5m，而市区内河谷海拔高度仅达1552.5m，地势起伏大、地貌类型复杂，地貌整体呈黄土沟壑地貌景观，黄土丘陵连绵起伏，沟壑盆地相间（李虹，2018；姚尧，2020）。

　　兰州河谷盆地为一狭长断陷谷地，黄河由西南流向东北，横穿全境，形成一个串珠状菱形河谷盆地。兰州段河谷盆地西起八盘峡，东至桑园峡，长约50km，最宽处7.5km，最窄处不足1.0km，平均宽度小于5.0km。黄河南北两岸阶地分布具有不对称性，黄河河谷阶地多发育在南岸，北岸分布面积小，多呈零星分布。城市建设用地主要分布在黄河河谷盆地，东西向呈带状分布，南北两侧为山体，形成了"两山夹一河"的地形（汪旭中，2020）。兰州城区是黄河中上游串珠状河谷盆地中的一个，地理上称之为兰州盆地。在西、中、东三个菱形小盆地中，市区由中、东两个小盆地构成，即西固-安宁-七里河盆地和城关盆地。

兰州河谷盆地内以黄土地貌系列和河流阶地为主，盆地内阶地发育，有明显的六级阶地。雁滩等河心滩及沿岸低地为Ⅰ级，高出河床3～5m；城关区所在地为Ⅱ级，高出河床10～20m，宽约2km；西北民族学院一带为Ⅲ级，高出Ⅱ级10～20m；伏龙坪前街、砂金坪、白道坪、上坪等为Ⅳ级，高出河床40～80m；伏龙坪后街、桃树坪等为Ⅴ级，高出河床110～150m；九州台为Ⅵ级。兰州市区河谷盆地各阶地中，Ⅰ级、Ⅱ级阶地是城市建设的主要用地，20世纪80年代后，开始逐渐向Ⅲ级、Ⅳ级阶地扩展。Ⅰ级阶地中的河心滩，与河岸连为一体，成为城市建设的主要用地。城区被南北两山夹峙，地形呈东北高，西南低，市中心海拔约1520m，其南面皋兰山海拔2129m，北面九州台海拔2067m，相对高差超过600m。南北最窄处不足5km，是一个东西长、南北窄的带状河谷盆地城市（兰州市地方志编纂委员会，1999）。由于兰州市的自然环境、构造条件及物质组成特殊，导致该市灾害性地貌过程频发，滑坡、泥石流等随时威胁着人民生命财产的安全和城市建设（张虎才和张林源，1987）。兰州所处的狭窄的盆地空间，阶梯式的地貌结构，巨厚疏松的黄土及其他松散物质基础等，给城市建设与发展造成来了一定的限制性问题和困难（张伯尧，2009）。

3.1.3 气候概况

兰州市深居内陆，远离海洋，大部分地区属温带半干旱气候区，降水稀少，日照充足，热量丰富，蒸发量大，气候干燥，昼夜温差大，逆温强（韩晓等，2012）。气候季节变化显著，春季干旱多风，沙尘天气频繁；夏无酷暑，降水集中；秋季凉爽、短暂，降温快；冬季漫长且较寒冷，雨雪少。兰州气候具有过渡性特征和具有明显的垂直变化带谱，兰州地势高差变化大，地形复杂多样，因此各地气候差别很大。南部和西部石质山地，海拔高，属温寒半湿润区，年平均气温为2～5℃，年降水量400～600mm。皋兰县的北部和永登县的东北部，年平均气温6℃，年降水量在250mm以下，属温凉干旱区。其他广大地区，包括兰州市的城关、七里河、西固、安宁、红古五区，及永登的中部、南部，榆中县的北部和中部，均属温暖半干旱区。

兰州市城区年平均气温6~9℃，市区年平均气温9.3℃，年日照时数2100~2700小时，日照百分率61%，年太阳辐射4800~5500MJ/m²。气温日较差为13~15℃。1月最冷平均气温为−6.7℃，7月最热平均气温为22.6℃。>0℃的积温为2900~3800℃；>10℃的积温为2200~3300℃；年降水量在300~400mm，市区多年平均降水量为333mm，降水主要集中在7、8、9三个月，雨热同期，占年降水量的60%以上（吴巧娟等，2021）。风力一般为1~3级，以静风最多，风向以东北风较多，由于地处内陆，蒸发量很大，年蒸发量1500mm左右，是降水量的4倍以上，干燥度在2~4之间（兰州市地方志编纂委员会，1999）。全年无霜期为185~200天，有效积温达3315℃。

3.1.4　植被特征

兰州天然植被以荒漠草原为主，由多年旱生丛生禾草、旱生灌木和小灌木组成。由于气候干燥，地形破碎，植被群低矮稀疏，生长缓慢，植被总覆盖率约为20%。北部基岩山区阳坡植被茂密，海拔达1500m以上；南部基岩山区海拔超过2300m的阴坡，生长森林草原植被。除了草本和灌木，还有冷杉、栎树和杨树。广袤的黄土丘陵区自然植被稀疏，以荒山秃岭为主（王川，2019）。兰州北部与我国温带荒漠区相连，因而有许多荒漠灌木、半灌木和小半灌木。它们是群落的主要组成部分，形成荒漠草原类型。有时，在干旱或盐碱化严重的特殊生境中，这些荒漠灌木形成灌木群落片断，构成荒漠草原上特有的灌木植被。兰州市南部和西部山区以次生林为主，其他地区多为干草原类型。目前，干旱草原区大多被开垦为农田，仅在塬边和塬坡偶尔残留。此外，在塬面还可以看到过度放牧后出现的退化草地。这些植被在干旱地区起着涵养水源、保持水土的作用（魏瑛和代立兰，2010；李发荣，2011）。兰州市南部和西部石质山地的植被具有垂直分带性，上部为亚高山灌丛草甸，下部为森林和森林草原。其他广大地区由南向北，逐渐由森林草原过渡为干草原和荒漠化草原。

3.1.5　土壤特征

根据《兰州市第二次土壤调查报告》，兰州市共有10个土壤类型、21个亚类、43个土壤属、70个土壤种。以灰钙土为主，占67.15%，其次是栗钙土、灰褐土和黑垆土，分别占总面积的8.73%、7.34%和6.91%，其次是黄绵土和灌淤土，分别占总面积的4.01%和3.65%，其他土壤类型所占比例很小。黄河及其支流的冲积平原和一、二级阶地为灌淤土、潮化灌淤土和盐渍灌淤土。三级和四级及以上阶地、台地、丘陵为黄绵土。从横向分布看，永登县西南部和西北部的中低山区主要为暗栗钙质土和浅栗钙质土。永登县南部、兰州市区和皋兰县、榆中县东部山区是灰色钙质土的集中分布区。灰褐土主要分布在马衔山前中低山区的平原和沟壑洼地上（王川，2019）。兰州市城市表层土壤有机质含量为0.84%～17.9%，平均值为3.08%；全氮含量为0.059%～0.728%，平均值为0.171%；总磷含量为0.061%～0.108%，平均值为0.079%；全钾含量为1.50%～2.1%，平均值为0.97%（兰州市地方志编纂委员会，1999）。

随着经济的发展，受人类活动影响，交通尾气排放、城市垃圾、燃煤、地面扬尘等已成为兰州市土壤重金属的重要来源。兰州市土壤重金属污染主要分布在兰州市及其周边地区。污染区元素组合为Cd、Pb、Zn、Hg、Cu、As、Ag、Cl、Se、P等。在兰州市生活区与农村的土壤中，Hg、Cd、Zn、Se等重金属异常明显（张亚群等，2019；高海燕等，2019）；在交通干道路侧土壤中Cr、Mn、Zn、Cu和Ni等重金属元素含量显著增高（杨颖丽等，2017；徐玉玲等，2020）；兰州污染区1∶5万表层土壤重金属中Hg、Pb、Sb、Ag、Sn、P、Bi、Cu、Se的平均值是全区的1～3.39倍，特别是Hg的平均值是全区的3.39倍（刘延兵和丁仁平，2018）。

3.1.6 水文、水资源特征

兰州市域水资源丰富，主要有三种形式：降水、地表水（河川径流）和地下水。降水资源年平均降水量达45.18亿m³，地表水资源总量331.984亿m³，其中自产水总量2.014亿m³，入境水总量329.97亿m³，地下水资源总量约9.6亿m³。兰州市地表水大部分属于黄河水系，占水资源总量的99.04%，是兰州市水资源的主要来源，地表径流来源于通过境内的黄河及其支流湟水、庄浪河、苑川河及湟水支流大通河。河川径流水量较稳定，四季不封冻，含沙量低。黄河干流兰州段全长152km，其中流经市区45km，年径流量345.9亿m³；湟水河全长58km，年径流量47亿m³；大通河境内长45km，年径流量30.32亿m³；庄浪河全长96km，年径流量1.85亿m³；苑川河年径流量5276万m³。兰州市地表径流量大，但径流量年分布不均，年际变化大，7～9月降雨集中、凶猛、历时短、含沙量高，年径流分布极不均匀，兰州市河流年平均径流系数仅为0.045。以兰州为中心的黄河上游干流段总装机容量1500万kW，刘家峡、八盘峡、盐锅峡、大峡水电站与邻近地区的其他水电站是中国最大的水电中心之一。兰州黄河以北广大地区，年降水量不足300mm，但是年蒸发量高达1800mm左右。地表年径流深度很小，大多在5～10mm之间，许多地区经常无径流产生，缺乏水资源，人畜饮水往往困难（李虹，2018）。

兰州市地下水储量小，不同类型地下水资源总量为9.6亿m³/a，区域可采地下水总量仅为2.24亿m³/a，而且地下水水量和水质存在明显的区域差异。主要分布在西部和东南部的湿润山区和河谷地带，黄土丘陵区地下水相对贫乏。兰州市地下水的形成条件、分布及埋藏规律复杂多变，兰州市地下水主要有黄土潜水、基岩裂隙水、河谷（盆地）潜水、中新生代承压水等。从数量上看，兰州市属于黄土丘陵区，地下水资源相对匮乏。区内西北部、东南部及中、低山区裂隙潜水丰富，但约80%的地区为黄土梁峁地貌，分布着不同地质时期的黄土。由于降雨较少，不易形成渗流量，一般不含水（王川，2019；李发荣，2011）。

兰州市的水污染主要是地表水污染，尤其是黄河兰州段（张俊华等，2003）。黄河作为兰州市城区唯一的地表水源，是兰州市经济发展和人民生活的生命线，其供水量占市区年用水量的80%。其水质的好坏非常重要。近年来，黄河兰州段工业越来越集中，其中分布了20多个主要工业废水污染源。黄河兰州段污染源主要为工业废水和生活污水，工业废水主要源自上游的西固工业区，生活污水主要来自人口密集的城关区、七里河区和安宁区。西固工业区的兰化、兰炼含酚废水年排放量占全市排放总量的93.22%，含油废水年排放量占全市排放总量的66.37%，COD废水年排放量占全市总排放量的41.75%。城关、七里河、安宁是兰州市主要的商住区，人口密度大，生活污水年排放量占全市污水排放总量的54.69%，并呈上升趋势。尽管该市有三座城市污水处理厂，但远远不能满足需求（张志斌等，2005）。此外，一方面兰州市对供水水源缺乏统一管理，在水源附近倾倒工业垃圾和生活垃圾，通过降水的淋滤作用，一些有毒物质或组分被淋滤到地下，造成地下水污染（孙於春，2015）；另一方面，兰州"三滩"水源地位于临河低阶地，污染防治能力较弱。近十年来，由于兰州城市建设用地规模不断扩大，使"三滩"水源地面积由17.8km²减少到13.4km²，地下水供应能力减弱（周斌，2012）。

3.1.7 大气环境特征

由于兰州地处青藏高原、内蒙古高原和黄土高原的交汇处,主城区位于东西长35km、南北宽3～8km的带状河谷盆地中,南北两山相对高差500～600m。河谷地形的存在容易形成逆温层,特别是冬季,逆温层的最大厚度可达1000m,使大气污染物难以扩散出去。城市上空环境容量极为有限,造成了严重的空气污染。同时,加之常年风速小,特别是冬季,静风率高,逆温日数多,逆温层往往像"锅盖"一样覆盖市区上空,空气污染物无法得以很好扩散,只能在近地面的有限空间内积聚(张志斌和李夏,2005;夏敦胜等,2007)。另外,兰州属北温带半干旱大陆性气候,年平均降水量327.7mm,主要集中在7～9月,冬季降水偏少,使兰州冬季大气污染难以得到雨水的净化。此外,静风天气频率较高(全年62.9%,冬季74%)进一步加剧了空气污染的程度。在稳定的天气系统控制下,大气污染物吸收太阳辐射,使上层大气加热,难以形成热湍流,增加了逆温层的稳定性,不利于大气污染物扩散(夏敦胜等,2007)。

兰州市大气环境质量有明显的季节性差异,空气质量冬、春季差,夏、秋季好。造成这一现象的主要原因可能与采暖期污染物排放量增加,加上机动车辆增加,尾气排放量增加和自然地理环境及气象条件有关(胡琳等,2013)。兰州市空气污染物实时监测数据表明,兰州市大气中SO_2、$PM_{2.5}$和PM_{10}浓度呈下降趋势,NO_2、CO和O_3浓度呈上升趋势,其中,$PM_{2.5}$和PM_{10}是兰州市的主要污染物,其值远远高于标准限值(陈桃桃等,2020)。冬、春两季空气质量较差,夏、秋两季空气质量较好。造成季节性差异的主要原因可能是采暖期污染物排放增加,加上机动车增加,尾气排放增加,此外还与自然地理环境和气象条件有关。

兰州市大气环境质量状况较差,沙尘暴、雾霾、可吸入颗粒物超标等问题没有得到很好的解决。由于特殊的地理条件、春季沙尘暴频繁,以重工业为主的产业结构、冬季燃煤取暖、汽车尾气排放增加,使大气污染严重(高晓丹和李汉菁,2020)。兰州是以石油化工为主体,冶金、机电、建材等协调发展的综合性工业城市,工业能源以煤炭为主,燃料油、燃气、焦炭为辅。这种以煤炭为主、石油、天然气和少量焦炭为辅的能源结构,使兰州市大气污染物排放量较大,尤其是烟尘和二氧化硫的排放量较大。近年来,兰州市工业废气年排放总量已达13.1万t。兰州市1km²大气污染物排放量大于10000kg/h,但是全市大气环境容量约为3000~4000kg/h，兰州市工业大气污染物排放强度约为大气环境容量的3倍，工业污染源对兰州市大气污染贡献巨大。另外，城市基础设施改造、机动车辆尾气排放、城市生态环境、采暖措施等也是造成大气污染的重要因素（祁斌等，2001）。其中，兰州市采暖期的氮氧化物排放量远高于非采暖期，平均NO_x浓度，采暖期是非采暖期1.62倍（高晓丹等，2020）。采暖期为每年的11月到次年的3月，在此期间，供热企业的锅炉满负荷运转，燃煤量急剧增加，SO_2和烟尘污染物也相应大量增加。而在此期间，兰州市静风频率和逆温频率尤高，不利于污染物的稀释和扩散。从而加剧了第一、四季度的大气污染（祝合勇，2011；马珊等，2019）。

3.1.8 噪声环境特征

兰州市噪声污染主要由交通噪声和区域噪声组成。交通噪声主要由各类汽车和助动车产生，是辐射最强、污染最广泛的污染源，尤其是在主要交通道路上；区域噪声主要由人类活动产生，尤其是在工业、商业和居民区最为突出（张志斌和李夏，2005；邓少福和杨太保，2011）。2020年功能区噪声监测中，1类功能区平均等效声级昼、夜间分别为48.7dB（A）和39.5dB（A）；2类功能区平均等效声级昼、夜间分别为54.0dB（A）和47.2dB（A）；3类功能区平均等效声级昼、夜间分别为54.2dB（A）和50.7dB（A）；4a类功能区平均等效声级昼、夜间分别为66.4dB（A）和57.5dB（A），其中4a类功能区平均等效声级昼间达标、夜间超标2.5dB（A），其他功能区平均等效声级昼间和夜间均达标。

2020年兰州市城区昼间道路交通噪声平均等效声级68.8dB（A），与上年持平。根据《环境噪声监测技术规范 城市声环境常规监测》（HJ 640-2012），兰州市道路交通噪声强度等级为二级，道路交通噪声评价为"较好"。全市城区道路交通噪声测点达标数121个、测点达标率85.8%；全市城区51条道路交通噪声平均等效声级达标的有46条，路段达标率为90.2%；道路交通噪声达标路段长度为104.631km，占监测道路总长度的84.8%。2020年全市区域环境噪声平均等效声级为54.1dB（A），根据《环境噪声监测技术规范 城市声环境常规监测》（HJ 640-2012），兰州市区域声环境质量等级为二级，质量评价为"较好"。区域噪声测点达标数201个，达标率为94.8%。从区域环境噪声源的构成来看，在五类声源中，生活噪声源最多，占测点总数的42.9%，施工噪声源最少，占声源构成的0.4%。

随着城市化的发展，兰州市交通噪声污染问题愈发严重，主要表现为：首先，由于市区部分地区道路狭窄，交通不畅，导致汽车鸣笛等问题越来越严重；其次，交通噪声污染是瞬时性的，不能及时有效地发现噪声源，使得公众在举报时证据不足；再次，工业的发展带来的严重噪声污染也不容忽视，工业噪声对企业职工和周围居民造成不可逆转的噪声污染损害，大型工业机械设备结构复杂，声源噪声防治难度大。生活噪声的来源比较广泛，人们活动范围越来越广，噪声污染源的种类也越来越多，而且污染程度随着人们生活区域的密度增大而增加。兰州市住宅区、商业区建设规模较大，部分建筑噪声排放远远超标（汪新和安兴琴，2006）。

3.2 兰州市人文地理特征

3.2.1 历史沿革

兰州作为黄河上游第一城，有丰富的地方文化和历史文化遗产，是"丝绸之路"上的重镇。自秦筑榆中县城、西汉筑金城县城，至今已有2200多年的历史。兰州自古以来就是西北交通枢纽，"联袂西域，襟带万里"，是增进东西文化交流的要道。目前，兰州市是西北地区重要的交通枢纽、商贸中心、综合性工业基地，是甘肃省省会，经过半个多世纪的历程，兰州市已经发展成我国西北地区仅次于西安的第二大区域中心城市。

秦朝灭亡以后，楚汉相争，匈奴乘机渡过黄河，占领河南地。元狩二年（公元前121年），骠骑将军霍去病两次出击河西走廊的匈奴，占领河西地区。大将李息在今兰州西固黄河以南筑城，后设金城郡（在今西固区西固城一带），城池十分坚固，所处地位十分重要，这也是兰州"金城"别名的来历。金城郡成为西北和中西交通大道上的重镇，对兰州城市的形成起了极大的推动作用。隋文帝开皇元年（581年），置兰州，在黄河南岸筑城，唐统一全国后，兰州为丝绸之路必经之地，经济文化交流频繁，遂发展成为丝路重镇和名城，使臣、商贾、僧侣、游人络绎不绝，这大大促进了兰州经济、文化、城市迅速发展。宋元时期，宋与西夏、金争夺兰州，数度战争，城市发展受到影响，经济开始衰退，人口急剧减少。自隋废郡改州至明政权建立之前，770年间，兰州均为州府所治。明、清两代，相继在这里修建城郭，设置省府，兰州遂上升为全国政治、经济、文化中心，城市建设取得巨大成就。民国初期，军阀混战，兰州城市建设基本处于停滞、衰败状况。抗日战争爆发后，国际援华物资大都从西北运进，兰州战略地位空前提高，成为抗日大后方，交通枢纽。1941年7月，设立兰州市，开展大规模城市建设，兰州的政治、经济、文化中心遂固定下来。1949年兰州市区面积16km^2，人口19.5万人。

中华人民共和国成立后，兰州被列为国家重点建设的城市之一，"一五"建设时期，国家对兰总投资达到5.01亿元，建设形成了以兰炼、兰化、西固热电厂为代表的八项国家重点工程。大批的工程技术人员和工厂企业，填补了兰州工业空白。"二五"建设时期，国家又投资12亿元。经过50多年大规模的工业建设，已初步形成了重工业以石油、化工、机械、冶金为主体，轻工业以毛纺、制药、塑料、制革为特色，辅以电力、煤炭、电子、建材等行业的门类比较齐全，与资源相配套的工业体系。

3.2.2 人口、城市化特征

1）人口分布和结构特征

2019年末兰州市户籍人口为331.92万人，其中，城镇人口235.72万人，乡村人口96.2万人；全市常住人口379.09万人，城镇人口307.21万人，占常住人口比重（常住人口城镇化率）为81.04%。2019年全年出生人口3.41万人，出生率为9.0‰；死亡人口2.1万人，死亡率为5.53‰；人口自然增长率为3.47‰（兰州市统计局，2020）。

兰州市人口分布呈现带状集中连片分布态势，以城关区-西固区为核心地带，向外围扩张，形成西北—东南走向的人口集聚带（陈浩等，2019），人口空间分布总体上呈现出东密西疏的空间格局，但由于兰州市人口的聚集性不断增强，加上人口分布的不均衡性，兰州市人口空间分布呈"双中心"空间结构（张志斌等，2013），并形成了城关、安宁区人口快速增长，七里河、西固区人口低速增长的格局（张志斌等，2012）。近十年兰州市的人口重心虽然在皋兰县，但人口重心正在不断向中心区迁移，迁移速度也在逐年增加且趋势越来越显著。可见，兰州市中心城区对人口的吸引力不断增强，兰州市仍处于城市化快速发展阶段，中心城区将会成为兰州市人口聚集分布的中心所在地（韩杰等，2015）。兰州市人口密度由中心区向郊区递减，呈现"圈层-分异"结构，2000年、2010年兰州中心区人口密度都超过20000人/km^2，表现为人口高度集聚。中心区和近郊区人口缓慢增长，外围区人口快速增长，远郊区人口明显减少，远郊区人口呈现负增长，这有别于东部沿海发达城市，表现出西部欠发达城市的特征（常飞，2020）。

兰州市存在的人口分布和结构问题主要是：人口分布不平衡，人口结构不合理，受内外部人口压力的影响，同时存在人口过剩和人口老龄化现象，并且人口质量也仍需要改善，劳动力素质有待提高（王利军，2018）。在"三县五区"中，地处兰州主城区的城关区人口密度最大，皋兰县人口密度最小，而国家支持的兰州新区人口密度仅为124人/km²，老年人口的空间分布具有圈层特征，从城市中心向外逐渐减少（朱文冲，2017；王川，2019）。

2）城市化水平特征

一方面，兰州市城市化水平稳步提高，兰州作为西北地区的重工业城市，自2004年以来，社会经济持续高速增长，年均经济增长率为13.48%，城市化进程迅速（乔蕻强，2017）。另一方面，兰州市在推进城乡一体化战略的过程中，城市人口集聚速度不断加快，城市化率也在不断提高。城市化初期最显著的特征是城市人口的增加，加上兰州市经济发展水平的提高、城市规模的扩大和城市就业的增加，使得大量的人口聚集在城市（吴亚亚和刘学录，2019）。2019年底，城镇人口307.21万人，占常住人口（常住人口城镇化率）的81.04%。与"十三五"初期相比，城镇人口增加8.25万人，占比增长0.12个百分点。在"一带一路"发展机遇下，兰州市逐步发展成为丝绸之路一带新的经济增长极（赵玉峰，2020）。

3.2.3 土地利用特征

1）土地利用现状

根据兰州市人民政府发布的最新数据，2020年末兰州市土地总面积131.92万hm²，其中建设用地有8.51万hm²，农用地47.93万hm²，未利用地75.48万hm²，其分别占总用地面积的6.45%、36.33%、57.22%。其中农用地中耕地面积约为28.08万hm²、园地面积0.89万hm²、林地面积为10.55万hm²、牧草地面积为3.68万hm²、沟渠、田坎、农村道路等其他农用地面积4.73万hm²，分别占全市土地面积的21.29%、0.67%、8%、2.79%、3.59%。

2）土地利用结构变化特征

兰州市各类功能用地在演变的过程中，呈现出此消彼长的动态变化特征。

新中国成立初期，工业用地一直占据着城市中心的重要地位。当前，随着兰州经济水平的不断提高，城市发展开始向特色化、内涵化的目标发展。城市服务功能用地开始增长，并呈现均衡增长的趋势，相应的工业用地开始下降（汪旭中，2020）。从土地利用结构变化来看，公共服务用地、公共管理用地、公共设施用地和商业服务设施用地、道路交通设施用地的比重总体上呈现出不同幅度的增长趋势。其中，道路交通设施用地比重呈现先下降后上升的趋势；居住用地、工业用地、物流仓储用地、绿地、广场用地比重总体下降，物流仓储用地比重先升后降（王乔乔等，2021）。

兰州市区建成区面积由1949年的448hm^{2}增加到2019年的33057hm^2。城市公共服务设施用地面积也由617.42hm^{2}增加到1653.99hm^2，年均增长4%；相比之下，兰州市公共管理和公共服务设施用地年均增长率略高于城市建设用地（王海琛，2019）。2000～2010年，兰州市各土地利用类型面积变化大小依次为：耕地＞建设用地＞牧草地＞自然保留地＞林地＞水域＞园地。土地利用变化的主要特征是建设用地快速增长，10年增加56.02km^2，增长达22%；耕地面积减少最为严重，减少了125.73km^2，降幅达到4.1%。由于兰州主城区受黄河流域地形的限制，随着流动人口的增加和经济的发展，城市扩张只能被迫向城东的榆中盆地和西北的秦王川盆地发展。这些地区正是兰州市优质耕地分布区，建设用地的扩张不可避免地占用了耕地（胡艳兴和潘竟虎，2016）。

3.2.4 城市规划和城市空间格局特征

2011年起，兰州市实施了第四版《城市总体规划（2010—2020年）》。随着西部大开发战略的逐步深入和"丝绸之路经济带"的建设，兰州的区位优势更加明显。在此背景下，与前三版相比，第四版在城市规模、城市定位、总体发展战略等方面有明显变化，主要体现在城市定位和城市空间规划上。

首先，在城市定位上，仍然强调其作为省会城市在经济、政治、文化等方面的主导作用，以及作为西部地区重要工业城市和西北地区交通枢纽的地位。更重要的是，将兰州定位为"丝绸之路经济带重要节点城市"，建设成为向西开放的门户城市和黄河文化名城。其次，在城市空间规划方面，首次突破黄河流域的局限性，将规划区东至榆中县，西至永登连镇，北至兰州新区，南至七里河区，总面积是第三版的3.1倍，形成"双城五带多片区"的市域城镇空间结构。在"双城"关系中，中心城区发展区域性中心职能，形成主核心；兰州新区发展为产业集聚发展区，形成次核心。双城互动发展，共同成为甘肃省"中心带动"战略的核心推动器。

第四版总体规划突破市区已有的城市空间，在空间拓展上做了重大调整，向兰州新区做出了跳跃式发展，拓展了核心区以外的盆地，以此带动周边地区的发展，努力构建兰白经济区、兰西区域城市群、新丝绸之路经济带。城市功能逐渐向现代中心城市转变。城市用地布局上，将城市中心区工业用地和教育用地通过外向疏解，将其逐步转化为公共服务设施用地和城市绿地，以此提高城市生活的舒适性。城市结构从河谷型单中心向多中心转变，在提高中心城区吸引力的同时，也积极带动周边城镇的发展。

兰州市功能区分布普遍分散，内部集聚程度不高。居住功能区主要分布在大型居住区和主城区周边地区。商业功能区位于大商圈及大市场区。西固区产业功能优势明显，生产要素密集。公共服务功能主要分布在行政机关、教育、医疗、文化设施聚集区。交通功能区主要位于火车站、汽车站等大型交通枢纽区。绿色广场主要分布在公园和沿江湿地。目前，城市功能中心呈现"一主一辅多组团"的空间结构（姚尧，2020）。兰州单功能中心分散，靠近城市外围。综合中心以西关商务区为核心，集行政、商务、娱乐、医疗等功能于一体，规模庞大，设施完善，区位条件优越。

3.2.5 产业结构特征

20世纪80年代以来，兰州经济社会进入了快速增长的阶段，产业结构变化呈现出新的特点。2020年全市地区生产总值2886.74亿元，按可比价格计算，比上年增长2.4%。分产业看，第一产业增加值57.43亿元，增长5.0%；第二产业增加值933.42亿元，增长3.7%；第三产业增加值1895.9亿元，增长1.5%。三次产业结构比为1.99∶32.33∶65.68（兰州市统计局和国家统计局兰州调查队，2021）。第三产业在经济发展中的主导地位十分明显，是拉动全市经济增长、吸引投资、吸纳劳动力的主力军。从三产增长方面看，它的形式传统，发展快，差距大。兰州市现代服务业发展势头较快，特别是交通运输、仓储邮政、金融业、房地产业，2019年占第三产业比重超过45%。但是现代服务业增加值与传统产业相比仍较小，传统服务业在第三产业发展中仍占较大比重，与发达城市现代服务业比重超过80%相比仍有差距。

新中国成立以后，兰州市被列为国家重点建设的重工业城市，工业逐步成为兰州市经济发展的主导产业。2020年全市地区生产总值2886.74亿元，经济结构演变逐渐升级，已经从一个完全为消费性城市成功转变为一个生产资料协调发展的经济中心（姚尧，2020）。2020年，全市工业增加值比上年增长3.1%，规模以上工业增加值增长3.2%。分轻重工业看，轻工业增加值增长5.0%，重工业增加值增长2.7%。分门类看，采矿业增加值下降5.3%，制造业增加值增长2.1%，电力、热力、燃气及水生产和供应业增加值增长13.2%（兰州市统计局和国家统计局兰州调查队，2021）。重化当家、骨干支撑、拉动明显，以"油、烟、钢、煤、铝"为主的产业结构特征十分明显。近年来，兰州已形成以石化产业为主的基础产业，吸引了一大批优质企业落户兰州新区，形成了一批门类丰富、技术含量高的工厂和企业，为周边地区的生产建设提供了有力的生产支撑（汪旭中，2020）。

兰州市产业结构和产业布局存在的问题是：产业布局不均衡，经济结构落后，资源依赖性强。第一产业、第二产业和第三产业内部结构不合理。石油化工、有色冶金等传统产业比重大，能耗高，污染排放大，战略性新兴产业和高新技术产业比重低，规模小；现代服务业特别是生产性服务业发展滞后。经济结构落后，资源依赖性强，产业转型和结构升级缓慢（王录仓等，2017）。这些问题都很大影响兰州经济持续健康发展和省会城市的辐射带动作用，成了兰州市发展中最突出的问题和最大的制约因素（韩刚等，2016；李彤玥，2017），因此，加快产业结构转型升级是兰州经济社会发展的现实要求。

3.3 兰州城市气候效应研究现状

城市化作为城市人口聚集和分布、土地利用方式、工业化水平及趋势的综合表现，其与城市气候有关的特征主要是：城市区域有高密度聚居的非农业人口，集中了高强度的经济活动以及在总体上不同于未开发状态的人工构筑的下垫面，如密集和高低错落的房屋建筑以及与之交错分布的道路网、广场等，在城市区域上空则有较多的积云和含有较多污染粉尘、悬浮物（柳孝图等，1997）。

随着兰州城市化进程的加快，城市规模的扩大，兰州城市化气候效应日益突出。兰州城市化对城市气候的影响首先表现在城郊下垫面性质的差异上，下垫面与大气之间进行着动量、质量、能量和水汽交换。城郊下垫面性质不同，其交换程度和结果也不尽相同，从而影响到大气的性质。使得城市大气在能量平衡和水分平衡方面，表现出与郊区农村明显的差异，从而构成对城市大气的温度、湿度、风、降水和能见度等不同影响。兰州城市的工业生产、交通运输和居民生活向大气排放了大量热量，人为热对城市气候产生了直接影响。在城市的工业生产、交通运输和居民生活中排出的大量污染气体使得大气浑浊，能见度降低；同时，大气中颗粒物的增加，也为云、雾和降水提供了丰富的凝结核；大气污染物吸收大量的太阳辐射，温室气体带来的温室效应也较为明显。由于兰州市上空逆温层深厚和河谷盆地地形所限制，兰州大气污染非常严重，更加剧了城市气候效应。

兰州市作为典型的河谷型城市，在快速城市化过程中，由于自然和人文原因，其城市化气候效应非常显著，相关学者对兰州城市气候效应进行了研究，代表性的研究有：陈仲全等（1988）利用1960~1976年气温资料分析发现：无论冬夏，兰州市的气温均高于周围小城镇，在水平分布上形成了一个以市区为中心的闭合高温区。陈榛妹（1991）利用1950~1980年多年平均气温资料分析得出兰州市热岛的中心位于人口和建筑物密集的城关区，温度由市中心向周围郊区递减，城郊温差约1℃。杨德保等（1994）对兰州的气候变化特征进行了研究，认为兰州城市热岛效应使城区年平均气温升高约1℃；白虎志等（1997）研究了兰州气候变化特征及其城市化发展对局地气候的影响，发现20世纪80年代之后兰州年平均温度相对于60~70年代平均气温的上升幅度是全省平均气温上升幅度的近4倍，其他要素的年、季变化均表现出明显的特征。杨淑华（1999）和赵晶（2001）对兰州城市气候进行了流动观测研究和城郊各气候要素的对比研究。孟东梅（2000）利用城、郊对比法研究了兰州市温、湿状况的基本特征。研究结果表明：城市化有使城市气温升高、地温升高、相对湿度增大、降水量增加的作用；认为兰州市暖干型气候特征越来越明显的结论。赵晶和王乃昂（2002）运用R/S方法、城郊对比法对兰州市近50年来的相关气候要素进行了计算分析，它们存在明显的Hurst现象，反映了兰州市近50年来气候存在趋势性成分，即持续性的城市化气候效应。党瑜（2004）通过查阅历史文献和实际考察，将兰州地区气候现状与历史时期的变化加以对比，剖析其发生变迁的原因，认为对森林的乱砍滥伐，对草原的不合理利用及透支使用，使得兰州地区气候干旱化加剧。白虎志等（2005）利用1958~2003年兰州及周边两个乡村气象站气温资料，研究了兰州城市热岛效应特征和导致热岛效应季节差异及其年代际变化趋势的主要气候因子。结果表明：近40多年来，兰州城市热岛效应一直呈增强趋势，热岛效应在冬季尤为显著。

综合分析兰州市城市气候研究的相关成果，发现主要存在以下不足：①过去的研究大多依靠城、郊气象站的观测数据，利用传统的城郊对比法和历史对比法来研究城市化气候效应；②缺乏实际的观测试验和第一手的试验数据，大多数据是年值数据，时间分辨率较低；③过去的研究方法较为单一，大多是传统的城郊气象数据的对比研究，一些新的方法，如热红外定量遥感和数值模型较少应用；④大多研究只注重城、郊时间序列上的对比研究，缺乏城市空间上的各气候要素的分布特征的研究，对城市气候效应在空间分布格局的研究涉及较少；⑤大多研究注重对城市气候效应的特征分析，缺乏其形成机制的研究，尤其是缺乏利用数值模拟的方法对城市气候效应的形成机制和变化机理进行研究。

参 考 文 献

白虎志，任国玉，方锋. 2005. 兰州城市热岛效应特征及其影响因子研究. 气象科技，33(6)：492-500.

白虎志，张焕儒，张存杰. 1997. 兰州城市化发展对局地气候的影响. 高原气象，16（4）：75-81.

常飞. 2020. 基于生活圈的兰州市主城区公共服务设施与人口适配研究. 兰州：西北师范大学硕士学位论文.

陈浩，权东计，赵新正，等. 2019. 西部欠发达城市人口空间分布与演变——以兰州市为例. 世界地理研究，28（4）：105-114.

陈桃桃，李忠勤，周茜，等. 2020. “兰州蓝”背景下空气污染特征、来源解析及成因初探. 环境科学学报，40（4）：1361-1373.

陈榛妹. 1991. 兰州的城市热岛效应. 高原气象，10（1）：83-87.

陈仲全，何友松，严江平. 1988. 兰州市城市气候初步研究. 西北五所高师院校学术研讨会论文集. 西安：陕西师范大学出版社：166-178.

党瑜. 2004. 生态环境退化对兰州城市气候的影响. 西北大学学报（自然科学版），34（3）：355-358.

邓少福，杨太保. 2011. 城市噪声污染分析与防治措施——以兰州市为例. 城市问题，（10）：91-96.

冯宗富，马丁丑. 2014. 都市农业与生态环境协调发展关系研究——以兰州市为例. 中国农学通报，30（32）：77-82.

高海燕，常千宗，程虎，等. 2019. 兰州市重点区域土壤重金属污染状况监测和评价. 甘肃科技，35（7）：33-38.

高晓丹，李汉菁. 2020. 兰州市大气污染治理成效的初步分析. 农业灾害研究，10（4）：69-70.

郭德弘. 2018. 兰州市空间结构演变对热环境的影响研究. 兰州：兰州交通大学硕士学位论文.

韩刚，袁家冬，李恪旭. 2016. 兰州市城市脆弱性研究. 干旱区资源与环境，30（11）：70-76.

韩杰，李丁，崔理想，等. 2015. 基于GIS的兰州市人口空间结构研究. 干旱区资源与环境，29（2）：27-32.

韩晓，王乃昂，李卓仑. 2012. 近50年兰州市城市化过程的气候环境效应. 干旱区资源与环境，26（9）：22-25.

胡琳，曹红利，张文静，等. 2013. 西安市环境空气质量变化特征及其与气象条件的关系. 气象与环境学报，29（6）：150-153.

胡艳兴，潘竟虎. 2016. 基于土地利用空间格局的兰州市景观稳定性. 中国沙漠，36（2）：556-563.

兰州市地方志编纂委员会. 1999. 兰州市志. 第二卷自然地理志. 兰州：兰州大学出版社.

兰州市统计局. 2020. 兰州统计年鉴. 北京：中国统计出版社.

兰州市统计局，国家统计局兰州调查队. 2021. 2020年兰州市国民经济和社会发展统计公报. http://www.ahmhxc.com/tongjigongbao/21357.html[2021-08-12].

李发荣. 2011. 基于GIS和RS的兰州市生态环境质量纵向评价研究. 兰州：兰州大学硕士学位论文.

李虹. 2018. 基于RS和GIS的兰州市城镇化时空过程研究. 兰州：兰州大学硕士学位论文.

李彤玥. 2017. 基于"暴露—敏感—适应"的城市脆弱性空间研究——以兰州市为例. 经济地理，37（3）：86-95.

刘延兵，丁仁平. 2018. 兰州主要城市地质环境问题探析. 城市地质，13（4）：8-13.

柳孝图，陈恩水，余德敏，等. 1997. 城市热环境及其微热环境的改善. 环境科学，18（1）：54-58.

马珊，李忠勤，陈红，等. 2019. 兰州市采暖期空气质量特征及污染源分析. 环境化学，38（2）：344-353.

孟东梅. 2000. 兰州市温湿变化特征研究. 兰州：兰州大学硕士学位论文.

祁斌，王剑锋，王华，等. 2001. 兰州市大气污染的特点及主要原因分析. 陕西气象，（6）：18-20.

乔蕻强. 2017. 兰州市城市化与生态系统服务价值的耦合关系定量研究. 水土保持通报，37

（4）：333-337.

孙於春. 2015. 兰州市地下水污染及防治对策研究. 地下水，37（6）：84-86.

汪新，安兴琴. 2006. 兰州市污染物排放及能源状况分析. 甘肃科技，22（10）：5-8.

汪旭中. 2020. 兰州现代城市总体规划主导下的用地空间格局演变研究. 兰州：兰州交通大学硕士学位论文.

王川. 2019. 基于生态系统服务供需匹配的兰州市生态安全格局构建. 兰州：西北师范大学硕士学位论文.

王海琛. 2019. 近20年来兰州市土地利用景观格局变化及驱动力分析. 兰州：兰州大学硕士学位论文.

王利军. 2018. 兰州市基础设施建设与城市发展的协调性分析. 兰州：兰州财经大学硕士学位论文.

王录仓，史凯文，梁珍. 2017. 城市脆弱性综合评价与动态演变研究——以兰州市为例. 生态经济，33（9）：137-141，179.

王乔乔，孙鹏举，刘学录. 2021. 兰州市城市建设用地结构演变及影响因素分析. 国土与自然资源研究，（2）：39-43.

魏瑛，代立兰. 2010. 兰州的植被与环境. 中国林业，（1）：55.

乌亚汗. 2019. 面向生态系统服务功能提升的土地整治分区研究. 兰州：西北师范大学硕士学位论文.

吴巧娟，赵育俊，肖志强. 2021. 兰州市和陇南市温度降水变化趋势对比分析. 现代农业科技，（4）：173-175.

吴亚亚，刘学录. 2019. 兰州市城市化与土地集约利用耦合协调性及关联分析. 中国农学通报，35（24）：82-88.

夏敦胜，余晔，马剑英，等. 2007. 兰州市街道尘埃磁学特征及其环境意义. 环境科学，28（5）：937-944.

徐玉玲，冯巩俐，蒋晓煜，等. 2020. 兰州市某交通干道土壤重金属分布特征及其对绿化植物的影响. 应用生态学报，31（4）：1341-1348.

杨德保，王式功，王玉玺. 1994. 兰州城市气候变化际热岛效应分析. 兰州大学学报（自然科学版），30（4）：161-167.

杨强，刘学录，鲁学孟. 2021. 兰州市农村建设用地整治潜力评价. 国土与自然资源研究，（1）：1-5.

杨淑华. 1999. 兰州城市气候研究. 兰州：兰州大学硕士学位论文.

杨颖丽，李琼，马婷，等. 2017. 兰州市交通干道土壤重金属污染及其对植物的影响. 兰州大学学报（自然科学版），53（5）：664-670.

姚尧. 2020. 基于多源数据的兰州主城区功能结构研究. 兰州：甘肃农业大学硕士学位论文.

张伯尧. 2009. 兰州市菜地土壤和蔬菜重金属含量及其健康风险评估. 兰州：甘肃农业大学硕士学位论文.

张虎才, 张林源. 1987. 兰州城市地貌与社会环境问题. 兰州学刊, (6)：105-111, 116.

张俊华, 巨天珍, 任正武, 等. 2003. 黄河兰州段水质污染状况分析. 国土资源科技管理, 20 (4)：47-50.

张亚群, 尚婷婷, 曹素珍, 等. 2019. 兰州市土壤重金属污染特征及其健康风险评价. 环境与健康杂志, 36 (11)：1019-1024.

张志斌, 李夏. 2005. 兰州市环境污染变化及防治对策. 干旱区资源与环境, 19 (6)：183-187.

张志斌, 潘晶, 达福文. 2012. 兰州城市人口空间结构演变格局及调控路径. 地理研究, 31 (11)：2055-2068.

张志斌, 潘晶, 李小虎. 2013. 近30年来兰州市人口密度空间演变及其形成机制. 地理科学, 33 (1)：36-44.

赵晶. 2001. 兰州城市气候研究. 兰州：兰州大学硕士学位论文.

赵晶, 王乃昂. 2002. 近50年来兰州城市气候变化的 R/S 分析. 干旱区地理, 25 (1)：90-95.

赵玉峰. 2020. "双城记"：西安和兰州人口集聚趋势对比及启示. 中国经贸导刊, (24)：68-71.

周斌. 2012. 甘肃省城市地下水资源衰减与短缺现状分析. 地下水, 34 (2)：42-44.

周文霞, 石培基, 王永男, 等. 2017. 河谷型城市生态系统服务价值效应——以兰州为例. 干旱区研究, 34 (1)：232-241.

朱文冲. 2017. 人口老龄化背景下长期护理保险需求的研究. 兰州：兰州财经大学硕士学位论文.

祝合勇, 杨太保, 金庆森. 2011. 兰州市城区大气污染现状及防治对策分析. 环境科学导刊, 30 (2)：48-52.

第4章 河谷型城市气候效应多时间尺度变化特征

4.1 观测实验和数据资料

1) 波文比系统观测实验

（1）观测实验地点与时间。2006年5月～2007年6月，在位于兰州市城关区的兰州大学盘旋路校区（市中心）和位于兰州市榆中县的兰州大学榆中校区（郊区），各安装一部Monitor SL5波文比系统进行了1年的连续同步对比观测实验（图4-1，图4-2）。在此之前于2005年8月在兰州大学盘旋路校区进行一次观测实验。仪器设置每10分钟（部分时段进行5分钟间隔的加密观测）自动测量一组数据，连续一年不间断观测共得到近80万个数据。

图4-1 兰州市城区（兰州大学盘旋路校区）　　　图4-2 兰州市郊区（兰州大学榆中校区）
观测实验　　　　　　　　　　　　　　　观测实验

（2）观测要素和推算要素。每部Monitor SL5波文比系统观测要素包括：距离地面0.5m处空气的温度和湿度、距离地面1.5m处空气的温度和湿度、风速、净辐射、土壤热通量共7个气象要素。观测实验期间，在盘旋路校区利用动槽式水银气压表和空盒气压表进行了大气压观测。

根据观测数据，推算得到15个气象要素：上层距地1.5m处的水汽压、相对湿度、露点温度、饱和水汽压、饱和差、比湿；下层距地0.5m处的水汽压、相对湿度、露点温度、饱和水汽压、饱和差、比湿；显热通量、潜热通量和波文比值。

对于各个传感器和数据采集器的数据采集间隔，在一年的观测中，设置为10分钟的采集间隔，在配合流动观测的过程中，为了更加精确，进行了加密观测，传感器的数据采集时间设置为5分钟的采集间隔。

（3）Monitor SL5波文比系统的主要组成与技术指标。波文比系统是测量地-气能量交换的核心技术，主要进行地表通量（辐射通量、显热通量、潜热通量、土壤热通量）和陆面过程监测研究。测量的要素包括两个高度的空气温差和水汽压差、净辐射、土壤热通量和风速（表4-1）。Monitor SL5波文比系统传感器的技术参数见表4-2，可以增加其他外设来组成整个系统。通过监测、计算波文比β，可计算得出蒸发面与大气间的潜热及显热通量，得到净辐射能在生态系统内部各处的分配比例及规律，这是气象学、水文学和现代农田生态学等学科研究的热点问题。波文比系统应用领域主要包括区域气候变化、干旱区研究、城市绿地生态效应研究、农业生态研究、森林生态研究等研究领域。通过城区和郊区下垫面-大气能量通量、水分通量的观测，进行陆面过程和水热平衡的研究。基于波文比系统观测数据，利用城市地-气能量平衡模型和波文比模型来对兰州城市气候的变化机理进行研究。

表4-1　Monitor SL5波文比系统的主要组成

组成部分	用途
数据采集器	512K 内存，P&P接口，内置采集程序，蓄电池或太阳能供电
干湿球温度传感器（上层）	测定距地1.5m处空气的温度和湿度
干湿球温度传感器（下层）	测量距地0.5m处空气的温度和湿度
传感器护罩	保护空气温、湿度传感器，防辐射干扰
净辐射传感器	测量 400～700nm 波长的光辐射量
土壤热通量传感器	测量土壤热通量
风速传感器	测量风速
太阳能板	给系统供电
免维护充电电池	给系统供电
充电器	BT系列电池充电器

表4-2　Monitor SL5 波文比系统传感器的技术参数

传感器	技术参数
风速传感器	测量范围：0.2～40m/s；精度：±2%
空气温度传感器	测量范围：−20～60℃；精度：±0.1℃
净辐射传感器	测量范围：SR2：0～200W/m²；精度：±5%
土壤热通量传感器	热传导率：0.4W/（m·℃）；精度：21μV/（W·m²）

（4）仪器的安装、设置和维护。波文比系统主桅杆的安装保持垂直，用H型支架、三脚架或掩埋于地下1m深处。太阳能面板面向南方，倾斜角度45°，以最大程度的利用太阳能。各缆线从桅杆中穿过，防止暴露在空气中。净辐射传感器安装于主桅杆上面的横杆上；空气温、湿度等传感器安装在传感器保护罩内；土壤热通量的测量将电缆线从主桅杆引到被测点，缆线埋在浅层土中，土壤热通量板埋藏于地下10cm处。其他传感器根据具体情况安装在相应的位置。

数据的采集主要包括超级终端的设置、传感器的检测、程序设置、数据的读取及数据的下载等操作。准备工作做好后，通过RS232接口与便携式电脑连接，开始数据采集器的初始化和设置，数据采集器无需专门的软件，通过Windows自带的"超级终端（hyper terminal）"与电脑进行通讯，进行系统设置以及设置数据采集的时间间隔。

在常年的观测实验过程中，需要经常打开机箱，观察数据采集器上的LOG灯，如已不闪烁，需要即时查明原因，更换蓄电池，以恢复系统供电，保证大容量铅酸蓄电池电压大于12V，数据采集器电压大于6.2V；此外还要保持净辐射传感器球型罩充满气体，如果亏气，要用气筒等工具补气。保持太阳能板的清洁，保持太阳辐射传感器的清洁，清扫蛛网等杂质；检查风向、风速传感器的运行情况；检查缆线的连接；校准各传感器，以保证测量精度。

（5）其他要素的推算。利用波文比系统直接实测7个气候要素：上层即距地1.5m处的干球温度和湿球温度、下层即距地0.5m处的干球温度和湿球温度、风速、净辐射、土壤热通量。观测实验期间，在盘旋路校区利用水银气压计和空盒气压表进行了大气压监测。

根据相关气候要素推算公式和中央气象局编制的湿度查算表（甲种本）得到12个气候要素值：上层即距地1.5m处的水汽压、相对湿度、露点温度、饱和水汽压、饱和差、比湿；下层即距地0.5m处的水汽压、相对湿度、露点温度、饱和水汽压、饱和差、比湿；在推算过程中用到的大气压值是根据实验室动槽式水银气压表和空盒气压表在实验期间的观察值，干湿球系数（A_i）采用通风干湿表（通风速度2.5m/s）湿球未结冰时的干湿球系数（A_i）0.662×10^{-3}（℃$^{-1}$），湿球结冰时的干湿球系数（A_i）0.584×10^{-3}（℃$^{-1}$）。首先用干湿球温度查的订正参数n值，然后用订正参数n值和本站气压值查得干湿表的湿球温度订正值，进行湿球温度的订正，最后用干球温度和订正后的湿球温度来查的水汽压、相对湿度、露点温度。根据这三个参量之间的内在关系可以求得饱和水汽压和饱和差。在实验数据处理中，为了减轻工作量，一些参数是根据公式推算得来。

2）气象站数据

从甘肃省气象局获取了研究区及周边的地面气象观测站包括：兰州、榆中、皋兰、靖远、永登、白银、永靖、临洮、华家岭、乌鞘岭等气象站自建站以来的日值、月值气象数据。

4.2 城、郊对比参考站的选取

在应用城、郊对比法研究城市气候效应时，对于气象站数据的选取，最好用城区各站点气候要素平均值与附近郊区各站点气候要素的平均值来表示，这种方法能在一定程度上滤除区域气候变化对城市气候的影响。以兰州中心气象台（36°03′N、103°53′E，海拔1517m）代表城区站，兰州是西部较早建立气象仪器观测的城市之一，从20世纪30年代至今已有75年的资料序列，其中观测场虽然历经两次搬迁，但均在50年代中、前期且均位于东城区，相距很近，高度差别小，这不影响数据序列的连续性和准确性。

在城市气候研究中，作为参考站的郊区观测站点的选择十分严格，它必须与城区站处于同一气候区中，具有相同或相近的地理位置、地形状况，并且不受城市化影响或影响较少。对于郊区气象站点的选择，前人研究中郊区站的选择有：皋兰站（杨德保等，1994）；榆中站和皋兰站（孟冬梅，2000）；靖远站（赵晶，2001）；榆中站和皋兰站（白虎志等，2005）。以榆中站、皋兰站和靖远站的平均值作为郊区气候要素参考值，此种多站点方法是准确研究城市强度比较好的方法，较前人的研究中单纯以某一个郊区站为参照更为准确，更能真实反映兰州市的热岛强度。

选择榆中气象站、皋兰气象站、靖远气象站等受城市化影响弱或无影响的乡村站作为对比站。榆中站（35°52′N、104°09′E）位于兰州市东南约30km，海拔1874m；皋兰站（36°21′N、103°56′E）位于兰州市以北约50km，海拔1670m；靖远站（36°34′N、104°40′E）位于兰州市东北约80km，海拔1398m。

在城郊气候分析中，个别气象站由于受城市扩展的影响，也存在轻微的城市化效应，但相对影响较小。其中，皋兰和榆中气象站海拔高度相近，周围以农田为主，测点附近地势较平坦，基本未受城市化影响，是比较标准的乡村站（白虎志等，2005）。结合实际观测，对比选取不同的乡村站作为参考站。这种城郊的气温差已消除了兰州地区气候本身变化的因素，可认为它能反映同一大气候条件下两点间的小气候差别，可反映由于城区建设、工业发展和下垫面性质改变等人为增热所引起的气温变化（杨德保等，1994）。

为了更加准确的研究兰州城市气候效应的日变化、周变化、月变化和季节变化，从2006年5月至2007年6月在兰州市区兰州大学本部和榆中县兰州大学榆中校区，利用两套Monitor SL5波文比系统同时进行了不间断的对比观测，其各个观测要素较为精确，采集数据间隔为10分钟，加密观测的时间段，采集间隔为5分钟，在测量前对每部仪器都进行了校准。这样为研究兰州市城乡气候差别提供了有力的数据支持。为了说明城市化对气候的影响，其中应用了城郊对比法和历史对比法。

4.3　兰州市热岛效应

人们对城市气候效应的关注，最早就是从城市热岛效应开始的。最早发现城市气候效应的英国学者霍华德（Howard）就是根据伦敦市区与郊区的气温记录，得出市区各月平均气温比郊区高。其后各国学者陆续观测了各大大小小的城市，发现无论在中高纬度或低纬度都有城市气温比郊区高的现象。城市热岛就成为城市化气候效应中最典型的特征之一。在我国，宋代诗人就有"城市尚余三伏热，秋光先到野人家"的诗句。所以，城市热岛效应是人类首次关注城市气候特征的开端。

城市热岛气温剖面有如下特征，由农村至城市边缘的近郊时，气温陡然升高，称之为"陡崖"。到了市区气温梯度比较平缓，因城市下垫面性质的地区差异而稍有起伏，称之为"高原"。到市区市中心人口密度、建筑物密度及人为热释放量最大的区域，气温更高，称之为"山峰"，它与郊区农村的温差 ΔT_{u-r} 称之为热岛强度。城市热岛气温剖面图可以直观地显示城市气温高于郊区的特征。（周淑贞和张超，1985）。

4.3.1 兰州城市热岛的形成因素

总结各地城市热岛的形成因子，可以综合为三个方面：城市下垫面性质、人为热和天气形势。兰州市在这些方面表现尤为突出，而且在某些方面有其特点，人为和自然的因素综合作用使得兰州城市热岛效应较其他城市表现更加明显。

（1）下垫面因素。人工构筑的不透水下垫面面积不断增加。由于城市化进程的加快，原来的下垫面逐渐被人工构筑的各种类型的下垫面所代替，导致兰州市下垫面类型发生了巨大的变化，城市下垫面不透水面积增大，城市中除少量的人工绿地外，绝大多数为人工铺砌的道路、建筑物，大多以混凝土、沥青等物质为主。降水后，雨水很快从排水管道中流失，因此其可供蒸发的水分比郊区小。这在能量平衡中，其所获得的净辐射用于蒸散的潜热远比郊区小，用于下垫面增温和空气输送的显热要比郊区多，这就使得城区下垫面温度比郊区高。下垫面热力性质发生了改变，城市中各种建筑材料的热容量和导热率较大，这使得城区地面储存了较多的热量，通过地-气交换加热了近地层大气。辐射性质发生了改变。城区建筑物高低起伏，是钢筋混凝土的"森林"，太阳辐射在其内部被多次反射和吸收，这使得城区要比郊区获得更多的太阳辐射，城市覆盖层内部风速要比郊区小，热量也不易散失。

（2）城市中大量的人为热、温室气体释放进入了大气，这些人为热的来源包括人类生产生活以及生物的新陈代谢所产生的能量，工业生产、家庭炉灶、机动车等燃烧化石燃料释放的热量和空调等排放的热量急剧增加。城市中温室气体如二氧化碳远比郊区多，其增温效应很明显。

（3）在稳定、静风或弱风、无云或云量少的天气形势下，较有利于热岛的形成，以及热岛强度的增强。

（4）兰州是一个大气污染较为严重的城市，在白天大量的污染物吸收太阳辐射能和大气辐射，尤其是长波辐射，使大气增温，同时使到达地面的太阳直接辐射减弱，称为"阳伞效应"；到了晚上，污染物可以增强长波逆辐射，使所产生的长波净辐射损失减少，加强夜间城市热岛强度。

（5）兰州是一高原河谷型城市，河谷相对高差达500～600m，尤其城区是一个几乎封闭的盆地，其特殊的地形和气象条件使得城市上空容易形成逆温层，尤其在冬季表现明显。周围山体的阻挡，逆温层深厚及静风频率高，这些因素阻碍了城市热量的扩散，有利于热岛强度的加强。

4.3.2　兰州城市热岛强度的度量方法

城市热岛的定量化方法主要采用对比法，包括城郊气温对比法、历史对比法、类型对比法和城市内部不同性质下垫面对比法。其中，前两种方法城郊气温对比法和历史对比法应用比较广泛，前者是在同一时间对城市和郊区气温进行对比，即一种横向比较；后者是在同一城市在其城市化发展不同阶段气温的前后对比，即一种纵向比较，为了研究城市化的影响，在进行城郊气温对比时，在观测点的选择上，应注意其代表性和典型性，在进行城市发展过程中气温的前后对比时，要滤去区域气候变化的影响。在对城市热岛的分析中，同时结合相关分析法来分析城市热岛的平面结构和垂直结构，来解释城市下垫面热场的分布和结构特征。对于城市热岛效应的研究，通常根据某区域的下垫面性质、城市土地利用状况、地表环境特征等具体条件来分别选择 N 个具有代表性的城区和郊区气象观测点，一般选取市区各站点（ U ）的气温平均值与郊区各站点（ R ）的气温平均值的差值 $\Delta T_{u\text{-}r}$ 作为衡量城市热岛强度的指标，式（4-1）为其表达式：

$$\Delta T_{u\text{-}r} = \left[\left(U_1 + U_2 + \cdots + U_n\right) / N\right] - \left[\left(R_1 + R_2 + \cdots + R_n\right) / N\right] \quad (4\text{-}1)$$

关于 $\Delta T_{u\text{-}r}$ 的大小及其持续的时间现在还没有一个统一的标准，有的学者定义，若某一天 $\Delta T_{u\text{-}r} > 1℃$ 持续3h以上，则称该天出现热岛效应。不过 $\Delta T_{u\text{-}r}$ 的大小则直接反映了热岛效应的强度。

4.3.3　热岛强度的日变化特征

Oke（1982）研究指出，中纬度城市理想状况（地形平坦、天气晴朗、风速小）下，热岛强度很大程度上是夜间现象，并给出了城郊气温日变化和城市热岛强度日变化的模式。

根据兰州市区和郊区的两部Monitor SL5波文比系统一年的连续观测数据，可以对全年每一日城郊热岛强度进行研究。对于热岛强度的日变化的分析，一般选取晴朗稳定、无风的天气最佳，相关研究表明当风速达到一定临界值的时候，热岛效应将不再存在。通过分析兰州市全年12个月热岛强度的日变化，如图4-3所示，兰州市在一年中均存在热岛效应，而且热岛强度的日变化特征比较明显。

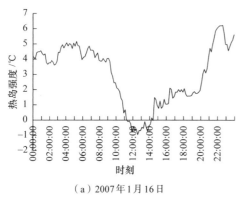

（a）2007年1月16日

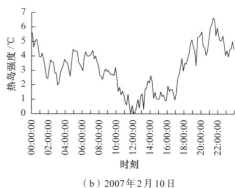

（b）2007年2月10日

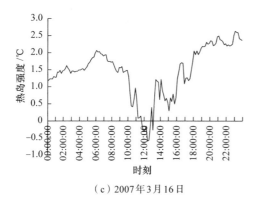

（c）2007年3月16日

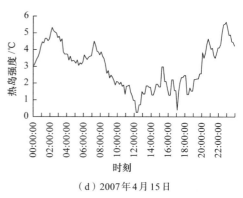

（d）2007年4月15日

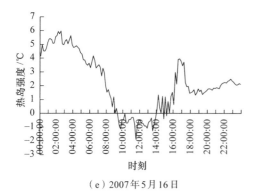

（e）2007年5月16日

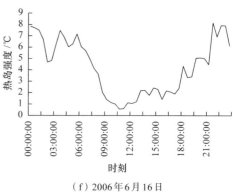

（f）2006年6月16日

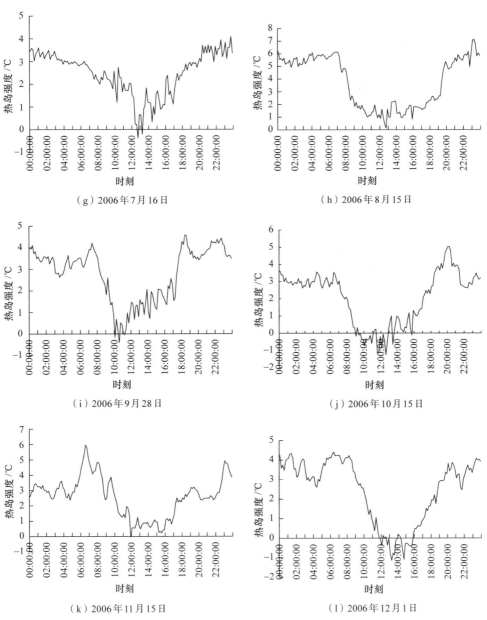

图4-3 兰州市全年热岛强度日变化

总体来看，兰州热岛强度都是夜间强，白昼弱，在某些正午，还会出现城区温度低于郊区温度的"冷岛"效应。一日中，热岛强度最高的时段主要集中在子夜前后，因此，热岛效应在夜间最显著，这主要和城、郊热量收支状况不同及城乡气温递减率的差异有关。以较为典型的2006年7月15日为例，如

图 4-4，在正午 11:30～13:30 这段时间，城郊气温差别不大，平均在 0.5℃，甚至出现郊区气温高于城区气温 0.5℃的城市"冷岛"现象，从一年的观测分析来看，"冷岛"现象持续的时间较为短暂或者不出现城市"冷岛"现象。在 13:40 榆中测点迎来了当天的最高温 32.7℃，自此以后郊区气温逐渐开始下降，而在市区测点直到 17:30 才迎来当天的最高气温 35.3℃，自此以后城区气温逐渐开始下降，在这个过程中，郊区气温到最高值并开始下降时，城市热岛强度也同步开始逐渐增强，到晚上 21:40 时，热岛强度达到最大值 3.9℃；从热岛强度达到最大值到日出前的夜间这段时间，热岛强度虽有减弱，但是变化幅度不大，热岛强度仍维持在一个高位值；直到日出，热岛强度减弱幅度开始迅速加大，在较短的时间内热岛强度迅速降低，在 7 月 15 日这一天，在 6:50，热岛强度是 3.5℃，但到 8:30 时，热岛强度已经减弱到 0.6℃。

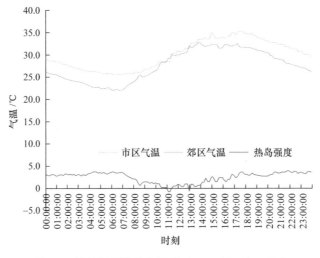

图 4-4　城郊气温及热岛强度（2006 年 7 月 15 日）

　　分析整个过程，在午间城郊温差相差不是很大，甚至郊区的温度要高于城区的温度。午后随着太阳高度角的减小，郊区空旷，天穹可见度大，有效辐射强，大气失热快，特别是日落前后，空气层结稳定，降温率更大。郊区在日落后净辐射值转变为负值。城区因下垫面温度高，白天积蓄的热量多，地面长波辐射和湍流显热提供给大气的热量多，夜间的风速又比郊区小不利于热量向外扩散，因此城区气温下降缓慢，相对于快速降温的郊区大气来说，形成夜间城市热岛（束炯等，2000）；日出后，随着太阳高度角的逐渐增大，郊区因土壤热容量小而迅速增温，由于城市建筑物密集，地面受热少，热容量大，因此近地面大气增温率小于郊区空旷的田野，这使得城郊温差明显减少。到了近中午的时候，随着风速的增大，湍流作用的增强，城区和郊区大气在水平和垂直方向上的混合作用增强，城郊气温差别更小，热岛甚至消失，有时出现城区气温低于郊区气温的"冷岛"效应。这个变化模式，不仅在中纬度，在低纬度和高纬度地区基本上也是大致相似的，不过夜间热岛最大强度出现的时间各不相同。我国的广州、上海、南京、北京等城市的热岛强度的日变化也大致与此类似。

▌4.3.4 热岛强度的季节变化特征

　　总结世界上相关学者对许多城市的热岛强度季节变化的研究成果，发现各城市热岛强度的季节变化没有一致的规律和模式，这主要是受区域气候条件和城市人为因素的影响，而有不同的特点，图4-5是兰州城郊逐月平均热岛强度分析。

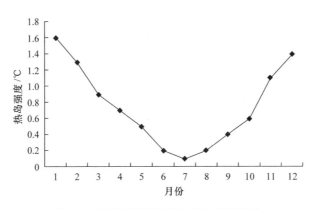

图4-5　兰州城郊逐月平均热岛强度变化

　　兰州四季热岛强度的变化规律是冬季最强，夏季最弱，春秋居中。主要原因是兰州地处季风气候边缘区，冬季受干冷的西伯利亚来的气团控制，湿度小，云量少，利于热岛的形成与发展。此外，冬季气温低，大气层结稳定，下垫面辐射冷却剧烈，尤其郊区，由于植被干枯，地表裸露，土壤冻结，空气流通、辐射冷却更强烈，因而郊区失热多于城区。另外，冬季正值采暖期，城市人为热量比冬季多。兰州市冬季逆温层发展深厚，表4-3是兰州四季贴地逆温层平均厚度（陈榛妹，1981；杨淑华，1999），从中可以看出兰州冬季逆温层最厚。这样使得城市覆盖层内部的热量不易散失，大气中的烟尘等污染物不易扩散，致使浓度增大，使得城市大气逆辐射增多；加上冬季太阳高度角小，城区下垫面吸收太阳辐射多于开阔的郊区，因此城区收入的热量多于郊区；此外，兰州城区冬季静风天气较多，有利于热岛的形成。夏季阴雨天气多，不利于热岛的形成与发展。夏季城区人为热和大气逆辐射比冬季相对减小，城、郊的热量收入相差不大，不利于热岛的发展。

表4-3　兰州四季贴地逆温层平均厚度（陈榛妹，1981）　　（单位：m）

时刻	1月	4月	7月	10月
7:00	672	399	356	453
19:00	210	78	109	164

4.3.5　热岛强度的年际变化特征

为了更加准确的反映兰州城市热岛强度的年变化，将兰州站东南的榆中站、以北的皋兰站、东北的靖远站和以西的永登站四个站的平均值作为研究兰州城市热岛强度的参考站，这样更加准确，能够滤去区域气候变化的影响，能真实反映兰州热岛强度值，较前人的研究中单纯以某一个郊区站为参照更为准确。这种气温差已消除了兰州地区气候本身变化的因素，可认为它能反映同一气候条件下两点间的小气候差别，可反映由于城区建设、工业发展和下垫面性质改变等人为活动所引起的气温变化。从图4-6可以看出，兰州市在近五十年的过程中热岛强度逐渐上升，越来越强，到2004年已经达到3.9℃，而且这种趋势还在持续；从表4-4分时段进行分析也可以看出这种趋势。

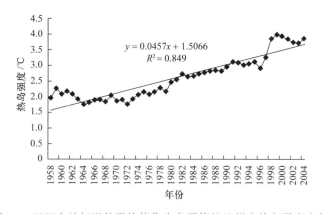

图4-6　以四个站气温的平均值作为参照值的兰州市热岛强度变化

表4-4　1960～2000年兰州与各参考站之间的温差统计　　（单位：℃）

	1960～1970年	1971～1980年	1981～1990年	1991～2000年
兰州-榆中	2.3	2.6	3.1	3.6
兰州-靖远	0.3	0.5	1.7	1.0
兰州-皋兰	2.0	2.2	2.7	3.2
兰州-永登	3.1	3.2	4.4	4.7

选取榆中和皋兰气象站，以各自作为参考站，对分别得到的兰州城市热岛强度进行了对比，如图4-7所示，两条趋势线近乎平行，热岛强度的增幅基本一致，尤其以皋兰站作为参照站得到的热岛强度趋势线斜率和四站平均值作为参照得到的热岛强度的一致。图4-8是以兰州中心气象台代表城区站，选取与之处于同一区域气候条件下的皋兰气象站代表郊区站，分析近40年来兰州城郊年平均气温差、年平均最高气温差及年平均最低气温差的变化。可以看出兰州市城郊年平均

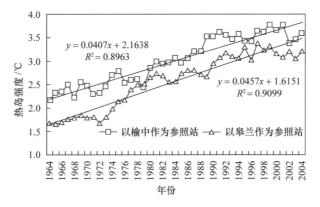

图4-7　分别以榆中站、皋兰站作为参考站得到的兰州市热岛强度

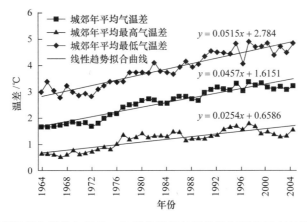

图4-8　兰州城郊年平均气温差、年平均最低气温差及年平均最高气温差的变化

气温差、最高气温差和最低气温差在近40年都呈逐渐增长的趋势。从其增长的速率来看，城郊年平均最低气温差增长最快；城郊年平均气温差次之，城郊年平均最高气温差较前二者增长较慢，这表明热岛强度在最低气温上的表现最突出。

分时段来看，兰州城区与皋兰1960～1970年年平均温差是2.0℃，1971～1980年平均温差是2.2℃，1981～1990年平均温差是2.7℃，1991～2000年平均温差是3.2℃。这说明从20世纪80年代以来兰州市区热岛效应更加显著，热岛强度越来越大。1980年以后的两个10年的城、郊平均温差相对于1980年之前的两个10年的城郊平均温差要大得多，这说明在20世纪80年代以后，城市热岛效应的强度加剧。

与兰州市的气温变化相耦合的是，20世纪80年代以来，兰州市城市化和工业化速度进入了一个高速增长的时期。市区面积由1941年设市时的16km^{2}迅速扩展到目前的1631.6km^2；人口也由当初的8.6万人剧增到2019年的379.09万人；目前，城区核心区人口密度已突破5万人/km^2；城市道路面积由1950年的65.75万m^{2}增长到1998年的913万m^2；地区生产总值由1952年的1.13亿元增长到2006年的638.47亿元；全市的工业生产总值由1979年38.7亿元增长到1998年345.8亿元，20年时间增长了近10倍。在此期间，兰州市下垫面类型、下垫面热力性质发生了巨大的变化，大量工业企业和300多万人的生产生活释放了大量的人为热和温室气体。兰州是一个大气污染较为严重的城市，大量的污染物吸收太阳辐射能和大气辐射能，使近地层大气增温。此外，兰州是一个高原河谷型城市，河谷相对高差达500～600m，城区是一个几乎封闭的盆地，其特殊的地形和气象条件使得城市上空形成了深厚的逆温层，尤其在冬季表现明显。周围山体的阻挡，逆温层深厚及静风频率高，这些因素阻碍了城市热量的扩散。一般而言，城市热场的形成因子可以综合为三个方面：城市下垫面性质；人为热、温室气体和大气污染；天气形势和大气条件。兰州市在这些方面表现尤为明显，这些人为和自然因素的综合作用使得兰州市城市热环境较其他城市表现更加突出。

4.4   兰州市干、湿岛效应

4.4.1   城市干岛效应

城市具有特殊的人工构筑的下垫面，下垫面以建筑物和人工铺砌的坚实路面为主，大多数为不透水层。构成城市景观的厂房、住宅、公共设施、人造路面等因具有良好的人工排水系统，降水后雨水很快沿屋顶、路面汇入人工的排水管渠流失，留存在地面上的水分非常少，故地面比较干燥。此外，城市植被覆盖面积小，其水分来源少，与地下水之间被人工构筑面所隔离。因此，城市的自然蒸发弱，蒸腾量比郊区小，空气含水量少。城市下垫面粗糙度大，其物理性质比较特殊，其对近地层空气的影响非常强烈，尤其在白天时段表现尤为明显。再加上热岛效应，空气层结较不稳定，其机械湍流、热力湍流都比较强，这在日出后表现较为突出，近地面有限的水汽通过湍流不断上传扩散，这使得白天城区的绝对湿度相对于郊区要小。这在植物生长茂盛的季节和白昼比较显著，郊区白天蒸散量非常大，空气绝对湿度要大于城区，因此城区形成城市干岛效应。如表4-5，兰州市无论在白天，还是夜间，水汽压和相对湿度都要小于乡村，尤其相对湿度体现较为明显，形成了非常明显的城市干岛效应。

表4-5　兰州城、郊7月份水汽压和相对湿度日变化

项目	水汽压/hPa				相对湿度/%			
	2:00	8:00	14:00	20:00	2:00	8:00	14:00	20:00
兰州	14.7	14.9	14.0	14.3	66.9	70.1	46.5	49.3
靖远	15.9	16.6	15.8	16.1	72.9	78.0	50.5	58.8
城郊差值	−1.2	−1.7	−1.9	−1.7	−6.0	−7.8	−4.1	−9.5

由于有城市热岛效应的存在，城区的气温要高于郊区气温，城区的饱和水汽压要高于郊区空气的饱和水汽压，这使得城市空气的相对湿度比郊区的相对湿度更低、城郊的相对湿度差异更为显著。尤其是在夜间，中纬度城市的相对湿度可以比郊区低30%以上。Chandler（1967）根据英国莱斯特一个夏天晴夜和微风条件下的观测资料发现，绝对湿度最大值出现在市中心，最小值出现在郊区，相差达1.8hPa，同时发现在城乡接合部绝对湿度发生突变，绝对湿度梯度很大，但白天城区的绝对湿度比郊区低。

4.4.2　城市湿岛效应

夜间在静风或小风天气、城市热岛较强的情况下，郊区由于下垫面温度及近地气温下降比城区快、凝露量大，空气中水汽含量迅速减少；而市区因热岛效应，温度较高，凝露量小，湍流强度又比白天弱，水汽上传量减少，故出现

城区水汽含量比郊区大的"城市湿岛"现象，称"凝露湿岛"。城市与郊区除凝露作用的差异产生湿岛外，结霜、融霜、雾天、下雨的差异也会产生城市湿岛现象，分别称之为"结霜湿岛"、"融雪湿岛"、"雾天湿岛"和"雨天湿岛"。周淑贞和张超（1983）曾对上海市区和近郊的26个测点的逐时气温和湿度观测资料进行分析，发现城市的空气白天比郊区干得多，但夜间稍湿，上海在夜间出现"湿岛"，而白天出现"干岛"。由于绝对湿度在昼夜间发生相反的变化，Chandler把夜间城区大于郊区的绝对湿度分布称为"湿岛"，白天的分布称为"干岛"。所以，城市的干、湿岛效应实际上是一种日变化。通过对兰州市区气象站与周边乡村气象站观测得到的空气水汽压和相对湿度进行对比分析，如表4-5，发现兰州市市区相对于周边乡村，城市湿岛效应并不明显，在一年中的很多时段不存在湿岛效应。但在兰州城区内部，湿度的空间分布并不均匀，在一些区域出现与周边区域而异的城市湿岛。

4.4.3 城、郊湿度的年际变化

从近50年兰州市城、郊相对湿度的年际变化趋势来看，如图4-9所示，郊区近50年以来相对湿度变化不大，在1966年之前，城、郊相对湿度基本相同，相对湿度差为0或正值，但城区的相对湿度从20世纪70年代初开始，呈现逐渐递减的趋势，这样使得城郊相对湿度的差值也越来越大。这与兰州城市化速度加快，各种人工构筑的下垫面面积快速增加有密切的关系。这样使得城市相对于郊区越来越干燥，城市干岛效应越来越强。

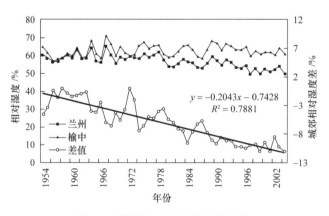

图4-9 城郊相对湿度的年际变化

4.4.4 城、郊湿度的季节变化

兰州市城区和郊区绝对湿度的季节变化在一年中有比较明显的变化趋势，如图4-10所示。在夏季7月，城区和郊区的水汽压都达到一年中的最大值，这主要是由于在夏季蒸散发较为强烈；在冬季1月，城区和郊区的水汽压为一年中的最小值，因为在冬季蒸散作用较弱，这和气温的季节变化较为相似。一年中城、郊水汽压差最大的月份出现在夏季7月，城市的干岛效应最为显著，在冬季城市几乎没有干岛效应，夏季虽然城郊都达到蒸散作用最强的时间，但是由于城市植被覆盖率低，所以蒸散量要比郊区少。冬季，城郊蒸散量都小，但是由于兰州市城区有黄河穿城而过，给城区空气补充了部分水汽。因此，城区冬季湿度并不比郊区低，反而在1月的时候，平均水汽压要比郊区大0.1hPa。

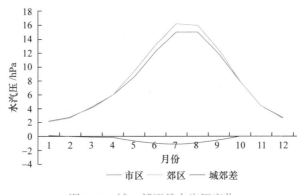

图4-10　城、郊逐月水汽压变化

城市与郊区相对湿度差与温度有关，因城市气温高于郊区，即使在水汽含量相等的情况下，由于城市饱和水汽压要比郊区高，这导致城市内相对湿度也会比郊区低。城郊间相对湿度差的季节变化因受地理位置和气候条件的制约，会出现一些特殊的规律（潘守文，1994），如上海城区和郊区的相对湿度的差值以6月为最小，10月最大。从兰州城郊多年月平均相对湿度的变化趋势图分析，如图4-11所示，在一年四季，基本上城区相对湿度要小于郊区，平均要小4%，而且城郊相对湿度差的变化幅度不大，较为平缓，只有春、秋季的4月和10月，相对湿度差较小，为2%。因此，城市和郊区相对湿度差值的季节变化，既受绝对湿度差值的季节变化的影响，又因热岛强度的季节变化而异。在不同类型气候区域的城市，其季节变化各具特色，不像绝对湿度的季节变化那样简

单，世界各大城市的年平均相对湿度都要比郊区低，欧洲的维也纳、柏林、特里尔、科隆、慕尼黑等大城市年平均相对湿度都要比郊区小4%～6%，城乡绝对湿度要比郊区小0.2～0.5hPa（周淑贞和张超，1985），兰州城区相对湿度平均比郊区小4%，绝对湿度平均比郊区小0.4hPa，兰州城、郊的相对湿度差和绝对湿度差与世界其他大城市是相似的。

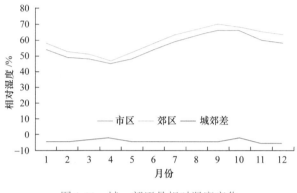

图4-11　城、郊逐月相对湿度变化

4.5　兰州市混浊岛效应

城市日照时数是在给定时间，太阳直接辐照度达到或超过120W/m^{2}的那段时间总和，以小时为单位，取一位小数。日照时数也称实照时数。可照时数（天文可照时数）是指在无任何遮蔽条件下，太阳中心从某地东方地平线到进入西方地平线，其光线照射到地面所经历的时间，可照时数由公式计算，也可从天文年历或气象常用表查出。日照百分率为日照时数与可照时数的比值，取整数。观测日照的仪器有暗筒式日照计、聚焦式日照计、太阳直射辐射表等。城市可照时间是由当地的纬度和太阳赤纬所决定的，其实际日照时数还受大气透明度的影响，在城市覆盖层内部，除受上述因素影响外，还要受建筑物间遮蔽的影响。

分析兰州市近50年的日照时数的年际变化，可以分为两个阶段，从20世纪50年代到80年代末，兰州日照时数呈现下降的趋势；从90年代初期到现在这个阶段，兰州市日照时数开始缓慢逐渐回升。这主要和兰州的大气污染有很密切的关系。新中国成立后，国家在"一五"和"二五"计划期间，在兰州建设了热电厂、化肥厂、橡胶厂、炼油厂、机械厂等大型企业，以后又陆续建设了一批大中型工业企业，逐渐形成以石油、化工、机械、冶金、电力、轻纺为重点的工业城市。铁路、公路、航空交通运输四通八达，兰州成为新兴的工业城市。由于这些高污染企业的建立，同时导致环境污染逐渐加重，到70年代末期，环境污染更加突出，污染状况十分严重。1977年冬季，兰州市区大气污染最为严重。这是兰州地区大气污染最为严重的时期，市中心区大气中飘尘和二氧化硫浓度分别为2.44mg/m³和0.61mg/m³，超过国家大气环境质量二级标准的15倍和3倍。最大一次浓度比1952年英国伦敦"烟雾事件"浓度还要高。整个城市烟雾弥漫，气味呛人，能见度很低。有人说："兰州有三个一样，晴天和阴天一样，太阳和月亮一样，鼻孔和烟囱一样。"据10个重点医院统计，这年冬季死于呼吸道、心血管和肺心病的人数，比上年同期增加1倍，在西固工业区还出现光化学烟雾。

20世纪80年代中期以后，环境污染的压力逐年增加，这个时期兰州市的日照时数从兰州日照时数年际变化图（图4-12）中也可以看出，处于低值区，直到20世纪90年代末期开始有所稳定和好转。兰州市至今仍是环境污染严重的城市，1990年兰州市燃煤量增加到400多万吨，排入大气中的有害物质，大大超出大气的自然净化能力，形成了以煤烟型污染为主的大气污染现状，其污染最重时间为每年冬季的采暖期。据《中国环境年鉴》，兰州2001年SO_2年均浓度为0.667mg/m³，在97个国控网络城市中排名第22位；NO_2年均值为0.047mg/m³，在97个国控网络城市中排名第19位；TSP年均浓度为0.892mg/m³，在78个国控网络城市中排名为第二位；年均降尘量为27.9t/（km²·a），在89个国控网络城市中排名第9位；综合污染指数为6.164，在94个国控网络城市中排名第3位。从

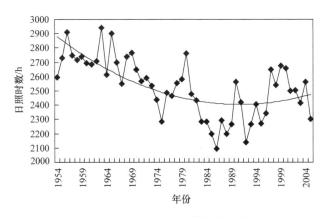

图4-12　兰州市日照时数年际变化

80年代末期开始，国家和兰州开始投入巨大的人力、物力和财力来治理兰州的大气污染问题，实施"蓝天工程"，目前取得了一定的成效。因此兰州的大气污染状况与兰州日照时数的变化有很好的对应关系。近年来，由于基础设施的逐渐完善，个人燃煤的数量减少，使得兰州市大气污染状况有所改善。

兰州市由于其特殊的自然条件和地貌条件，随着城市规模的扩大，产生越来越多的工业污染物，加上人们生活排放大量的污染气体，大量大气污染物在市区上空聚集，尤其在空气逆温层较为深厚的时段，污染更为严重，兰州作为一个河谷型城市，地面上空大约600m（皋兰山山顶2130m以下大气）左右的城市烟雾层，存在大量的大气气溶胶等颗粒物，其浑浊度较大，大气的透明度较差，尤其在冬季表现较为明显。这些大气污染物对太阳辐射的削弱作用比较大，主要是散射、吸收和反射作用比较强，所以使得城区地面得到的净辐射要小于郊区。再加上兰州市区由于南北两山的限制，建筑物越来越密集，高度越来越高，街道的狭窄度指数越来越大，由于建筑物的遮蔽作用，使得城市近地面的日照有很大差异。城市由于有大量的悬浮颗粒物的存在，使得城市天气多雾；由于城市提供大量的凝结核，再加上城区对流运动较为强烈，所以城市有云的天气较郊区多。如图4-13所示，近50年郊区日照百分率的年际变化不大，城区日照百分率自20世纪80年代开始呈现逐渐递减的趋势，这导致城、郊日照百分率的差值逐渐增大。近50年可以分为2个阶段，20世纪80年代之前，城、郊日照百分率相差不大，之后差别出现明显的增大。

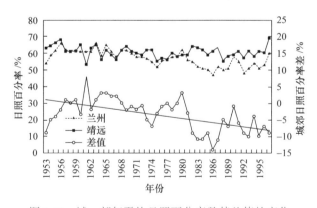

图4-13　城、郊年平均日照百分率及其差值的变化

从全年各个月份来看，兰州市城区的总日照时数和日照百分率都要小于郊区（图4-14和图4-15），在冬季，城、郊日照时数和日照百分率的差值达到最

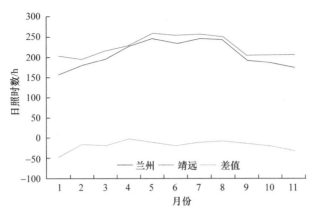

图4-14　城、郊各月日照时数及其差值的变化

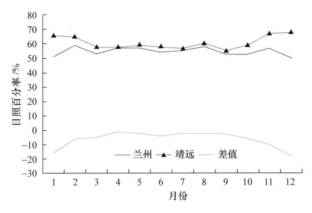

图4-15　城、郊各月日照百分率及其差值的变化

大，在春秋两季，城、郊差别次之，到夏季时，城、郊日照时数和日照百分率的差别最小，二者的值非常接近。这样的变化趋势与兰州城市大气污染的时空分布有很密切的联系，敖运安等（1991）研究兰州市大气中二氧化硫和总悬浮颗粒物的季节变化发现：冬季污染物浓度值大幅度增加，污染明显加重；春、夏、秋三季污染物浓度值变化差异不明显，对总悬浮颗粒物而言，夏、秋两季污染相对较轻，春季污染也较重，这与春季扬尘较大及降水少等有密切关系。此外，城市逆温层厚度在四季的变化也对城区大气污染状况有很大影响。冬季兰州城区污染物浓度最大，对日照时数和日照百分率的影响最大；夏季城区污染物浓度最低，对城区日照时数和日照百分率的影响最小。因此，市区四季日照时数与日照百分率的变化与兰州大气污染物浓度在四季的变化有很密切的联系。因此，城市化过程是产生城郊日照差别的最主要原因。

4.6 兰州市风场

城市由于下垫面具有较高的粗糙度,使得盛行气流受到阻碍,热力湍流和机械湍流较强。同时由于城市热岛效应所引起的局部环流,使得城市风的变化非常复杂,城、郊风向风速都有很大的差异。由于城市热岛效应的存在,形成了城乡之间的热岛环流,产生了近地面由乡村向城市辐合的乡村风,但这种风并不是很稳定的,它往往具有间歇性或脉动性(周期性),此脉动周期约为1.5～2小时,这种脉动性在夜间特别明显。

一般情况下,城市的建筑物使下垫面的摩擦系数增大,造成市内及附近地区风速不同程度的减小。但是城市对风速的减弱作用并不是在所有的情况下都很突出的,当盛行风小于某一个临界风速的时候,城市对风速不仅没有减弱作用,相反具有加强作用。这是由于在整个背景风场较弱的情况下,城市的热力、动力扰动作用较摩擦作用更为突出,扰动作用引起空气的垂直混合,使高空动量下传,使近地层风速增大,因而这时城区风速大于郊区,且静风频率减少(中国地理学会,1985)。当盛行风速大于临界风速时,城市的摩擦作用突出,因而使城区风速小于郊区。

在兰州河谷盆地内,由于局地热力环流及地形障碍的影响,不同地点的风向有所差异,流场更加复杂。夜间城区的地面流场为辐合流场,气流由南北方向向盆地中心辐合,这在夏季城区表现较为明显,在日落以后,由于山坡上辐射冷却,使得临近坡面的空气迅速变冷,密度增大,因而沿山坡下滑,流入谷底,形成山风。加上兰州城市的热岛效应形成的热力环流,二者叠加到一起,进一步增强了河谷盆地地面流场的辐合作用,风速较大,夏季风速较大的时段就集中在这个时段,如图4-16。在白天时,河谷的谷风和热岛环流方向相反,相互削弱,会导致风速的减弱。

由于冬季兰州城区在稳定的大陆高压的控制下,加上地形作用,兰州城区的地面风速小,静风频率高,如图4-17,在2006年12月1日这一天,城区只有三个风速大于零的时间点,其余时间,全都是静风,这也是兰州冬季城区逆温层深厚,污染物无法扩散,空气污染严重的主要原因。陈榛妹和王世红(1991)通过在兰州市区布设14台电接风速风向计,发现在同一天气背景的影响下,各测站风速和风向的差异比较大。受河谷盆地地形的影响,地面风场主要是地形风,不论是盛行风向还是风速的日变化,都具有明显的山谷风的特征。

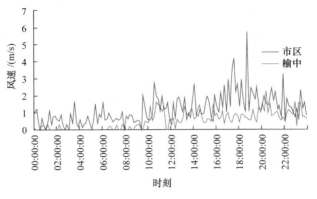

图4-16　城、郊夏季风速日变化

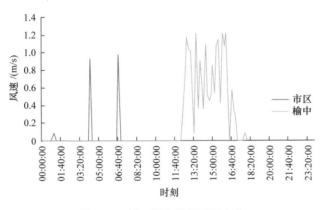

图4-17　城、郊冬季风速日变化

从一年逐月城、郊风速的变化可以看出（图4-18），郊区月平均风速度都要大于城区的平均风速，城郊平均风速相差0.8m/s。一年中城、郊风速的变化是同步的，这说明兰州城郊风场受大的气候背景的影响较大。在冬季，城郊平均风

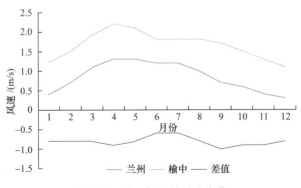

图4-18　城、郊逐月风速变化

速都比较小，城区风速在0.4～0.6m/s之间。城郊风速一年中最大值出现在春季的4月，这与整个区域的背景风场是一致的。城郊风速差的最小值出现在6月、7月，其余月份城郊风速差大约为0.8m/s。分析近50年兰州市城市风速的年际变化（图4-19），发现从20世纪50年代初到70年代初的近20年中，兰州市年平均风速下降比较迅速，后30年中风速下降比较缓慢，近年来逐渐趋稳。风速减小的主要原因是下垫面的建筑物增多，使得下垫面的摩擦系数增大导致。

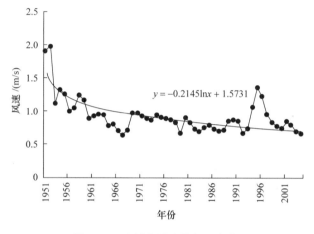

图4-19 兰州市风速的年际变化

4.7 兰州市降水

关于城市本身对降水是否有影响的问题，有三种不同的看法：一是认为城市对降水无影响；二是认为城市化有使降水增多的效应；三是城市化反而使降水量减少。其中，城市化有使降水增多的观点认为城市的下风向降水量增多，增加率约在5%～30%之间。原因有三方面，城市由于有热岛效应，空气层结不稳定，有利于产生热力对流，当城市中水汽充足时，容易形成对流云和对流性降水。城市阻滞效应：城市因有鳞次栉比的建筑物，其粗糙度大。它不仅能引起机械湍流，而且对移动滞缓的降水系统有阻滞效应，使其移动速度减慢，在城区滞留时间加长，因而导致城区的降水强度增大，降水的时间延长。城市凝结核效应：城市因生产和生活强度较大，空气中尘粒及其他微粒比周围地区多，为形成降水提供了丰富的凝结核，在上述三个因子共同作用下，往往使城市降水多于郊区。国内以北京、上海、广州的研究为代表。例如，北京市

1981～1987年城区年降水量平均比郊区要多9%；上海市1960～1989年，市区汛期年平均降水量比周围郊区多3.3%～9.2%；广州70年代平均降水量市区比郊区多9.3%（周淑贞和张超，1985）。

　　从兰州市和参考站靖远站、皋兰站的年降水量和月降水量的变化来看（图4-20和图4-21），近50年来，兰州和皋兰的年际变化趋势极其相似，两地处在相同的区域气候背景之中，兰州降水量要高于皋兰，从20世纪60年代到80年代，两地年降水量平均相差70mm，从20世纪80年代到目前，二者差值逐渐缩小到45mm，因此，兰州市并无雨岛效应，与北京、上海和广州等城市的城市雨岛效应相比，兰州不存在此现象，这与兰州所处区域位置和特殊的地貌形态有关。长期变化趋势来看，兰州市一年四季降水量除夏季以外，降水量都是波动递减的，只有夏季降水是上升的，但上升的幅度不大，7月份不

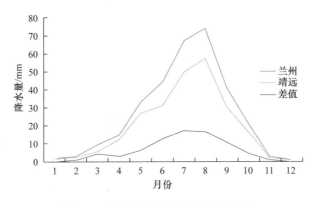

图4-20　兰州与靖远降水量逐月变化

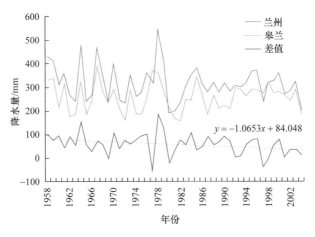

图4-21　兰州与皋兰年降水量及降水量差的年际变化

足1mm/10a。一年之中，兰州市的降水量高于靖远，兰州市降水量主要集中在夏季，占全年降水量的58.2%；秋季占全年降水量的21.8%；春季占全年的18.3%；冬季只占全年的1.6%；夏季降水量是冬季降水量的36倍。夏季城、郊降水量的差值最大，春秋季次之，冬季二者的差值最小，几乎为零。

4.8 兰州市近地层空气温湿特征

利用波文比系统的上下层传感器观测结果，可以分析近地面空气的温湿度的梯度特征，了解各要素的日变化特征、季节变化特征。同时，通过温湿度的变化，可以为波文比能量平衡模型的适用条件进行验证，研究热量和水汽在垂直输送的过程中对空气温湿度的影响。下垫面作为一个热源，主要通过湍流交换的方式将显热输送给空气，用于空气加热。城市下垫面辐射平衡在很大程度上决定着下垫面及近地层空气的温湿状况。

4.8.1 气温梯度变化特征

兰州市全年近地层空气温度梯度日变化特征较为相似，如图4-22所示。以夏季为例，在2006年7月份的观测中，1.5m处气温最高值是37.2℃；0.5m处气温最高值是37.6℃。随机选取4天的上下层（上层为距地1.5m处；下层为距地0.5m处）的气温数据进行分析。上下层气温的日变化趋势较为一致。在2005年8月28日一天中，上层干球温度平均值23.1℃，下层干球温度平均值22.9℃。温度最低值出现在早上7:00，最高值出现在下午5:00，其日较差17℃左右，比前一天27日的6℃左右要大得多。分析每天的天气情况记录发现，其主要原因是27日是多云天气，云在白天的反射作用削弱了太阳辐射，使得白天气温不是太高，其最高温24℃比28日的最高温32℃要小得多；夜间云使得热量不易散失，其最低温比28日要高，所以其气温日较差比28日要小。

近地层空气的增温主要依靠吸收地面的长波辐射，因此，离地面越近获得的地面长波辐射热能越多，气温也越高；另外，近地面空气密度越大，水汽和固体杂质越多，因而吸收地面辐射的效能越高，气温越高。早晨日出以后随着太阳辐射的增强，地面净得热量，温度升高。此时地面放出的热量随着温度的升高而增强，大气吸收了地面放出的热量，气温也跟着上升。到了正午太阳辐

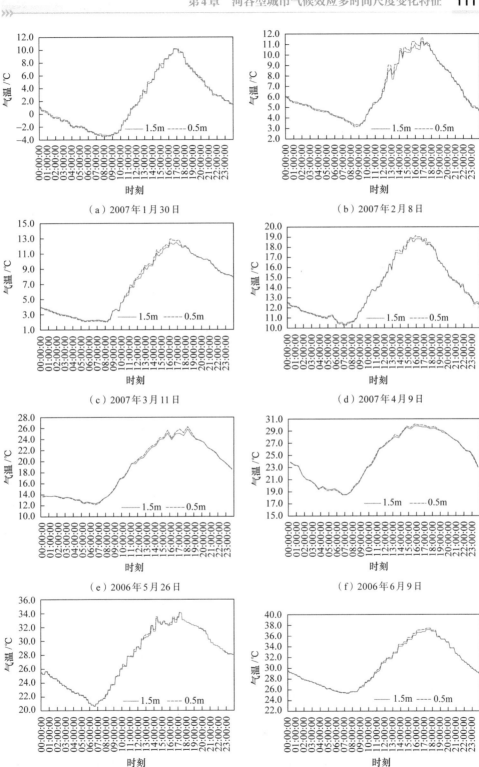

（a）2007年1月30日

（b）2007年2月8日

（c）2007年3月11日

（d）2007年4月9日

（e）2006年5月26日

（f）2006年6月9日

（g）2006年7月28日

（h）2006年8月10日

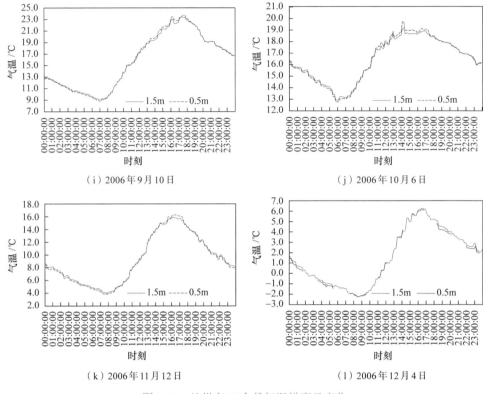

（i）2006年9月10日　　　　　　　　（j）2006年10月6日

（k）2006年11月12日　　　　　　　（l）2006年12月4日

图4-22　兰州市12个月气温梯度日变化

射达到最强。正午以后，地面太阳辐射强度虽然开始减弱，但得到的热量比失去的热量还是多些，地面储存的热量仍在增加，所以地温继续升高，长波辐射继续加强，气温也随着不断升高。到午后一定时间，地面得到的热量因太阳辐射的进一步减弱而少于失去的热量，这时地温开始下降。地温的最高值就出现在地面热量由储存转为损失，地温由上升转为下降的时刻（周淑贞和束炯，1994）。这个时刻通常在13时左右。由于地面的热量传递给空气需要一定的时间，所以最高气温出现在15时左右。随后气温便逐渐下降，一直下降到清晨日出之前地面储存的热量减至最小为止，所以最低气温出现在清晨日出前后，而不是在半夜。

对于城市不同下垫面类型，其离地面1.5m高的空气温度的日变化幅度比地面温度小。相关研究表明，不同下垫面上的气温仍以沥青路面为最高，日平均气温、日最高气温、日较差由高到低、由大到小的顺序仍为沥青路面、水泥路面、裸土地、草地、树荫下土地、树荫下草地。上下层气温整体的变化趋势是完全一致的，尤其体现在夜间这个时段，上下层气温变化趋势基本重合，但大体从每日的9:00~20:00这个时间段,下层气温要显著高于上层气温,在一年四季的正午时刻体现得最为明显。在距地面1.5m厚度的近地层大气中,高度相差1m的空气温度梯度相差不大。这保证了近地层大气流场的水平均一性,为后面利用近地层大气的温湿度梯度来研究其水汽和热量的交换奠定了基础,这是计算波文比的一个前提条件。

4.8.2 不同高度层气温差的日变化特征

分析上下层温差日变化(图4-23),白天在日出之后,0.5m处气温开始逐渐高于1.5m处气温,15:00~16:00时,温度梯度达到最大值,此后逐渐下降,日落后22:00左右开始,0.5m处气温逐渐低于1.5m处气温,整个夜间都是0.5m处气温低于1.5m处气温。由此可以得出,城市近地层大气温度主要受下垫面影响较大,而受太阳辐射的影响较小,下垫面是近地层大气的主要热源。城市下垫面储热量、热容量和导热率都要高,日出以后地面温度升温迅速,地-气之间通过传导、辐射、对流、湍流、显热和潜热交换,地面向大气传输热量,这导致下层的空气首先升温,所以在白天,近地层大气下层空气温度要高于上层大气。此外在图中,出现个别异常点,考虑这主要是受平流的影响。

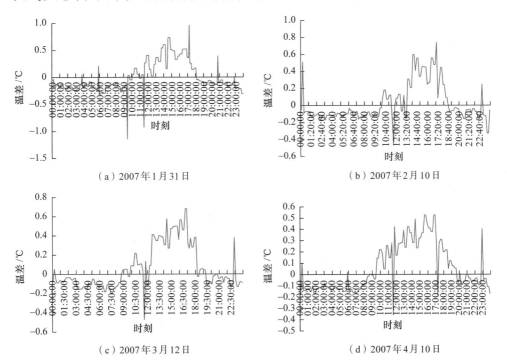

(a)2007年1月31日

(b)2007年2月10日

(c)2007年3月12日

(d)2007年4月10日

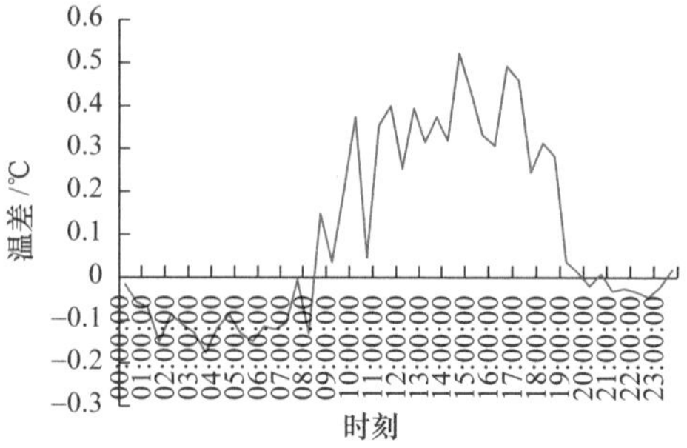

（e）2006年5月27日

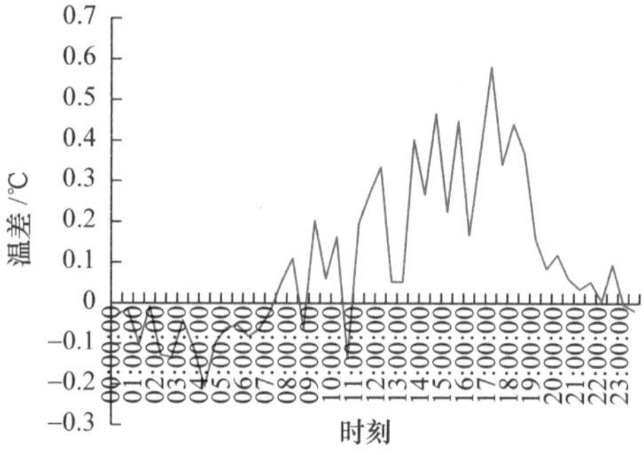

（f）2006年6月10日

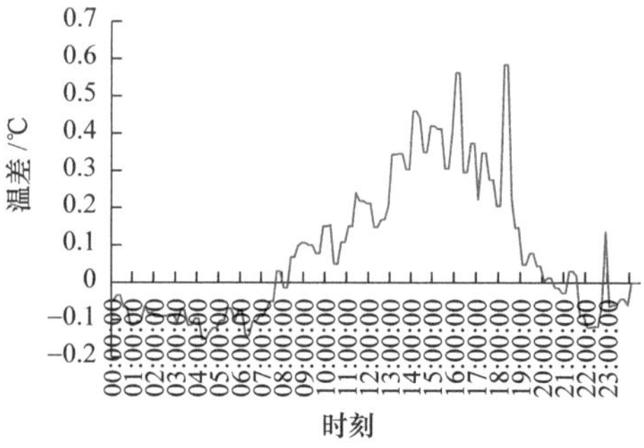

（g）2006年7月31日

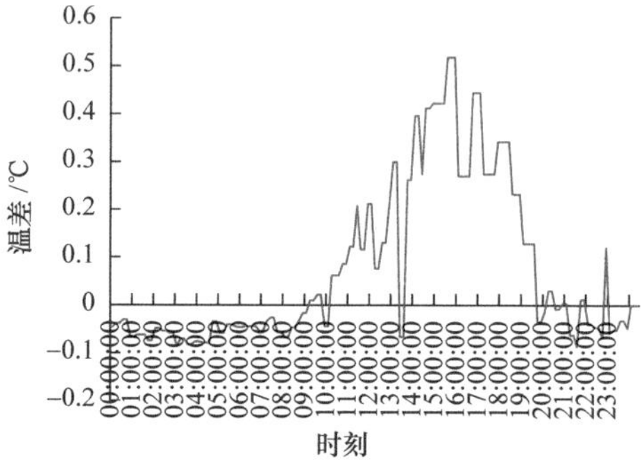

（h）2006年8月11日

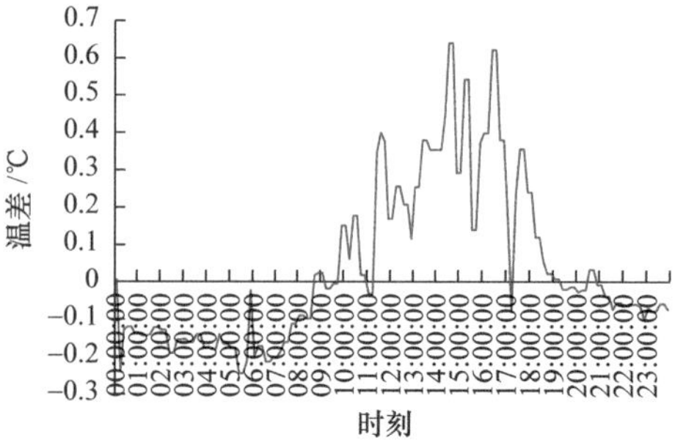

（i）2006年9月10日

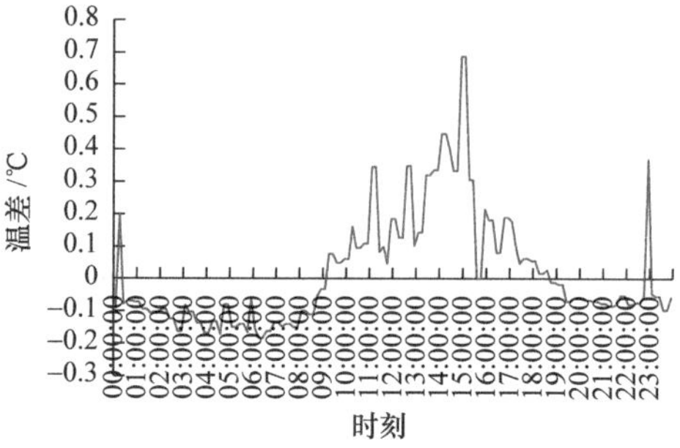

（j）2006年10月7日

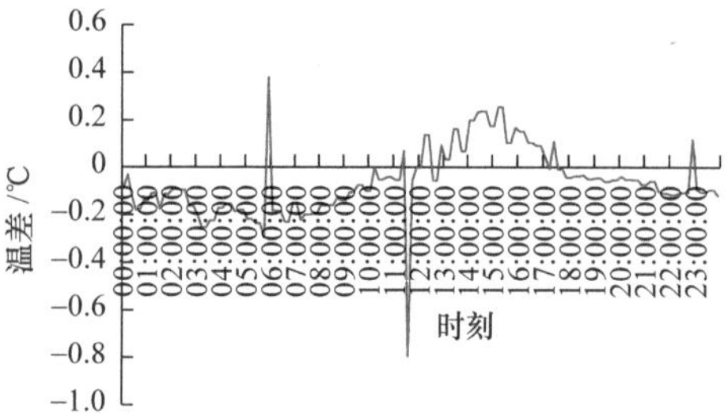

（k）2006年11月15日

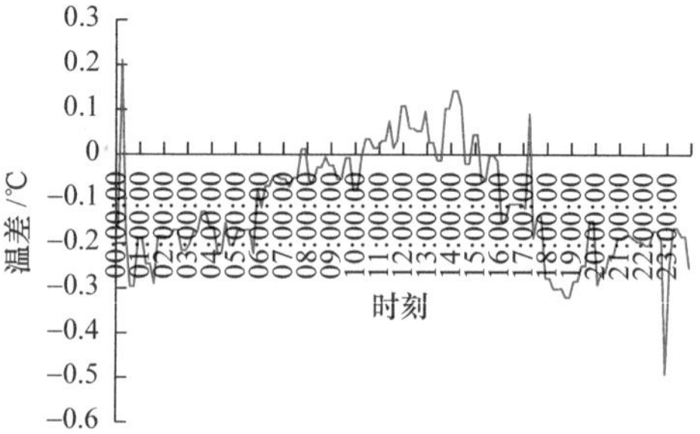

（l）2006年12月4日

图4-23　兰州市12个月0.5m和1.5m高度温差日变化

从一日中上下层气温差整体的变化幅度来看，夏季最大，冬季最小。这主要是夏季正午近地面空气对流运动最强烈，导致空气层结最不稳定，而冬季相反，整个一天近地面空气层结较为稳定，所以上下层空气温差变化幅度不大。在四季中午近地面空气不稳定层结出现的频率较大；傍晚至第二天早晨只出现稳定和中性层结。这与中午热岛强度弱，傍晚至第二天早晨热岛强度大也是相对应的。冬季由于日照时间短，夜间地面有效辐射损失热量多，热对流较弱，近地面空气层结较为稳定，同时由于太阳高度角明显减小，不稳定大气层结出现频率偏低；夏季由于太阳高度角明显增大，不稳定层结出现的频率增加，由于夏季层结比较不稳定，而近地面空气稳定层结出现的频率要比冬季偏少。

4.8.3　水汽压梯度变化

水汽压是大气中水汽绝对含量的表示方法。空气的实际水汽压 e（hPa）计算公式为

$$e = e_{t_w} - A_i P(t - t_w) \tag{4-2}$$

式中，e_{t_w} 为湿球温度 t_w 所对应的纯水平液面的饱和水汽压（hPa），当湿球结冰时，为纯水平冰面的饱和水汽压（hPa）；A_i 为干湿表系数（℃$^{-1}$）；P 为实验地所处的当地大气压（hPa）。

纯水平液（冰）面的饱和水汽压，是根据戈夫-格雷奇（Goff-Gratch）公式计算得出。

纯水平液面饱和水汽压 e_w（hPa）的计算公式为

$$e_w = 10^u \tag{4-3}$$

$$u = 5.3028 - (a - bx + mx^2 - nx^3 + sx^4)\frac{Q-T}{T} \tag{4-4}$$

$$x = \frac{T - 453}{10} \tag{4-5}$$

式中，$Q = 643$；$T = 273 + t$；$a = 3.1473172$；$b = 0.00295944$；$m = 0.0004191398$；$n = 0.0000001829924$；$s = 0.00000008243516$。

纯水平冰面饱和水汽压 e_i（hPa）的计算公式为

$$\log e_i = -9.09685\left(\frac{T_1}{T} - 1\right) - 3.56654\log\left(\frac{T_1}{T}\right) + 0.87682\left(1 - \frac{T_1}{T}\right) + 0.78614 \tag{4-6}$$

式中，$T_1 = 273.16K$（水的三相点温度）；$T = 273.15 + t$（绝对温度 K）。

不同型号干湿表在一定通风条件下的干湿表系数 A_i，如表4-6。

表4-6　干湿表系数表（胡玉峰，2004）

干湿表类型及通风速度	$A_i \times 10^{-3}/$（℃$^{-1}$）	
	湿球未结冰	湿球结冰
通风干湿表（通风速度2.5m/s）	0.662	0.584
球状干湿表（通风速度0.4m/s）	0.857	0.766
柱状干湿表（通风速度2.5m/s）	0.815	0.719
现用百叶箱球状干湿表（通风速度0.8m/s）	0.7947	0.7947

在观测实验期间，在盘旋路校区利用水银气压计和空盒气压表进行了气压观测。

空气中相对湿度 U（%）的计算公式：

$$U = (e/e_w) \times 100 \qquad (4\text{-}7)$$

式中，e 为空气的水汽压（hPa）；e_w 为干球温度 t 所对应的纯水平液面（或冰面）饱和水汽压（hPa）。

在一般情况下，绝对湿度是随高度而递减的，近地面层递减率比较大，从观测的水汽压垂直梯度变化来看，0.5m处的水汽压在一日之中要大于1.5m处水汽压。从实验结果分析结果看（图4-24），水汽压日变化的规律性不明显，一般而言，水汽压的低值区出现在清晨温度最低时和蒸发最弱时，最高值出现在午后温度最高、蒸发最强的时刻。峰值的出现是因为蒸发增加水汽的作用大于湍流扩散对水汽的减少作用所致。从2006年8月11日和2006年6月7日的水汽压日变化图上看，这表现得较为明显。这是因为中午以后城市气温垂直递减率大，空气湍流扰动强，由地面蒸散的水汽量少，而通过湍流向上输送的水汽量多，所以绝对湿度逐渐减少。在观测实验中的部分时间，如2006年6月9日

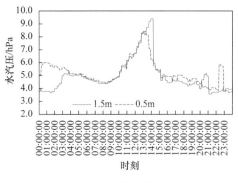
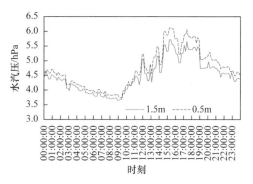

（a）2007年1月30日　　　　　　　　　（b）2007年2月9日

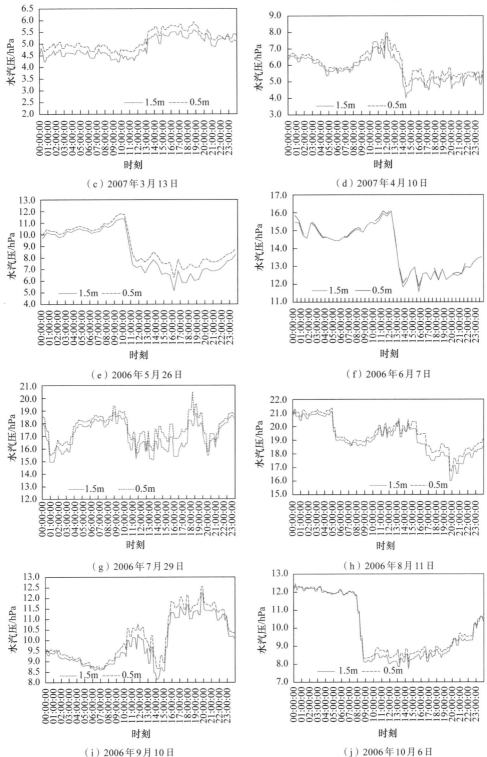

（c）2007年3月13日

（d）2007年4月10日

（e）2006年5月26日

（f）2006年6月7日

（g）2006年7月29日

（h）2006年8月11日

（i）2006年9月10日

（j）2006年10月6日

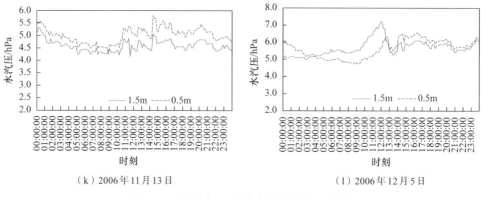

（k）2006年11月13日　　　　　　　（l）2006年12月5日

图4-24　兰州市12个月水汽压梯度日变化

和2006年6月10日上下层水汽压，上下层相对湿度变化存在异常，分析可能受到湿平流的影响。如2006年8月13日是阴雨天气，一日中上下层空气水汽压和相对湿度都维持在较高值，并且在一日中的波动不明显。此外，空气绝对湿度的季节变化与气温的季节变化相似。在一年中有一个最高值和一个最低值，最高值出现在蒸散作用强的7～8月，最低值出现在蒸散弱的1～2月。

4.8.4　相对湿度梯度变化

近地面空气相对湿度直接反映了空气距离饱和的程度，相对湿度主要受水汽压和温度的影响，其中受温度的影响最大。城市白天温度升高，再加上热岛作用，蒸发作用加强，水汽压虽有所增大，但饱和水汽压增大更多，根据克拉珀龙‐克劳修斯方程：

$$\frac{\mathrm{d}E}{\mathrm{d}T} = \frac{LE}{R_w T^2} \tag{4-8}$$

或

$$\frac{\mathrm{d}E}{E} = \frac{L}{R_w}\frac{\mathrm{d}T}{T^2} \tag{4-9}$$

上式积分后，将$L=2.5\times10^6$J/kg，$R_w=461$J/（kg·K），$T_0=273$K，$T=273+t$，$E_0=6.11$hPa（当$t=0$℃时，纯水平面上的饱和水汽压）代入，则得

$$E = E_0 10^{\frac{8.5t}{273+t}} \tag{4-10}$$

由上式可以得出，饱和水汽压随温度是呈指数函数的形式增加，饱和差增大。图4-25是饱和差在一日内的变化趋势，饱和差在日出前最小，在日落时达到最大值。气温增高时，虽然蒸发加快，水汽压增大，但饱和水汽压增大的更

多，反而使得相对湿度降低。温度降低时则相反，相对湿度增大。因此，相对湿度的日变化与温度日变化相反，其最高值基本出现在清晨温度最低时，最低值出现在午后温度最高时。

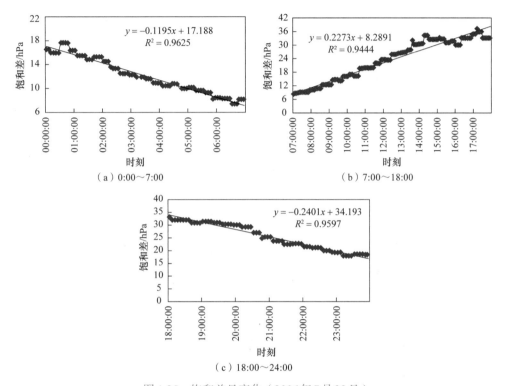

图4-25　饱和差日变化（2006年7月28日）

通过分析，兰州城市近地层空气的相对湿度的日变化为单峰型，如图4-26所示，城市近地层空气相对湿度从子夜到日出前都维持在高位值，尤其是日出前，相对湿度达到最高值。日出后，空气相对湿度逐渐降低，到日落后出现最低值，然后大气相对湿度逐渐升高。总体而言，在一日中，下层空气的相对湿度要高于上层空气的相对湿度。对于全国各地，相对湿度的季节变化比较复杂，在一般情况下，因为冬冷夏热的缘故，相对湿度是冬季高夏季低；在季风气候区，由于夏季盛行海洋季风，冬季盛行大陆季风，相对湿度反而是夏季大冬季小。但对于兰州，通过多年逐月相对湿度变化分析，相对湿度最高值出现在9月和10月，多年平均值为66%；其次8月和11月相对湿度也较高，相对湿度最低的月份出现在4月，多年平均值为45%，其次3月和5月相对湿度也较低，为48%，因此，兰州近地层空气相对湿度的季节变化同全国的普遍情况有很大的不同。

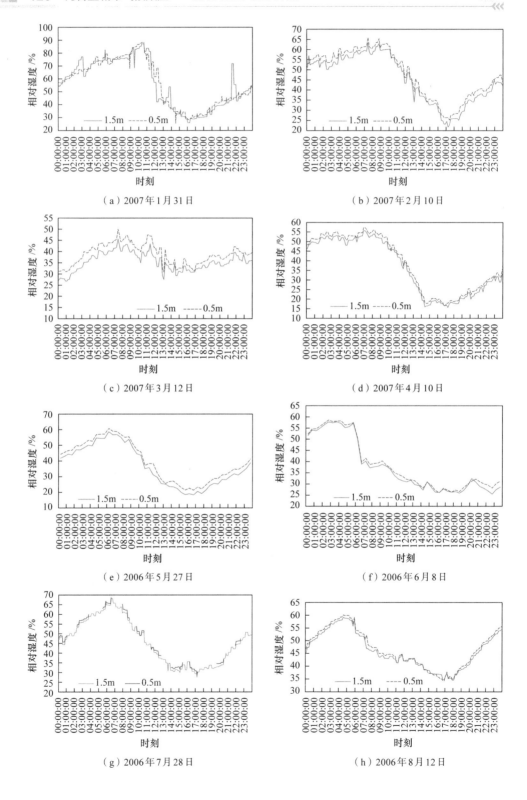

（a）2007年1月31日

（b）2007年2月10日

（c）2007年3月12日

（d）2007年4月10日

（e）2006年5月27日

（f）2006年6月8日

（g）2006年7月28日

（h）2006年8月12日

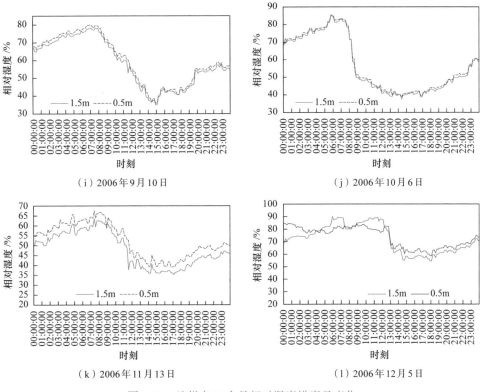

（i）2006年9月10日 　　　　　　　　（j）2006年10月6日

（k）2006年11月13日 　　　　　　　　（l）2006年12月5日

图4-26 兰州市12个月相对湿度梯度日变化

参 考 文 献

敖运安，罗威琳，金素文，等. 1991. 兰州城区冬季大气污染现状分析//陈长和，黄建国，程麟生，等. 复杂地形上大气边界层和大气扩散的研究. 北京：气象出版社：173-185.

白虎志，任国玉，方锋. 2005. 兰州城市热岛效应特征及其影响因子研究. 气象科技，33（6）：492-500.

陈榛妹. 1981. 兰州的逆温特征. 大气湍流扩散及污染气象论文集. 北京：气象出版社：70-76.

陈榛妹，王世红. 1991. 兰州市风场特征分析//陈长和，黄建国，程麟生，等. 复杂地形上大气边界层和大气扩散的研究. 北京：气象出版社：23-27.

胡玉峰. 2004. 自动与人工观测数据的差异. 应用气象学报，15（6）：719-726.

孟东梅. 2000. 兰州市温湿变化特征研究. 兰州：兰州大学硕士学位论文.

潘守文. 1994. 现代气候学原理. 北京：气象出版社.

束炯，江田汉，杨晓明. 2000. 上海城市热岛效应的特征分析. 上海环境科学，19（11）：

532-534.

杨德保，王式功，王玉玺. 1994. 兰州城市气候变化际热岛效应分析. 兰州大学学报（自然科学版），30（4）：161-167.

杨淑华. 1999. 兰州城市气候研究. 兰州：兰州大学硕士学位论文.

赵晶. 2001. 兰州城市气候研究. 兰州：兰州大学硕士学位论文.

中国地理学会. 1985. 城市气候与城市规划. 北京：科学出版社.

周淑贞，束炯. 1994. 城市气候学. 北京：气象出版社.

周淑贞，张超. 1983. 上海城市对湿度和降水分布的影响. 华东师范大学学报（自然科学版），（1）：69.

周淑贞，张超. 1985. 城市气候学导论. 上海：华东师范大学出版社.

Chandler T J. 1967. Absolute and relative humidities in towns. Bulletin of the American Meteorological Society, 48 (6): 394-399.

Oke T R. 1982. The energetic basis of the urban heat island. Quarterly Journal of the Royal Meteorological Society, 108 (455): 1-24.

第5章 城市尺度下的地表温度空间分布格局

　　遥感是通过不与物体、区域或现象接触获取调查数据并对数据进行分析得到物体、区域或现象有关信息的一门科学和技术。利用遥感技术，即通过观测电磁波，从而判断和分析地表的目标及现象，是利用了物体的电磁波特性，一切物体由于其种类即环境条件的不同，因而具有反射和辐射不同波长的电磁波的特性。遥感系统包括被测目标的信息特征、信息的获取、信息的传输和记录、信息处理以及信息的应用五大部分。遥感有其自身的许多特点，表现在：遥感可以进行大面积的同步观测，与传统的方法相比具有迅速高效的特点，传统的环境资源调查工作量大，而且不能全面反映地表环境。遥感可以在短时间内对同一物体和区域进行重复探测，时效性非常强。此外遥感还有较好的经济性，能节省大量的人力、物力和财力，投入和产出效益比较大。

　　热红外遥感是利用星载或机载传感器收集、记录地物在3～5μm和8～14μm这两个大气窗口范围内的热红外信息，并利用热红外信息来识别地物和反演地表参数及温度、湿度和热惯量等（李小文等，2001）。遥感卫星的热红外影像是监测地球表面温度变化的主要数据，它为全球气候变化研究提供了重要的数据来源（Xu，2016）。热红外遥感应用在很多领域，在城市中，可以利用热红外遥感来研究城市下垫面结构与温度场关系，如反映城市建筑材料性质、建筑密度、道路、植被、水体等的分布特征与温度场之间的关系。通过白天和夜间热红外数字化彩色镶嵌图，根据地面辐射温度高低和昼夜温度变化规律，可以对城市下垫面热力景观结构进行分析，此项研究对制定城市规划、城市建设、城市绿化具有很强的指导意义。随着城市化的发展，工业废水和居民排污量与日俱增，城市地表水体的污染日益严重，常规的地面调查方法已经不能适应治理工作的需要，应用热红外遥感技术在水体调查方面可以解决以下问题：发现热源点和排污口。此外，热红外遥感可以调查江河、湖面水体污染程度和热扩散范围；研究地表水体污染的时空变化规律。确定岩石的类型和结构，探测地质断层，绘制土壤类型图和土壤湿度图，探测灌溉河流的漏洞，确定火山的热特征，研究植被的水分蒸发和蒸腾损失总量；确定活动性森林大火的范围，探测草原的地下火或煤废弃物等。探测冷水泉，探测温泉和间歇泉，确定江河湖海的范围和特征，研究水体的自然循环模式，应用于地下水资源勘探评价，尤其在干旱区，此种方法更为应用广泛。

在遥感中，图像亮度也叫DN亮度，灰度图像的亮度值在0~255之间；辐射亮度是探测器探测到的物体发射出的辐射量的大小；亮度温度简称为亮温，是描述一般地物的"等效"温度参数，指辐射出与观测物体相等的辐射能量的黑体温度，即在一定的波段范围内，一般地物与绝对黑体相比，具有相等的辐射亮度时，以此时绝对黑体的温度等效地物的温度，此温度称为地物的亮度温度；地表温度即地面的真实温度，通过热红外遥感技术来反演地面真实温度受很多条件的影响，大气参数如气温、气压、水汽含量、CO_2含量、O_3含量、气溶胶含量，以及地表的比辐射率等。大多数热扫描的工作，通常并不需要知道绝对的地面温度和发射率，只需要研究一个场景中辐射温度之间的相对差异即可。地面物质的温度极限和变化速率是由物质的热传导性、热容量和热惯量决定的，热传导性是热通过某一物质的快慢的量度，热惯量是物体对温度变化的响应的量度，它随着物体的导热性、容量和密度的增加而增加，通常，高热惯量的物质比低热惯量的物质在白天和黑夜有更均匀的表面温度。

5.1 遥感反演的理论基础

任何物体不仅能吸收电磁波，也能够向外辐射电磁波。电磁波是在真空中或物质中通过传播电磁场的振动而传输电磁能量的波，电磁波具有波粒二象性，其波动性体现在电磁波是一种伴随电场和磁场的横波，其波长λ和频率f以及速度v存在：$v=\lambda f$的关系；当把电磁波当作粒子对待时，它又为光量子，其能量E与频率f之间存在：$E=hf$的关系，h为普朗克常数。

黑体概念是描述一个辐射原理的理论载体，而真实物体的性状并不等同于黑体，在相同温度下实体辐射出的能量只是黑体所辐射能量的一部分。热辐射的本质，从理论上讲，自然界任何温度高于热力学温度（$-273℃$）的物体都在不断向外发射电磁波，即向外辐射具有一定能量和波谱分布位置的电磁波。其辐射能量的强度和波谱分布位置与物质表面状态有关，是物质内部组成和温度的函数。

因为这种辐射依赖于温度，因而称之为热辐射。常温的地表物体发射的红外能量即热辐射主要在大于3μm的中远红外区，它不仅与物质的表面状态有关，而且是物质内部组成和温度的函数。在大气传输过程中，它能通过3～5μm和8～14μm两个窗口。其中在波长8～14μm范围内的光谱辐射度具有特殊的意义，因为它不仅包括了一个大气窗口，还包括了绝大多数地球表面特征的峰值能量辐射，地表特征周围的环境温度通常约为300K，在这个温度下，大约在9.7μm波长处发生峰值辐射，由于这一原因，大部分热遥感工作都在光谱为8～14μm的波长范围内，热红外遥感利用传感器收集、记录地物的这两个大气窗口的热红外信息，并利用热红外信息来识别地面物体和反演地表参数和温度、湿度和热惯量等。使用热扫描可以遥测到这种物体能量的外部表现形式，利用其发射的能量来测定地表面特征的辐射温度。通过热红外遥感来反演地面温度基于四大辐射定律。

1）基尔霍夫定律

在一定的温度下，任何物体的辐射出射度$F(\lambda,T)$与$A(\lambda,T)$的比值是一个普适函数$E(\lambda,T)$，如方程5-1。$E(\lambda,T)$只是温度、波长的函数，与物体的性质无关。

$$E(\lambda,T)=\frac{F(\lambda,T)}{A(\lambda,T)} \tag{5-1}$$

基尔霍夫定律表现了实际物体的辐射出射度与同一温度、同一波长绝对黑体辐射出射度的关系，任何物体的辐射出射度和其吸收率之比都等于同一温度下的黑体的辐射出射度。通常把物体的辐射出射度与相同温度下黑体的辐射出射度的比值，称为物体的比辐射率ε。

$$\varepsilon=\frac{F(\lambda,T)}{E(\lambda,T)} \tag{5-2}$$

物体的比辐射率（即物体的发射率），由基尔霍夫定律可以知道，绝对黑体不仅具有最大的吸收率，也具有最大的发射率，却丝毫不存在反射。对于实际物体，都可以看作辐射源，如果物体的吸收本领越大，即吸收系数越接近于1，它的发射本领就越大，即越接近于黑体辐射，这也是吸收系数又可叫作发射率的原因。基尔霍夫定律以热平衡条件为基础，对于大多数感测条件，这个关系式都是成立的。

2）普朗克定律

绝对黑体的辐射光谱$E(\lambda,T)$对于研究一切物体的辐射规律具有本质意义。1900年普朗克引进量子概念，将辐射当作不连续的量子发射，成功地从理论上得出了与实验精确符合的绝对黑体辐射出射度随波长的分布函数：

$$E(\lambda,T) = \frac{2\pi c^2 h}{\lambda^5}\left(E^{\frac{ch}{k\lambda T}-1}\right)^{-1} = \frac{c_1}{\lambda^5}\left(e^{\frac{c_2}{\lambda T}}-1\right) \tag{5-3}$$

式中，$E(\lambda,T)$ 的 单 位 是 W/($m^2 \cdot \mu m$)；c 是 光 速，$c=2.99793\times10^8 m/s$；h 是普朗克常数，为 $6.626\times10^{-34}J \cdot s$；$k$ 是玻尔兹曼常数，为 $1.38\times10^{-23}J/K$，$c_1 = 2\pi c^2 h = 3.7418\times10^{-16}W \cdot m^2$，$c_2 = \frac{hc}{k}14388\mu m \cdot K$。

3）维恩位移定律

利用普朗克公式可以推导出维恩位移定律，黑体辐射光谱中最强辐射的波长 $\lambda_{\max}$ 与绝对黑体温度 T 成反比：

$$\lambda_{\max} \cdot T = b \tag{5-4}$$

式中，$b=2.898\times10^{-3}m \cdot K$，这就是维恩位移定律。黑体温度越高，其曲线的峰顶就越往左移，即往波长短的方向移动。如果辐射最大值落在可见光波段，物体的颜色会随着温度的升高而变化，颜色由红外到红色再逐渐变蓝再变紫（梅安新等，2001）。当物体受到加热，其温度比周围环境的温度高时，其发射的辐射峰值朝波长变短的方向移动，在某些特殊目的应用中，例如森林大火测绘时，系统工作在波长 3~5μm 的大气窗口范围内，系统可以通过牺牲环境温度下的周围地物来提高热物体的清晰度。

4）斯特藩-玻尔兹曼定律

整个电磁波波谱的总辐射出射度 M，为某一单位波长的辐射出射度 M_λ 对波长 λ 从 0 到无穷大的积分，即

$$M = \int_0^\infty M_\lambda(\lambda)\,d\lambda \tag{5-5}$$

由普朗克公式对波长积分，便导出斯特藩-玻尔兹曼定律，即绝对黑体的总辐射出射度与黑体温度的四次方成正比：

$$M = \sigma T^4 \tag{5-6}$$

式中，σ 为斯特藩-玻尔兹曼常数，$5.67\times10^{-8}W/(m^2 \cdot K^4)$。

5.2　热红外遥感反演地表温度的理论基础和常用数据源

应用热红外遥感来反演地表温度（LST）是基于热辐射四大定律（包括基尔霍夫定律、普朗克定律、斯特藩-玻尔兹曼和维恩位移定律）之一的普朗克定律，

LST与黑体（发射率ε为1）发射的辐射能量和物体本身的温度有关。然而大多数自然界物体并不是黑体 [$0<\varepsilon(\lambda)<1$]，其光谱发射率$\varepsilon(\lambda)$是地物的辐射率与同温条件下黑体的辐射率的比值。对于这些不是黑体的物体，普朗克函数要乘以$\varepsilon(\lambda)$：

$$R(\lambda,T)=\varepsilon(\lambda)B(\lambda,T)=\varepsilon(\lambda)\frac{c_1\lambda^{-5}}{\pi(\exp(c_2/\lambda T)-1)} \quad (5-7)$$

式中，$R(\lambda,T)$是物体的实际辐射率 [W/(m²·μm·sr)]；$B(\lambda,T)$是黑体辐射率 [W/(m²·μm·sr)]；λ是波长（μm）；$\varepsilon(\lambda)$是地物在波长λ的比辐射率；T是物体的温度（K）；c_1、c_2分别是普朗克函数常量，$c_1=3.7418\times10^{-16}$W·m²，$c_2=14388$μm·K。在不考虑大气效应，地物发射率已知的条件下，对式（5-7）求逆，可计算物体温度T：

$$T=\frac{c_2}{\lambda\ln\left[\dfrac{\varepsilon(\lambda)c_1}{\pi\lambda^5 R}+1\right]} \quad (5-8)$$

式（5-8）适用于不受大气影响、地球表面与大气层之间存在热动力学平衡、地物发射率已知的朗伯体（Snyder and Wan，1998）。对于热红外波段而言，地表近似黑体，当传感器视角小于40°时，地表近似朗伯体。实际上，热红外大气窗口大气不完全透明，传感器接收陆面物体辐射率的过程中受到大气层成分和结构的影响，所以在陆面温度反演时需要对热红外数据进行大气校正（涂梨平，2006；Tonooka，2005）。

自20世纪60年代开始，许多国家陆续将具有红外波段对地观测能力的遥感传感器送入轨道，包括了NOAA系列卫星、Landsat系列卫星、Terra/Aqua系列卫星、FY系列卫星、CBERS系列卫星、HJ系列卫星等卫星，这些卫星上面搭载的热红外传感器提供了大量可用于地表温度反演的热红外遥感数据。这些热红外数据已经广泛应用于土地利用/土地覆盖、大气状态和地表能量平衡、天气预测、气候分析、自然灾害预警和生态环境监测等领域，至今发挥着重要的作用。具有代表性的主要热红外传感器及其主要参数如表5-1所示。

表5-1 国内外主要热红外传感器（廖志宏，2014）

卫星发射时间	卫星名称	传感器名称	热红外波段	波段范围/μm	分辨率/m	周期/d
1970年	NOAA	AVHRR	3	3.55~3.93	1100	0.5
			4	10.5~11.3		
			5	11.5~12.5		

续表

卫星发射时间	卫星名称	传感器名称	热红外波段	波段范围/μm	分辨率/m	周期/d
			10	8.125~8.4759		
			11	8.475~8.8259		
1999年	Terra	ASTER	12	8.925~9.2759	90	15
			13	10.25~10.959		
			15	10.95~11.659		
2002年	Aqua	MODIS	20~25	3.660~4.948	1000	1~2
			27~36	6.535~14.385		
1982年/1984年	Landsat-4/5	TM	6	10.40~12.50	120	16
1999年	Landsat-7	ETM+	6	10.40~12.50	60	16
2013年	Landsat-8	TIRS	10	10.60~11.19	100	16
			11	11.50~12.51		
1999年/2003年	CBERS-01/02	IRMSS	9	10.4~12.5	156	26
2008年	HJ-1	IRS	4	10.5~12.5	300	4

不同系列的卫星，由于轨道特性及所搭载热红外传感器特性不同等原因，在光谱分辨率、辐射分辨率、波段设置、空间分辨率、时间分辨率、访问周期和资料费用等方面会有很大差别。在进行有关专题研究时，需要根据各类卫星资料的特点，选择平台资料。用以上数据反演地表温度的同时需要根据数据获取的难易程度及清晰度等，选取研究所需的数据，必要的时候可以采取多种数据结合的方式进行研究，提高反演精度，增强反演结果说服力。

5.3 数据和方法

遥感数据是购置的2007年9月18日Landsat-5 TM遥感影像，条带号是130，行编号35；中心日期时间（UTC）为2007-09-18 3:31:02.623；左上区云量为1%，其余三个区域包括研究区云量为0，天气晴好。

从甘肃省气象局获得卫星过境前后存档的兰州中心气象台气象数据，包括气温、地表温度、相对湿度和水汽压，这些数据为反演结果的验证和反演参数的计算提供了重要的保证；1∶5万和1∶10万兰州市地形图；兰州市行政区划图；兰州市土地利用现状图；兰州市部分社会经济统计资料。遥感处理软件为

ERDAS IMAGINE 8.6、ENVI 4.3，地理信息系统软件为ArcGIS 9.0。兰州地表温度定量遥感反演的技术路线详见图5-1。

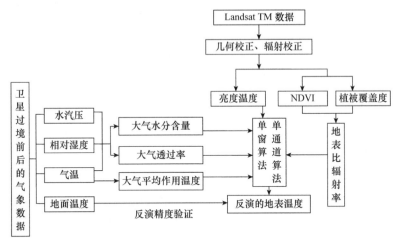

图5-1　兰州市地表温度定量遥感反演的技术路线

Landsat-5于1984年3月1日发射，其轨道为太阳同步的近极地圆形轨道，轨道高度为705km，与赤道的倾角为98.2°。卫星通过赤道时刻为当地太阳时上午9:45。每16天覆盖地球一次。它搭载了多光谱扫描仪（MSS）和专题制图仪（TM）两种传感器。TM收集的数据的地面分辨率为30m（热红外波段除外，其分辨率为120m）。表5-2是Landsat-5上专题制图仪TM技术参数。

表5-2　Landsat-5上专题制图仪TM技术参数

波段号	波长/μm	波段名称	地面分辨率/m	性能和应用
B1	0.45～0.52	蓝色	30	对水体有最大透射能力，获取水文特征
B2	052～0.60	绿色	30	识别植物类别和植物生产力，对水体有一定穿透力
B3	0.63～0.69	红色	30	进行植物鉴定，区分人造地物类型
B4	0.76～0.90	近红外	30	监测生物量和作物长势，植物识别分类
B5	1.55～1.75	短波红外	30	测定植被和土壤含水量
B6	10.4～12.5	热红外	120	测定土壤温度、热测定与热制图
B7	2.08～2.35	短波红外	30	地质探矿，区分人造地物类型

5.4　遥感图像的预处理

图像的预处理包括辐射校正（包括传感器校正、太阳高度角和地形引起的畸形校正、大气散射校正）和几何校正。我国卫星地面站提供给用户的数据基本已经做了辐射校正和几何粗校正。

5.4.1 辐射校正

引起辐射畸变有两个原因：一是传感器仪器本身产生的误差；二是大气对辐射的影响。表现在遥感目标所反射或辐射的能量在通过大气层传到传感器时，辐射经过大气成分的散射、吸收等影响，透过率小于1，减弱了信号，而同时散射光也有一部分进入传感器，这又增强了信号，造成噪音；而当目标能量进入传感器后也会由于传感器进行光电转换及增益设置变化而受到影响。这种被传感器记录下来的受到污染的数据与目标反射或辐射的真实能量间的差异就是辐射误差。对其进行校正的方法很多，包括星上绝对定标法、地面绝对定标法及相对校正法等。由于在后面的地表温度的反演模型已经考虑到大气等的影响，因此，地温反演的预处理过程可不考虑辐射校正。

5.4.2 几何校正

在遥感图像形成过程中，由于传感器高度和运动姿态的变化、大气折射、地球曲率、地球自转、地形起伏等诸多因素的影响，使图像存在一定的几何畸变，产生诸如行列不均，像元大小与地面大小对应不准确，地物形状不规则变化等畸变。所使用图像已在中国遥感卫星地面站进行过辐射校正和几何粗校正，所以只需进行以地面控制点为依据的几何精校正和配准。几何精校正是利用兰州市地形图为基准，选取地面控制点对TM进行纠正，采用高斯-克吕格投影；为使图像在校正过程中不致过分扭曲，几何位置变换主要采用二次多项式变换，如下方程，利用双线性内插法对TM图像进行重采样，将TM影像重采样为30m的空间分辨率，误差控制在0.5个像元以内。校正好的影像图通过相同投影的兰州市行政边界图进行叠加，截取研究区。

建立变换前图像坐标(x, y)与变换后图像坐标(u, v)的关系，建立两图像像元点之间的对应关系，记作

$$\begin{cases} x = f_x(u, v) \\ y = f_y(u, v) \end{cases} \tag{5-9}$$

通过数学关系f表示为二元n次多项式，本节中n取2：

$$\begin{cases} x=\sum_{i=0}^{n}\sum_{j=0}^{n-i}a_{ij}u_{ij}v_i \\ y=\sum_{i=0}^{n}\sum_{j=0}^{n-i}b_{ij}u_iv_i \end{cases} \quad (n=1,\ 2,\ 3,\ \cdots) \qquad (5\text{-}10)$$

常用三种经简化的重采样方法是：三次卷积法、双线性内插法、最邻近点内插法。三种方法各有优缺点：①三次卷积法：此方法较为复杂，是使用内插点周围的16个像元值，用三次卷积函数进行内插，有很好的影像亮度连续和几何校正精度，而且能较好地保留高频成分，其缺点是亮度值改变而且计算量大、耗时。②双线性内插法：是赋予不同的权重，进行线性内插。该方法具有平均化的滤波效果，采样精度和几何校正精度较高，校正后的影像亮度连续，但影像的光谱信息会发生变化，破坏了原来的像元值，容易造成高频成分的丢失，使影像变得模糊。③最邻近内插法是将最邻近的像元值直接赋予所输出像元，其优点是输出图像保留原来的像元值，简单、快捷，但其几何校正精度差，校正后的影像亮度不连续，边界会出现锯齿状。本章利用双线性内插法对TM图像进行重采样。

对于城市特征和指标类型制图方面的应用而言，下述几种波段组合是首选方案：①波段4、3、2（彩色红外合成）；②波段7、4、3（红、绿、蓝）合成；③波段5、4、3（红、绿、蓝）合成。一般而言，在彩色合成图中含有一个中红外波段（波段5或波段7）能增强对植物的辨别，任意一个可见光波段（波段1到波段3）、近红外波段（波段4）、一个中红外波段（波段5或波段7）的组合同样非常有用，如图5-2。

图5-2　波段4、3、2彩红外合成影像

5.5　兰州市土地利用/土地覆盖类型

为了定量研究土地利用/覆盖变化对城市地表温度变化的影响程度，同时也是进行地表温度反演的重要参数，首先对兰州市土地利用和土地覆盖进行了分类。根据《土地利用现状分类规程》，全国土地利用现状分类系统按两级进行分类，一级类型8个，二级类型46个。根据兰州市的实际情况，结合本次土地覆盖分类的目的，主要是侧重于对地表温度的研究，偏重地表温度差异性较大的土地利用/土地覆盖类型，将分类类型合并为7大类，应用非监督分类中的ISODATA算法进行迭代聚类，然后结合《兰州市土地利用现状图》，判断每个分类的专题属性，并定义了分类名称和颜色，如图5-3。

图5-3　兰州市土地利用/土地覆盖类型

5.6　兰州市地表温度遥感定量反演

5.6.1　Landsat TM6地表辐射亮温的计算方法

亮度温度是衡量物体温度的一个指标，但不是物体的真实温度。所谓亮度温度是指辐射出与观测物体相等的辐射能量的黑体温度。由于自然界的物体不是完全的黑体，因而习惯上用一个具有比该物体的真实温度低的等效黑体温度来表征物体的温度。它是卫星高度所观测得到的热辐射强度所对应的温度，此温度包含有大气和地表对热辐射传导的影响，因而不是真正意义上的地表温度。

通常 Landsat TM 影像是以灰度值（DN 值）来表示的，DN 值在 0～255 之间，数值越大，亮度越大，表示地表热辐射强度越大，温度越高。利用 TM6 数据求算亮度温度的过程包括把 DN 值转化为相应的热辐射强度值，然后根据热辐射强度推算所对应的地表辐射温度，将 TM6 图像亮度值 DN_6 转化为辐射亮度的方程为

$$L = L_{min} + \frac{L_{max} - L_{min}}{255} \cdot DN_6 \qquad (5\text{-}11)$$

式中，L 为 TM 传感器接收到的辐射强度；L_{max} 和 L_{min} 为传感器接收到的最大和最小辐射强度 $[mW/(cm^2 \cdot sr \cdot \mu m)]$，即相对应于 DN 值为 255 和 0 时的最大和最小辐射强度。陆地 4、5 号卫星，TM 传感器热红外波段 TM6 预设的两个参数的标定值为 $L_{max} = 1.5600$，$L_{min} = 0.1238$。因此式（5-11）可写为

$$L = 0.1238 + 0.005632156DN6 \qquad (5\text{-}12)$$

L 所对应的像元亮度温度可以用普朗克辐射函数计算，或者在有效光谱范围内用式（5-13）（Schott et al.，1985；Goetz et al.，1995）来求算：

$$T = K_2/\ln(1 + K_1/L) \qquad (5\text{-}13)$$

式中，T 为地表温度（K）；K_1 和 K_2 为发射前的预设常量，对于 TM 数据，$K_1 = 60.776K$，$K_2 = 1260.56K$。对于 ETM+ 数据，$K_1 = 66.6093K$，$K_2 = 1282.7108K$。

对于 Landsat-5，将上述方程综合，可以用下式求算卫星高度的像元亮度温度：

$$T_6 = 1260.56/\ln[1 + 60.776/(0.1238 + 0.00563256DN_6)] \qquad (5\text{-}14)$$

TM 传感器探测到的这个辐射温度（亮温）是将下垫面作为黑体，未经校正的以像元为单位的辐射温度。一方面，Landsat TM 是在飞行高度约为 750km 的太空中观测地表的热辐射。当地表的热辐射穿过大气层到达 TM 传感器时，它已受到大气的吸收作用而衰减；另一方面，大气自身也放射出一定强度的热辐射。大气向上的热辐射直接到达 TM 传感器，而向下热辐射也被地表反射回一部分。此外，地表也不是一个黑体，其辐射率小于 1（覃志豪等，2001）。而地表温度指陆地表面的温度，是地表物质的热红外辐射的综合定量形式，是地表热量平衡的结果。它是由物质的热特性及几何结构共同决定的。同时，它还受到微气象条件（风速、风向、空气温度、湿度）、生态环境（高度、坡度、坡向、植被种类、水分状况、叶面指数、叶角分布、株高等）、土壤物理参数

（土壤水分、组分、结构、类型、表面粗糙度）等的影响。Sugita 和 Brutsaert（1993）研究认为在天气晴朗干燥的情况下，地面亮温与实际地表温度的误差在5~10℃，而在空气湿度较大的情况下，这一误差可达15℃以上。覃志豪等（2003）认为地面亮温与实际地表温度的误差在晴天空气干燥时可达5~10℃，空气中水汽含量大时可到达10~15℃的误差，所以亮温并不能真实地反演地面温度。因此，热红外遥感反演是一个复杂的过程，要想从卫星传感器所观测到的热辐射强度中演算地表温度，必须全面考虑热辐射传导过程中的所有这些影响，而这些影响则因不同地区和不同时间而不停地变化，从而使得地表温度的演算变得复杂。

5.6.2 辐射传输方程法

辐射传输方程法又称为大气校正法。大气校正是个很复杂的问题，由于影响大气的因素不确定，例如，大气、气溶胶、云、风、水汽以及海拔等，使得校正的过程中很多变量实时测定很困难，从而使得大气校正变得较复杂。通过卫星获取的热红外数据由普朗克公式算得的温度为大气顶层亮温，而在地面由热辐射仪测得的温度称为地表亮温。对陆地卫星卫星而言，这两个"亮温"与地表温度（LST）通常存在1~5℃的差异，具体情况与当时的大气条件有关。TM6波段主要受大气中水汽含量的控制，大气的长波辐射性质很复杂，不仅与吸收物质，如水汽、CO_2的分布有关，而且与大气温度、压力有关，其中，水汽红外区吸收带很强，又占有较宽频谱，所以它们对热红外遥感的影响最大。相比而言气溶胶的吸收及散射作用一般可以忽略，其他气体含量较少且相对稳定，对LST的计算也没有明显的影响。

辐射传输方程法主要根据卫星上传感器所观测得到的热辐射强度的构成来计算地表温度（毛克彪和覃志豪，2004）。

$$I = \left[\varepsilon B(T_s) + (1-\varepsilon) I^\downarrow \right] \tau + I^\uparrow \tag{5-15}$$

式中，I 为辐射亮度；ε 为地表比辐射率；$B(T_s)$ 是用 Planck 函数表示的黑体热辐射强度；T_s 是地表温度（K）；τ 是大气透射率，可以用大气水分含量来估算；$I^\uparrow$ 和 $I^\downarrow$ 是大气的上行和下行辐射强度，可以根据实时大气剖面探测数据，使用大气模型，如LOWTRAN、MODTRAN 或 6S 大气模型，来模拟大气对地表热辐射的影响，包括估计大气对热辐射传导的吸收作用以及大气自己所放射的向上和向下热辐射强度。然后把这部分大气影响从卫星传感器所观测到的热辐射总量（按灰度值计算）中减去，得到地表的热辐射强度，最后把这一热辐射强度转化成相对应的地表温度。这一方法虽然可行，但实际应用起来却非常困难。除计算过程复杂之外，大气模拟需要精确的实时大气剖面数据，包括不同高度的气温、气压、水蒸气含量、气溶胶含量、CO_2 含量、O_3 含量等。一般都是应用标准大气数据来进行模拟估算，这样估算的误差比较大，一般大于 3℃。这一传导方程阐明卫星遥感所观测到的热辐射总强度，不仅有来自地表的热辐射成分，而且还有来自大气的向上和向下热辐射成分。这些热辐射成分在穿过大气层到达传感器的过程中，还受到大气层的吸收作用的影响而减弱，同时，地表和大气的热辐射特征也在这一过程中产生不可忽略的影响。因此，地表温度的演算实际上是一个复杂的求解问题。

5.6.3　覃志豪单窗算法

由于大气辐射和地表热特性的影响，卫星高度的亮度温度与实际地表温度有较大的差距，Sugita（1993）研究认为在天气晴朗干燥的情况下，这一差距约为 5～10℃，而在空气湿度较大的情况下，这一差距可达 15℃以上。覃志豪等（2001）经过推导运算得到了适用于 TM6 数据的地表温度演算公式，推算过程在此略，用如下单窗算法从像元的亮度温度值中推算得到该像元的实际地表温度，这一算法适用于从仅有一个热波段遥感数据中推算地表温度，所以称之为单窗算法，以区别于分窗算法，分窗算法主要是从 2 个热波段遥感数据中，如 NOAA-AVHRR 数据中来演算地表温度。该单窗算法的精度非常高，平均误差小于 0.4℃。

地表亮度温度向地表温度的转换算法：

$$
\begin{aligned}
T_s &= \frac{1}{C_6}\{ a_6(1-C_6-D_6)+[b_6(1-C_6-D_6)+C_6+D_6]T_6-D_6T_a \} \\
&= \{ a_6(1-C_6-D_6)+[(b_6-1)(1-C_6-D_6)+1]T_6-D_6T_a \}/C_6
\end{aligned}
\tag{5-16}
$$

式中，T_s 为地表温度（K）；a_6、b_6 为常数，地表温度在 0～70℃ 范围内时，$a_6=-67.355351$，$b_6=0.458606$；T_6 为 TM6 的亮度温度（K）；T_a 为大气平均作用温度（K）；C_6 和 D_6 是中间变量，分别用下式表示：

$$
C_6 = \varepsilon\tau
\tag{5-17}
$$

$$
D_6 = (1-\tau)[1+(1-\varepsilon)\tau]
\tag{5-18}
$$

式中，ε 为地物的比辐射率；τ 为大气透射率。

因此，只要知道大气平均作用温度 T_a、地物的辐射率 ε 和大气透射率 τ 三个参数，即可得到地表温度。

5.6.4 Jimenez-Munoz & Sorbrino 普适性单通道算法

该算法是 Jimenez-Munoz 和 Sorbrino（2003）提出的，算法如下：

$$T_s = \gamma \left[\varepsilon^{-1} \left(\psi_1 L_{sensor} + \psi_2 \right) + \psi_3 \right] + \partial \tag{5-19}$$

其中，

$$\gamma = \left\{ \frac{c_2 L_{sensor}}{T_{sensor}^2} \left[\frac{\lambda^4}{c_1} L_{sensor} + \lambda^{-1} \right] \right\}^{-1} \tag{5-20}$$

$$\partial = -\gamma L_{sensor} + T_{sensor} \tag{5-21}$$

式中，T_s 为地表温度；ε 为地物的比辐射率；L_{sensor} 为传感器接收到的热辐射强度 $[W/(m^2 \cdot sr \cdot \mu m)]$；$T_{sensor}$ 是传感器的亮度温度（K）；λ 为有效波长（对于 TM6，$\lambda = 11.457 \mu m$）；$c_1 = 1.19104 \times 10^8 W/(m^2 \cdot sr \cdot \mu m)$，$c_2 = 1.43877 \times 10^4 \mu m \cdot K$；$\psi_1$，$\psi_2$，$\psi_3$ 是整层大气水汽含量 ω 的函数，根据以下公式来计算：

$$\psi_1 = 0.14714\omega^2 - 0.15583\omega + 1.1234 \tag{5-22}$$

$$\psi_2 = -1.1836\omega^2 - 0.37607\omega - 0.52894 \tag{5-23}$$

$$\psi_3 = -0.04554\omega^2 + 1.8719\omega - 0.39071 \tag{5-24}$$

单窗算法和普适性单通道算法把大气影响放进方程里进行推导，因此不需要进行大气模拟，不仅在算法上较大气校正法简单，而且也省去了大气模拟误差的影响。辐射传输方程法由于计算过程较为复杂且需要卫星过境时大气剖面数据来进行大气模拟，因而实际应用起来较其他二者困难。在缺乏实时大气剖面数据的条件下，单窗算法需要的大气参数仅包括近地表气温、比辐射率和大气水分含量；而单通道算法所需的大气参数仅为比辐射率和大气水分含量。

一些学者通过实验对上述三种方法进行对比研究表明：单窗算法和普适性单通道算法虽然不需要同步大气廓线数据，但反演精度高于传统的大气校正法。覃志豪等（2004）认为在大气透过率、大气平均作用温度和地表比辐射率的估计有中等误差的情况下，单窗算法的地表温度反演误差约为 1.2K，普适性单通道算法为 1.5K 以上，单窗算法的反演精度略高。本章应用了两种算法来反演。

5.6.5 大气平均作用温度的估算

大气平均作用温度主要取决于大气剖面气温分布和大气状态。由于卫星飞过研究区上空的时间很短，一般情况下很难实施实时大气剖面数据和大气状态的直接观测，如探空气球的观测。覃志豪等（2003）根据Sobrino等的研究，推导得出一个经验公式，认为在标准大气状态下（天气晴朗、没有旋涡作用），大气平均作用温度 T_a（K）是近地面（约2m）的气温 T_0（K）的线性函数，如表5-3。因此，即使是没有卫星过境时大气探空数据，利用这种关系也可以得到大气平均作用温度。

表5-3　大气平均作用温度与近地面气温之间的关系（覃志豪等，2003）

大气状态	经验公式
美国1976年平均大气	$T_a = 25.9396 + 0.88045 T_0$
热带平均大气	$T_a = 17.9769 + 0.91715 T_0$
中纬度夏季平均大气	$T_a = 16.0110 + 0.92621 T_0$
中纬度冬季平均大气	$T_a = 19.2704 + 0.91118 T_0$

注：T_a 为大气平均作用温度（K）；T_0 为近地面（2m）大气温度（K）

根据甘肃省气象局气象信息中心得到的卫星过境时间，2007年9月18日兰州中心气象台11:00的气温为15.8℃，为288.9K；12:00时的气温18.2℃，为291.4K；按照中纬度夏季平均大气的标准取11:00时 $T_a = 283.6394$K，12:00时 $T_a = 285.8623$K，取二者的平均值284.7508K。

5.6.6 大气透射率的估算

影响大气透射率的因素很多，气温、气压、气溶胶含量、大气水分含量、O_3、CO_2、CO等对热辐射传导均有不同程度的作用，使得地表的热辐射在大气中的传导产生衰减。研究表明，大气透射率的变化主要取决于大气水分含量的动态变化，其他因素的动态变化对大气透射率的变化没有显著的影响，因此，水分含量就成为大气透射率估计的主要考虑因素。大气总水分含量主要应用MODTRAN、LOWTRAN、6S大气辐射传输模型进行模拟求算，然而这种方法需要很详细的大气剖面数据，多数情况下，由于缺少这种数据，使得大气模拟法难以应用。

覃志豪等（2003）通过对MODTRAN大气辐射传输模型中所提供的四种标准大气廓线进行分析，认为在$0.4 \sim 4.0 \text{g/cm}^2$的水分含量变动区间内，大气透射率并非随水分含量增加而呈线性降低，但在较小水分含量区间内，其变化关系可视为接近于线性。根据这一特征，可以建立一些简单的方程，用来进行TM6的大气透射率估计。对于水分含量在$0.4 \sim 3.0 \text{g/cm}^2$区间内，估算方程如表5-4。

表5-4　TM6的大气透射率估算方程

大气剖面	水分含量$\omega/(\text{g/cm}^2)$	大气透射率估算方程	相关系数平方	标准误差
高气温	$0.4 \sim 1.6$	$\tau_6 = 0.974290 - 0.08007\omega$	0.99611	0.002368
（35℃）	$1.6 \sim 3.0$	$\tau_6 = 1.031412 - 0.11536\omega$	0.99827	0.002539
低气温	$0.4 \sim 1.6$	$\tau_6 = 0.982007 - 0.09611\omega$	0.99463	0.003340
（18℃）	$1.6 \sim 3.0$	$\tau_6 = 1.053710 - 0.14142\omega$	0.99899	0.002375

严格意义上讲，大气总水分含量应该由不同高度的大气水汽密度通过对高度的积分来推算出来，如式（5-25），但是缺乏大气分层数据，使得该方法应用比较困难。

$$\varpi = 0.1 \int_0^z \rho(h) \mathrm{d}h \tag{5-25}$$

式中，ϖ为大气总水分含量（g/cm^2）；z是大气层顶的高度（km）；$\rho(h)$为高度为h时的大气水汽密度（g/cm^3）。

本章选用的是低气温时的大气透射率估算方程。大气中的水分集中在对流层，对流层空气柱中的水汽总量也称为可降水量。根据杨景梅和邱金恒（1996）的研究，可降水量可以通过与地面水汽压之间的关系来确定，计算公式如下：

$$\omega = 0.0981e + 0.1679 \tag{5-26}$$

其中，e是水汽压（hPa），可表示为

$$e = 0.6108 \cdot \exp\left(\frac{17.27(T_0 - 273)}{237.3 + T_0 - 273}\right) \cdot \text{RH} \tag{5-27}$$

式中，RH为相对湿度；T_0是气温。

利用从省气象局得到的卫星过境前后11:00和12:00的气温、水汽压、相对湿度数据，通过上述方程来计算大气水分含量，然后利用大气透射率估算方程来计算大气透射率，如表5-5。

表 5-5　卫星过境（11:33）前后大气水分含量和大气透射率计算结果

时间	气温/℃	相对湿度/%	水汽压/hPa	大气水分含量/（g/cm²）	大气透射率
11:00	15.8	56	10.1	1.16051	0.87047
12:00	18.2	48	10.1	1.16051	0.87047

因 11:00 和 12:00 计算得到的大气水分含量都为 1.16051g/cm²，选用低气温（18℃）的大气透射率估算方程：$\tau_6 = 0.982007 - 0.09611\omega$，进行大气透射率的估算，卫星过境时刻在 11:33，所以其大气透射率为 0.87047。

Qin 等（2001）曾应用 LOWTRAN 大气模式模拟估算了大气水分含量在 0.4~6.4g/cm² 之间时，大气透射率的变化情况。其中，当大气水分含量为 1.0g/cm² 时，低气温的大气透射率为 0.889594；当大气水分含量为 1.2g/cm² 时，低气温的大气透射率为 0.869436。大气水分含量在 1.16051g/cm² 时，大气透射率为 0.87047。由此可见，估算的大气透射率非常精确。

5.6.7　地表比辐射率的估算

地物的比辐射率是在同温下，地物的辐射出射度（即地物单位面积发出的辐射总通量）与黑体的辐射出射度（即黑体单位面积发出的辐射总通量）的比值。地物的比辐射率即地物的发射率在地表温度研究中具有非常重要的意义。根据基尔霍夫定律，在一定温度下，任何物体的辐射出射度与其吸收率的比值是一个普适函数，与物体的性质无关，它等于该温度下黑体的辐射通量密度。地物的发射率是物体向外辐射电磁波的能力表征，不同的地物发射率不同，它不仅依赖于地表物体的组成，而且与物体的表面状态（表面粗糙度等）及物理性质（介电常数、含水量、温度等）有关，并随所测定的波长和观测角度等条件的变化而变化。

通过实际测量，已经得到自然界各种地物的比辐射率值（发射率值）（梅安新等，2001）。地表比辐射率直接与地表构成有关，表 5-6 列出了城市中典型地物的比辐射率的测定值。通常情况下，可作简化处理，植被覆盖区域为 0.95，而非植被覆盖区域为 0.92，水体为 0.99。

表 5-6　常温下 λ 为 8~14μm 时城市中典型地物常温下的比辐射率 ε（梅安新等，2001）

地物名称	ε	地物名称	ε
柏油路面	0.93~0.956	大理石	0.942
水泥路面	0.966	花岗岩	0.78

地物名称	ε	地物名称	ε
土路	0.83	玄武岩	0.906
混凝土	0.90	石英	0.672
粗钢板	0.82	沙	0.90
炭	0.81	木板	0.98
木板	0.98	草地	0.84
水	0.96~0.993	灌木林	0.98

对于 TM 而言，30m×30m 的空间分辨率使得一个像元内的地物组成往往是混合地物，单一类型的地物较少，这给混合像元的地表比辐射率确定带来一定的困难。

1）根据地物类型确定地表辐射率

此方法比较简单，其基本原理是首先做地物分类，然后给不同的地物类型赋予不同的比辐射率值，每种典型地物的比辐射率值可以根据城市典型地物常温下的比辐射率值得到（张金区，2006）。

2）Van 的 NDVI 估算方法

归一化植被指数 NDVI 原理就是在多光谱波段内，寻找出所要研究地物的最强反射波段和最弱反射波段，将强者置于分子，弱者置于分母，如下式所示。通过比值运算，进一步扩大二者的差距，使感兴趣的地物在所生成的指数影像上得到最大的亮度增强，而其他背景地物则受到普遍的抑制，从而达到突出感兴趣地物的目的。比值型指数通常又会被作归一化处理，使其数值范围为 -1~1，较高的 NDVI 值指示着包含较多的绿色植被。对于 TM 数据，NDVI 可以表示为

$$NDVI=（NIR-R）/（NIR+R）\qquad(5-28)$$

式中，NIR 和 R 分别是 TM 的近红外波段（波段4）和红外波段（波段3）的 DN 值。

对于地表温度的反演，可以直接用 TM3 和 TM4 的 DN 值来计算 NDVI，而不必进行大气校正（李净，2006）。Sobrino 等（2004）用2种大气校正方法进行校正之后计算 NDVI，并与没有进行校正的 NDVI 相比较，结果表明两者平均仅相差 0.03。这一差距对于地表发射率的估计没有实质性的影响，因为它仅产生小于 3% 的植被覆盖度误差，而这一误差仅能产生 0.0004 的地表发射率误差，进而对地表温度的反演精度仅有小于 0.05℃ 的影响，可以忽略不计，图 5-4 为兰州市 NDVI 图。Sobrino 等（2004）研究认为当 NDVI<0.2 时，像元完全由

裸露地表（裸土或建筑地面）覆盖；当NDVI＞0.5时，像元完全由植被覆盖；当0.2≤NDVI≤0.5时，像元由裸露地表和植被共同组成。

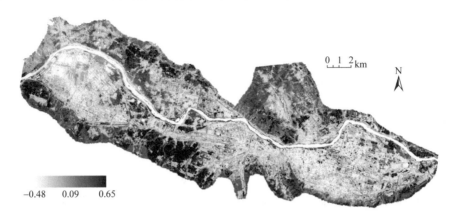

图5-4　兰州市NDVI图

　　与城市典型的土地利用类型（居住用地、商业用地、工业用地、道路广场用地等土地利用类型）相比，城市绿地的环境热效应显著区别于前者，由地表热量平衡可知，植被具有较大的热惯性和热容量以及较低的热传导和热辐射率。根据周淑贞和束炯（1994）的研究，在太阳辐射下，由于吸热面和储热量较多，水泥路面和建筑物表面储存的热量要多于绿地，热储存量相当于地面净辐射的15%～30%，而下垫面构成中有森林和草地覆盖的地方，热存储量只相当于地面净辐射的5%～15%。因此，绿地景观类型的热环境效应明显区别于其他景观，即其对应的城市地表温度要显著低于典型的城市景观类型。一般而言，城市的NDVI和热场的空间分布具有相反的分布特点。

　　Van等（1993）在Botswana水文和地表能平衡研究计划的支持下利用获取的大量比辐射率实地观测数据和红光、近红外的遥感数据实测数据进行分析，经对数转化后，发现地表比辐射率ε与NDVI之间高度相关，NDVI较高的地表比辐射率相应较高，NDVI越高，地表越接近于完全的植被覆盖；NDVI较低的地表比辐射率相应较低，NDVI越小，地表越接近于完全的裸土；NDVI如果介于植被与裸土之间，则表明地表有一定的植被叶冠覆盖和一定比例的裸土。Van建立了地表比辐射率ε与NDVI的经验关系：

$$\varepsilon = 1.0094 + 0.074\ln(\text{NDVI}) \tag{5-29}$$

　　需要注意的是Van的经验公式是在自然地表上总结出来的，所采用的NDVI值在0.157～0.727之间，一般当NDVI大于0.727时，视为植被高覆盖区，当NDVI小于0.157时主要为城市用地和水体。如果NDVI超过这个范围，比辐射率就很难再满足这个经验公式。

Sobrino 等（2004）研究认为，假定地表为裸土和植被构成，对每个像元来说：

当 NDVI＜0.2 时，像元完全由裸土覆盖，地表发射率等于土壤在红光区间的发射率 0.97。

当 NDVI＞0.5 时，像元完全由植被覆盖，地表发射率等于植被的典型发射率 0.99。

当 0.2≤NDVI≤0.5 时，像元由裸土和植被共同组成，地表发射率的计算公式是

$$\varepsilon = 0.004 P_v + 0.986 \tag{5-30}$$

式中，P_v 为像元的植被覆盖度。水体的 NDVI 值一般小于或接近于 0，水体的比辐射率在 0.99～1 之间。

3）Valor 和 Sobrino 的植被指数混合模型算法

Valor 和 Caslles（1996）认为地表是由裸土和植被混合组成的，除水体外，可以依据 NDVI 把地表分成完全植被覆盖地表、裸露地表和半植被、半建筑覆盖的混合地表，因其对地表发射率的贡献不同，因此混合像元的比辐射率计算方程为

$$\varepsilon = \varepsilon_v P_v + \varepsilon_s (1 - P_v) + \mathrm{d}\varepsilon \tag{5-31}$$

式中，ε_v 为植被覆盖时的比辐射率；ε_s 是地表为裸露地表时的比辐射率，建筑物代表类型也可归为此类，本章中 ε_v 取 0.985，ε_s 取 0.970；$\mathrm{d}\varepsilon$ 为比辐射率修正项；P_v 为植被覆盖度。P_v 植被覆盖度的计算利用 Carlson 和 Ripley（1997）提出植被指数计算地表植被覆盖度方法：

$$P_v = \left(\frac{\mathrm{NDVI} - \mathrm{NDVI}_{\min}}{\mathrm{NDVI}_{\max} - \mathrm{NDVI}_{\min}} \right)^2 \tag{5-32}$$

式中，NDVI 为所求像元的植被指数；$\mathrm{NDVI}_{\min}$、$\mathrm{NDVI}_{\max}$ 分别为研究区内的最小、最大值。一般式中的 $\mathrm{NDVI}_{\max}$ 取 0.5，$\mathrm{NDVI}_{\min}$ 取 0.2；当 NDVI＞0.5 时，认为地表为植被完全覆盖，此时的 $P_v = 1$；当 NDVI＜0.2 时被认为地表完全是裸露的，如裸土、建筑物、广场和道路等，取 $P_v = 0$。

$\mathrm{d}\varepsilon$ 表示地表几何分布和内部的散射效应，对于水平地表，该项可以忽略，但是对于异质性或者粗糙地表，该项的贡献率较大，不能忽略。

$$\mathrm{d}\varepsilon = (1 - \varepsilon_s)(1 - P_v) F \varepsilon_v \tag{5-33}$$

式中，F 是一个形状因子，根据地表不同的几何分布取值，一般取不同几何分布情况下的平均值为 0.55。

综合上述方程，可得到

$$\varepsilon = \varepsilon_v F [P_v (\varepsilon_s - 1) + (1 - \varepsilon_s)] + P_v (\varepsilon_v - \varepsilon_s) + \varepsilon_s \qquad (5\text{-}34)$$

本章中主要应用植被指数混合模型算法来计算地表的比辐射率。

5.6.8 | 反演结果

通过上述步骤估算得到了卫星过境时的大气平均作用温度、大气透射率、大气水分含量和地表的比辐射率四个要素值，利用覃志豪单窗算法和 Jimenez-Munoz & Sorbrino 普适性单通道算法，分别反演得到了兰州市地表温度，如图 5-5 和图 5-7，图 5-6 和图 5-8 分别为其直方图。

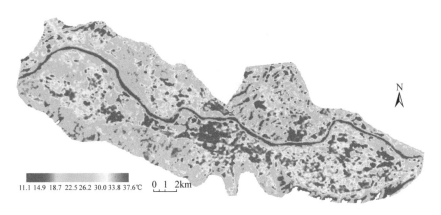

图 5-5 基于覃志豪单窗算法反演的兰州市地表温度

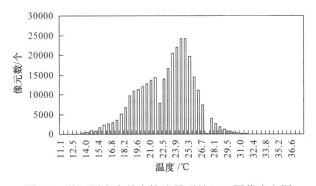

图 5-6 基于覃志豪单窗算法得到的 LST 图像直方图

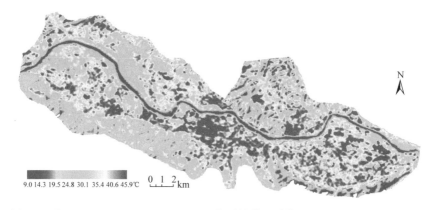

图 5-7 基于Jimenez-Munoz & Sorbrino普适性单通道算法反演的兰州市地表温度

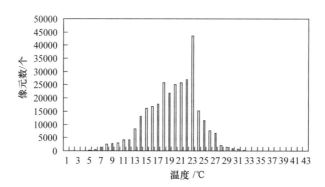

图 5-8 基于Jimenez-Munoz & Sorbrino单通道算法得到的LST图像直方图

5.6.9 反演精度验证

从甘肃省气象局信息中心得到存档的2007年9月18日兰州中心气象台实测11:00地表温度为25.2℃，12:00地表温度为30.2℃；卫星过境时间为11:33，覃志豪单窗算法反演的兰州中心气象台地表温度为25.6℃，Jimenez-Munoz & Sorbrino普适性单通道算法反演的地表温度为27.2℃，说明两种算法反演的精度较高。

5.7 兰州市地表温度场剖面线分析

兰州市城区地表温度可以揭示城市热场的总体变化趋势和平面特征，来把握城市热场的宏观特征，为进一步剖析热场的内部结构特征，热场的剖面研究是一个较好的途径。根据城市热场图所覆盖的范围和呈现的特点，考虑剖面线所经过的区域的典型性，作1条长度为32.3km的温度剖面线，如图5-9和图5-10所示，几乎贯穿了河谷东西，并且经过了兰州市主要的城区和城市功能分区，来揭示热场的内部结构和差异。

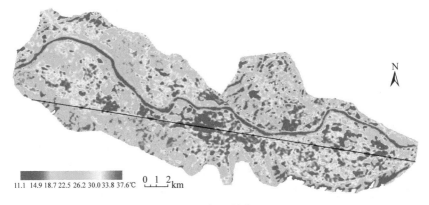

图5-9　剖面线位置

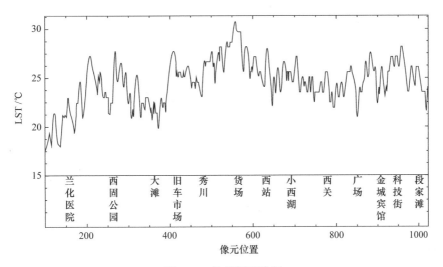

图5-10　热场剖面线图

热场剖面图反映出热场强度沿着东西河谷呈现"隆起"、"陡壁"和"凹槽"特征，说明因城市下垫面的差异，如绿地、水体分布、建筑容积率、人口密度、城市功能分区等因素的差异，使得城市地面热场内部结构存在相当大的差异。整个剖面线上，最高值区在西站、货场、西北物资市场一带，而不是一些商业中心或人口密集区，如西关、广场一带。一些地表植被覆盖较好的区域，如大滩、西固公园区域会出现明显的低温中心。在剖面线的两端接近郊区的区域，热场强度都开始大幅下降，城区相对于郊区在热场强度表现上的"高原"特征较为明显。

兰州大学盘旋路校区所在区域是一典型的"冷岛"，反演的最低地表温度是18.5℃，较相邻的甘南路一带地表温度要低6.6℃，这主要与学校区域较高的植被覆盖率、较低的建筑容积率有关，下垫面类型和热力性质与周边区域有较显著的差异。可见增加植被覆盖率是减弱城市热岛强度最有效的方式。

因此一些学者呼吁城市规划要增加气候论证，立体绿化更是治本之策，认为减弱热岛效应的根本途径是减少热量排放、增大绿化面积。相关研究表明：$1hm^2$绿地相当于189台空调的制冷作用；$1hm^2$绿地每天吸收1.8t的CO_2，显著削弱温室效应的产生；$1hm^2$绿地年滞留粉尘2.2t，将环境中的大气含尘量降低50%左右，可有效抑制大气升温。绿化覆盖率达到30%以上，才有缓解城市热岛效应的作用；绿化覆盖率达到40%以上，热岛面积可减少3/4；绿化覆盖率达到60%以上，热岛效应基本被控制。地毯式的屋顶或爬满常春藤和爬山虎的墙壁在盛夏可使室内温度下降2~4℃，节约空调耗电量20%~40%，屋顶绿化相当于地面绿化效益的60%。

5.8 兰州市地表温度空间分布格局

分析兰州市地表温度空间分布格局，总体上看，兰州市高温区面积较大的分布区主要在城关区和七里河区，安宁区和西固区高温区面积相对较小。在城关区，高温区的分布比较破碎，斑块化程度比较强，高温区和相对低温区相间分布，整个区域高温区斑块会逐渐连成一片，靠近黄河沿线一带低温区分布较有规律，以前雁滩开发程度较弱时，雁滩是整个兰州温度相对较低区，但从现在的状况来看，雁滩也呈现向高温区过渡。在七里河区，高温区集中分布，已连成一片，以西站、货场、兰石厂和西部物资市场为中心，形成一个较为明显的高温区域，而且强度非常高，这一区域地表基本为人工构筑的混凝土地面，面积广大，而且地表植被覆盖较少，所以热场强度最高，同样在七里河区的马滩一带，由于有部分农田、滩涂，开发程度较低，所以是一个低温区。对于安宁区，是四个区中总体热场强度最低的一个区，这主要与其科教文化区的功能区定位有关，安宁区整体植被覆盖率较高，农田等未开发的土地面积相对较大。安宁区热场强度稍强的区域主要在黄河市场至十里店一带，此外，安宁科教大学城一带热场也有逐渐增强，连绵为一体的趋势，崔家庄、安宁堡和沿黄河一带是低温区域，这里有安宁大片的桃园，热场强度最弱。对于西固区，从整个区域功能区划分来看，北部和靠近黄河一带是工业厂区，而西固西路和西固中路以南包括玉门街一带主要是生活区。西固热场强度高的区域基本和生活区的分布范围相一致，在工业厂区热场强度并不高。所以工业区分布与热场强度的高低关系不太密切。

　　以往的研究认为，过去兰州市高温区主要在西关、铁路局附近，主要分布区与商业区相一致；但从目前兰州市的状况来看，随着兰州城市化进程的加快，下垫面类型的快速改变，最高温中心并不在商业区等人口密集区，或者人为热量释放较多的工业区，而是在货场、西站、兰石厂和西部物资市场为中心的地表类型较为单一，有较大面积混凝土或沥青构筑的物流场地，植被覆盖率较低的区域。热场强度与城市功能分区之间的关系不大，而主要与下垫面覆盖有很大的关系。对于兰州，在所有影响城市热场强度的因素中，土地覆盖类型对城市热场强度的影响最大，将兰州热场分布图、土地利用/土地覆盖图及NDVI分布图结合起来分析，会发现土地覆盖对城市的热场强度的影响是最大的。

参 考 文 献

李净. 2006. 基于Landsat-5 TM估算地表温度. 遥感技术与应用, 21（4）: 322-326.

李小文, 汪骏发, 王锦地, 等. 2001. 多角度与热红外对地遥感. 北京: 科学出版社.

廖志宏. 2014. 基于地面传感器数据与遥感数据的地表温度反演研究. 徐州: 中国矿业大学硕士学位论文.

毛克彪, 覃志豪. 2004. 大气辐射传输模型及MODTRAN中透过率计算. 测绘与空间地理信息, 27（4）: 1-3.

梅安新, 彭望禄, 秦其明, 等. 2001. 遥感导论. 北京: 高等教育出版社.

覃志豪, 李文娟, 徐斌, 等. 2004. 陆地卫星TM6波段范围内地表比辐射率的估计. 国土资源遥感, 61: 28-32.

覃志豪, Li Wenjuan, Zhang Minghua, 等. 2003. 单窗算法的大气参数估计办法. 国土资源遥感, 56: 37-43.

覃志豪, Zhang Minghua, Arnon Karnieli. 2001. 用陆地卫星TM6数据演算地表温度的单窗算法. 地理学报, 56（4）: 456-466.

涂梨平. 2006. 利用Landsat TM数据进行地表比辐射率和地表温度的反演. 杭州: 浙江大学硕士学位论文.

杨景梅, 邱金桓. 1996. 我国可降水量同地面水汽压关系的经验表达式. 大气科学, 20 (5): 620-626.

张金区. 2006. 珠江三角洲地区地表热环境的遥感探测及时空演化研究. 广州: 中国科学院广州地球化学研究所博士学位论文.

周淑贞, 束炯. 1994. 城市气候学. 北京: 气象出版社.

Carlson T N, Ripley D A. 1997. On the relation between NDVI, fractional vegetation cover, and leaf area index. Remote Sensing of Environment, 62 (3): 241-252.

Goetz S J, Halthore R N, Hall F G, et al. 1995. Surface temperature retrieval in a temperate grassland with multiresolution sensors. Journal of Geophysical Research, 100: 25397-35410.

Jimenez-Munoz J C, Sobrino J A. 2003. A generalized single-channel method for retrieving land surface temperature from remote sensing data. Journal of Geophysical Research-Atmospheres, 108 (D22): 4688.

Qin Z, Karnieli A, Berliner P. 2001. A mono-window algorithm for retrieving land surface temperature from Landsat TM data and its application to the Israel—Egypt border region. International Journal of Remote Sensing, 22 (18): 3719-3746.

Schott J R, Volchok W J. 1985. Thematic Mapper thermal infrared calibration. Photogrammetric Engineering and Remote Sensing, 51: 1351-1357.

Snyder W C, Wan Z. 1998. BRDF Models to predict spectral reflectance and emissivity in the thermal infrared. IEEE Transaction on Geoscience and Remote Sensing, 36: 214-225.

Sobrino J A, Jimnez-Munoza J C, Paolini L. 2004. Land surface temperature retrieval from Landsat TM5. Remote Sensing of Environment, 90: 434-446.

Sugita M, Brutsaert W. 1993. Comparison of land surface temperatures derived from satellite observations with ground truth during FIFE. International Journal of Remote Sensing, 14: 1659-1676.

Tonooka H. 2005. Accurate atomospheric correction of ASTER thermal infrared imagery using the WVS method. IEEE Transactions on Geoscience and Remote Sensing, 43 (12): 2778-2792.

Valor E, Caslles V. 1996. Mapping land surface emissivity from NDVI: application to European, African, and South American areas. Remote Sensing of Environment, 57 (3): 167-184.

Van D, Griend A A, Owe M. 1993. On the relationship between thermal emissivity and the normalized difference vegetation index for natural surface. International Journal of Remote Sensing, 14 (6): 1119-1131.

Xu H Q. 2016. Change of Landsat 8 TIRS calibration parameters and its effect on land surface temperature retrieval. Journal of Remote Sensing, 20 (2): 229-235.

第6章 街区尺度下的非均匀下垫面热场和湿度场时空演变

流动观测方法是研究城市街区尺度小气候的有效工具,该方法可以弥补固定观测站点数量不足和遥感反演误差问题及受制于天气状况的缺点,灵活机动地观测城市不同区域真实环境的小气候特征,对监测局地尺度范围的环境变化有十分明显的优势。Kazimierz 和 Krzysztof（1999）等利用 Vaisala HMP-35 传感器,同时安装在 5 部车上,研究热岛空间格局。Wong 和 Yu（2005）等应用汽车流动观测方法研究了新加坡热岛效应和绿地的降温作用；Unger（2001）在不同的天气条件下应用流动观测方法研究了匈牙利塞格德市城市下垫面与近地面气温之间的关系；郭勇等（2006）采用车载气象观测仪器结合 GPS 定位、连续数据采集系统的流动观测方法研究了北京城区内不同城市地表覆盖物对城市局地小气候的影响和气象要素分布。流动观测其优点是可以利用有限的仪器灵活机动地获取局地范围多点真实要素值,进行城市一日中热场动态变化过程的研究和便于断面分析；缺点是受到局部环境和外界因素的影响（肖荣波等,2005）。目前,卫星遥感反演气温,因受大气状况等复杂因素的影响,准确反演实际气温存在困难,且只能反演卫星过境时刻的地面温度,时间分辨率低,在一日中,近地面温湿场的动态变化过程无法反映。本章探讨了一日之中三个时段的近地层空气地面温湿场分布规律,弥补了这方面的不足。

6.1 兰州市城市气候流动观测实验

1）观测时间

为了详细调查兰州市城区温湿场的形态结构和时空演变规律,本章综合应用了流动观测法、定点观测法、城郊气象站点法和模型模拟法。分别于 2006 年 7 月、2006 年 10 月、2007 年 1 月、2007 年 4 月,在兰州市城区进行了四季各气候要素的汽车流动观测和定点观测，共进行了12次观测，每次观测持续约3～4小时。每天的观测集中在7:00～10:00、13:00～16:00、19:00～22:00三个时间段。观测都选择在晴朗稳定、无（弱）风的天气下进行，城市气候效应在这种天气条件下表现最明显。

2）流动观测设备和观测路线

每天用两辆微型客货车分别携带美国产Kestrel 4000多功能便携气象仪（测量12项指标：温度、相对湿度、湿球温度、露点、热指数、风寒指数、大气压、海拔、密度高度、峰值风速、平均风速、即时风速）；天津产DHM2型通风干湿表和美国产Magellan 320 GPS卫星定位系统沿东西二线进行早、午、晚三次观测，如图6-1，共有61个测点。流动观测路线和测点考虑了不同的城市功能区，不同走向的街道，不同的建筑密度和不同性质的下垫面。

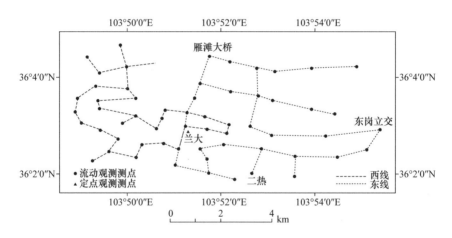

图6-1 兰州市城区气候流动观测线路和测点示意图

3）定点观测仪器和方法

在流动观测的同时，在位于兰州市区的兰州大学盘旋路校区进行同步的定点观测，测点设置在逸夫馆前空地，仪器设备有：Monitor SL5 波文比系统；Kestrel 4000多功能便携气象仪；DHM2型通风干湿表；DYM3型空盒气压表。每5分钟记录一次。流动观测和定点观测的要素有经纬度坐标、气温、湿度、风速、酷热指数/风寒指数、气压、干球温度和湿球温度。仪器观测高度全部为1.5m。

6.2 流动观测数据的时间差订正

观测结束后，对流动观测各测点在不同时刻的观测要素值进行时间差订正。将每天3个时段的流动观测要素值分别订正到3个观测时段的中间时刻08:30、14:30和20:30。首先，利用定点观测每5分钟数据，应用最小二乘法拟合得到3个时间段的趋势方程。以下以2006年7月25日流动观测数据为例进行时间差订正（图6-2和图6-3）。

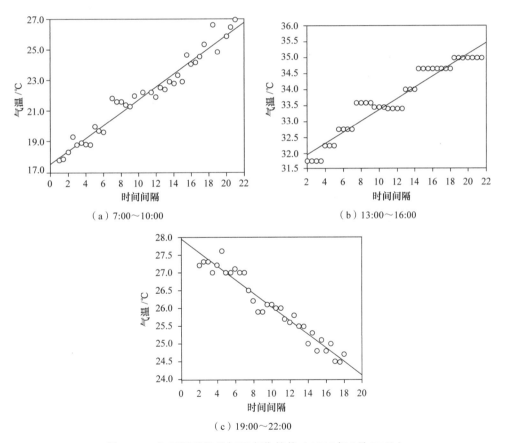

（a）7:00～10:00 （b）13:00～16:00

（c）19:00～22:00

图6-2 3个观测时段的气温变化趋势（2006年7月25日）

2006年7月25日7:00～10:00气温变化趋势线方程：

$$y=0.419x+17.535，R=0.977 \tag{6-1}$$

2006年7月25日13:00～16:00气温变化趋势线方程：

$$y=0.174x+31.609，R=0.966 \tag{6-2}$$

2006年7月25日19:00～22:00气温变化趋势线方程：

$$y=-0.190x+27.931，R=-0.971 \tag{6-3}$$

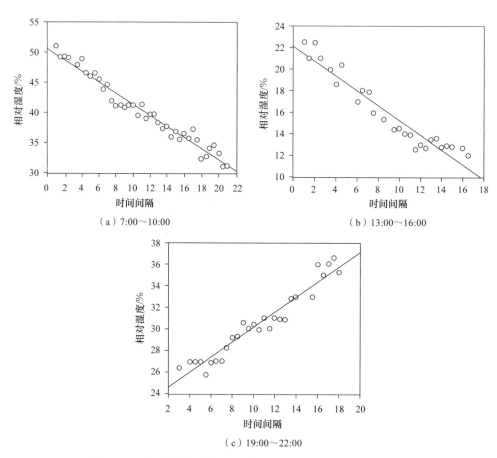

（a）7:00～10:00

（b）13:00～16:00

（c）19:00～22:00

图6-3　3个观测时段的相对湿度变化趋势（2006年7月25日）

2006年7月25日7:00～10:00相对湿度变化趋势线方程：

$$y=-0.927x+50.733，R=-0.981 \tag{6-4}$$

2006年7月25日13:00～16:00相对湿度变化趋势线方程：

$$y=-0.690x+22.198，R=-0.959 \tag{6-5}$$

2006年7月25日19:00～22:00相对湿度变化趋势线方程：

$$y=0.699x+23.182，R=0.965 \tag{6-6}$$

　　然后，利用上述趋势方程中观测值与时间间隔的关系来订正各测点的观测值，将每个时段各个测点的观测值订正到一个时间点上。如将早上时段某测点

hh:mm 时刻的观测值 $Y_{(hh:mm)}$ 订正到 8:30 时刻，用方程：

$$Y_{(8:30)} = K \cdot \left[X_{(8:30)} - X_{(hh:mm)} \right] + Y_{(hh:mm)} \qquad (6\text{-}7)$$

6.3 GIS 空间插值

空间内插方法的出现是数学史上一项重大的成就，对地学、环境科学等相关领域都有着巨大的推动作用。它早期又称为地质统计，是法国著名统计学家 Matheron 在大量理论研究的基础上逐渐形成的一门新的统计学分支。空间插值研究的基本内容是根据已知地理空间的特殊性来探索未知地理空间的特性，由于现实世界和物质的复杂性，常规方法很难得到时空域中所有点的观测值，但是地统计方法可以利用研究区已测定的空间样本，这些样本反映了空间分布的全部或部分特征，并可以根据这些已知样本来预测未知地理空间的特征。主要是利用随机函数对不确定的自然现象进行探索分析，并结合已知样点的信息对未知样点进行估计和模拟。由于经典统计学在空间数据分析上的不足，地统计学成了空间分析有效的研究工具。目前，地统计学已经被广泛用于地学、生态学、环境科学、土壤学、气象学等相关领域。

在具体研究中，可以通过空间内插方法，将离散点的测量数据转换为连续的数据曲面，以便与其他的分布模型进行比较，并据此获得更深入的信息。内插方法的本质决定了它需要依赖计算机进行大量复杂的数学计算。美国 ESRI 公司的 ArcGIS 9.0 系列软件将 Geostatistics 方法作为其一个分析模块（geostatistics analyst）纳入到整个框架体系中，实现了 GIS 数据的空间结构分析和空间统计表面建模与误差评价。图 6-4 为 GIS 空间插值流程图。地统计模块具有开创性的意义，它在地统计学与 GIS 之间架起了一座桥梁。使得复杂的地统计方法可以在软件中轻易实现。ArcGIS 地统计分析模块主要由三个功能模块组成：探索性数据分析（explore data），地统计分析向导（geostatistical wizard）和生成数据子集（create subsets）。地统计分析中，探索性数据分析，即数据检验，可让使用者了解所使用的数据，并利用一系列的图形工具，确定统计数据的分布、异常值，寻求全局的变化趋势。地统计分析向导提供了一系列利用已知点进行内插生成研究对象图的内插模型。通过数据分析、选择合适的内插模型、评估内插模型、完成表面模拟预测。生成数据子集主要的目的是将观测值和预测值进行比较，验证预测的质量（汤国安和杨昕，2006）。

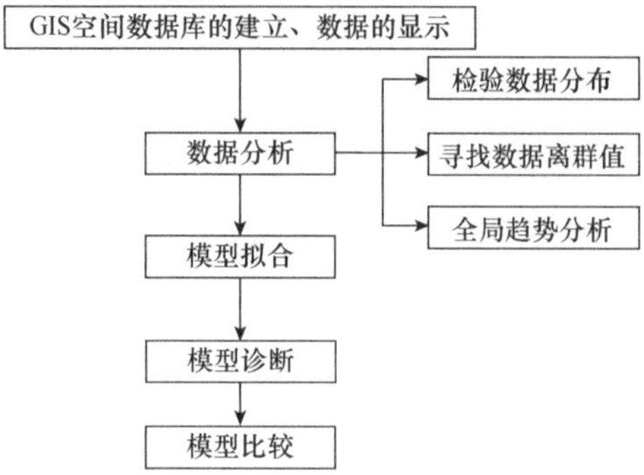

```
GIS空间数据库的建立、数据的显示
                            ┌──→ 检验数据分布
        数据分析 ──────────────┼──→ 寻找数据离群值
                            └──→ 全局趋势分析
        模型拟合
        模型诊断
        模型比较
```

图 6-4 GIS 空间插值流程图

根据是否能保证创建的表面经过所有的采样点，空间插值方法又可以分为精确性插值和非精确性插值。精确性插值方法在样点处的预测值和实测值相等，非精确性插值法在样点处的预测值与实测值一般不会相等。使用非精确性插值方法可以避免输出表面上出现明显的波峰或波谷。反距离加权插值和径向基插值属于精确性插值方法，而全局多项式插值、局部多项式插值及克里金插值都属于非精确性插值方法。

6.3.1 检验数据分布

在获得数据后，首先应对数据分析，若不符合正态分布的假设，应对数据进行变换，转为符合正态分布的形式。正态QQPlot分布图主要用来评估具有 n 个值的单变量样本数据是否服从正态分布。横轴为理论正态分布值，竖轴为采样点值，绘制样本数据相对于其标准正态分布值的散点图。如果采样样本服从正态分布，其正态QQPlot分布图中采样点应该是接近一条直线。如果个别采样点偏离直线太多，那么这些采样点可能是一些异常点，应对其进行检验，此外，如果在正态QQ图中数据没有显示出正态分布，那么就有必要在应用某种插值方法之前进行对数变换或幂变换，使之服从正态分布。从采样点的分布来看，在小值区域和大值区域，存在个别离群点值。从总体来看，观测数据的分布与标准正态分布对比，数据都近似成为一条直线，数据服从正态分布。

6.3.2 寻找数据离群值

全局（或局部）数据离群值是在整个数据集中的所有点来讲（或与相邻

区域），观测样点的值偏高或偏低的样点。离群点的出现可能是真实异常值，也可能是不正确的测量或记录引起的，在应用模型之前要进行判断、改正或剔除。用聚类和熵的方法生成的Voronoi图也可以用来帮助识别可能的离群值，利用Voronoi图可以找出一些对区域内插作用不大且可能影响内插精度的采样点值，可以将它剔除。Voronoi图可以了解到每个采样点控制的区域范围，也可以体现出每个采样点对区域内插的重要性。熵值是度量相邻单元相异性的一个重要指标，距离相近的事物比距离远的事物有更大的相似性，局部离群值可以通过高熵值的区域识别出来。Voronoi图中颜色与周围所有邻接面域颜色截然不同的面域，即图中晕线所示区域，这些面域所代表的点可能就是离群点。图6-5是以2006年7月25日三个时段的气温数据为例得到的气温Voronoi图。

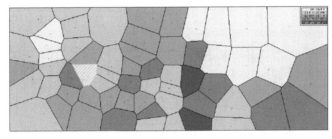

（a）8:30

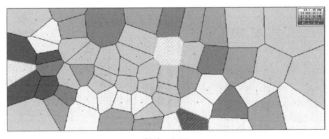

（b）14:30

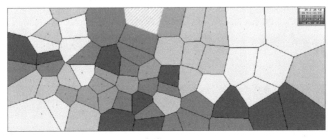

（c）20:30

图6-5　气温Voronoi图（2006年7月25日）

6.3.3 全局趋势分析

　　趋势面分析是根据空间抽样数据，拟合了一个数学曲面，将研究采样点转换为属性值为高度的三维透视图，来反映空间分布的变化情况。通过投影点可以得到一条最佳拟合线，并用它来模拟特定方向上存在的趋势。它能够准确识别和量化全局趋势；揭示空间上的总体规律，而忽略局部变异；为模型提供参数来源。图6-6是以2006年7月25日三个时段的气温数据为例，得到的三个时段的气温全局趋势分析图，可看出：早晚采样数据在东西方向上有明显的"U"形趋势，气温从中部向东西两个方向平滑过渡，午间具有弱的"U"形趋势；在南北方向上，早晚气温由南向北递减，而中午气温在东西、南北方向上与早晚相反。

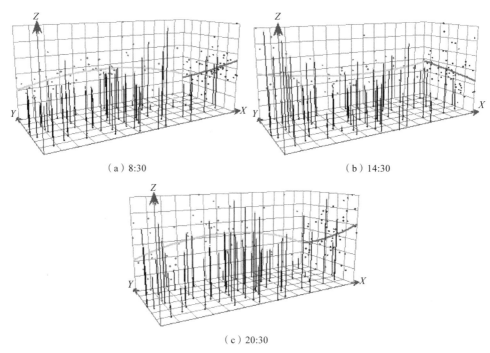

（a）8:30　　　　　　　　　　　　　　（b）14:30

（c）20:30

图6-6　气温全局趋势图（2006年7月25日）

6.3.4 空间插值方法

　　1）反距离加权法（IDW）

　　反距离加权法以插值点与样本点的距离为权重进行加权平均，离插值点越近的样本点赋予的权重越大，权重贡献与距离成反比。它属于精确型插值方法，模拟的局部变化会获得非常好的效果，能够生成合理的结果。其表达式为

$$Z = \sum_{i=1}^{n} \frac{1}{(D_i)^p} Z_i \left/ \sum_{i=1}^{n} \frac{1}{(D_i)^p} \right. \tag{6-8}$$

式中，Z 为未知点处的预测值；Z_i 为第 i 点处的测量值；D_i 是预测点与各已知样点之间的距离；p 是距离的幂。

2）Kriging 内插

Kriging 插值最早由南非地质学家克里金（Krige）提出，用于寻找金矿。法国统计学家马特隆（Matheron）随后将该方法理论化、系统化。其基本假设是建立在空间相关性的先验模型上，是以变异函数理论和结构分析为基础，在有限区域内对区域化变量进行无偏最优估计的一种方法。利用区域空间变量的已知数据和变异函数的特点，并考虑样点的形状、大小和空间相互位置关系。其一般公式为

$$Z(x_0) = \sum_{i=1}^{n} \lambda_i Z(x_i) \tag{6-9}$$

式中，$Z(x_i)$ 为数据点 x_i 处的观测值；$Z(x_0)$ 为未知点 x_0 处的估计值；λ_i 为克里金权重。根据线性无偏估计的原理，权重由克里金方程组（6-10）决定。

$$\begin{cases} \sum_{i=1}^{n} \lambda_i C(x_i, x_j) - u = C(x_i, x_0) \\ \sum_{i=1}^{n} \lambda_i = 1 \end{cases} \tag{6-10}$$

式中，$C(x_i, x_j)$ 为测点样本点之间的协方差；$C(x_i, x_0)$ 为测点样本点与插值点之间的协方差；u 为拉格朗日乘子。插值数据的空间结构特征由半变异函数描述，其表达式为

$$\gamma(h) = \frac{1}{2N(h)} \sum_{i=1}^{N(h)} (Z(x_i) - Z(x_i + h))^2 \tag{6-11}$$

式中，$\gamma(h)$ 为变量 Z 以 h 为距离间隔的半方差；$N(h)$ 为被距离区段 h 分割的试验数据对的数目。根据试验变异函数的特征，选取适当的变异函数理论模型。最常见半方差函数的理论模型有线性模型、指数模型、球状模型。为了优化内插算法，克里金方法产生了多种变种，有普通克里金、泛克里金、简单克里金、指示克里金、协同克里金等，这些克里金方法基本原理相同，但适用条件有所不同，本章采用普通克里金和泛克里金方法。不同的方法有其适用的条

件，当数据服从正态分布时，选用对数正态克里金；若不服从简单分布时，选用析取克里金；当数据存在主导趋势时，选用泛克里金；当只需了解属性值是否超过某一阈值时，选用指示克里金；当同一事物的两种属性存在相关关系，且一种属性不易获取时，选用协同克里金方法，它借助另一属性实现该属性值的期望值内插；当假设属性值的期望值为某一已知常数时，选用简单克里金；当假设属性值的期望值是未知的，选用普通克里金。

3）样条函数法

样条函数是使用函数逼近曲面的一种方法。样条内插的本质是利用数学方法产生一条通过一组已知采样点的平滑曲线，并依据这条曲线来估计每个定点上的属性数值，在计算过程中采用最小曲率的概念来进行。样条函数内插以最小曲率面来充分逼近各观察点，就如一弯曲的橡胶薄板通过各观察点同时使整个表面的曲率为最小。理论上采用高阶多项式进行插值估计可以得到高阶平滑结果，但在实际研究中较多采用二阶多项式估值。缺点是难以对误差进行估计，采样点稀少时效果不好。其表达式为

$$Z = \sum_{i=1}^{n} \lambda_i R(\gamma_i) + T(x, y) \tag{6-12}$$

式中，Z 为气象要素的预测值；n 为参与插值的实测站点数；λ_i 是一系列线性方程所确定的系数；γ_i 是估测点到第 i 点的距离，$R(\gamma_i)$ 和 $T(x, y)$ 的表达式如下：

$$R(\gamma_i) = \frac{\frac{\gamma^2}{4}\left[\ln\left(\frac{\gamma}{2\pi}\right) + c - 1\right] + \tau^2\left[k_0\left(\frac{\gamma}{\tau}\right) + c + \ln\left(\frac{\gamma}{2\pi}\right)\right]}{2\pi} \tag{6-13}$$

$$T(x, y) = a_1 + a_2 x + a_3 y \tag{6-14}$$

式中，τ^2 为权重系数；γ 为已知点与采样点之间的距离；k_0 为改正后的贝塞尔函数；c 为常数；a 为线性方程的系数。

4）全局多项式和局部多项式法

全局多项式法是根据有限的样本数据拟合一个表面，求样本点到该多项式的垂直距离的和，通过最小二乘法获得多项式的系数，这样所得的表面可使各样本点到表面之间的距离的平方和最小。局部多项式法是用多个多项式拟合表面的方法，它更多地用来表现研究区域局部的变异情况。

6.4 兰州市城区四季热场分布格局的时空演变

通过空间模拟获得了街区尺度上的城区四季热场空间分布格局的日变化，如图6-7～图6-10所示。对兰州城区的近地面热场进行分析，首先就较为典型

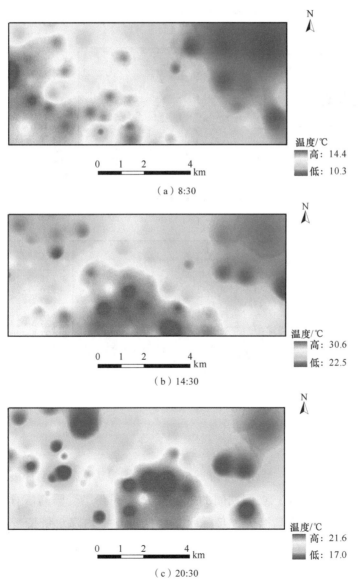

图6-7 春季热场空间格局（2007年4月30日）

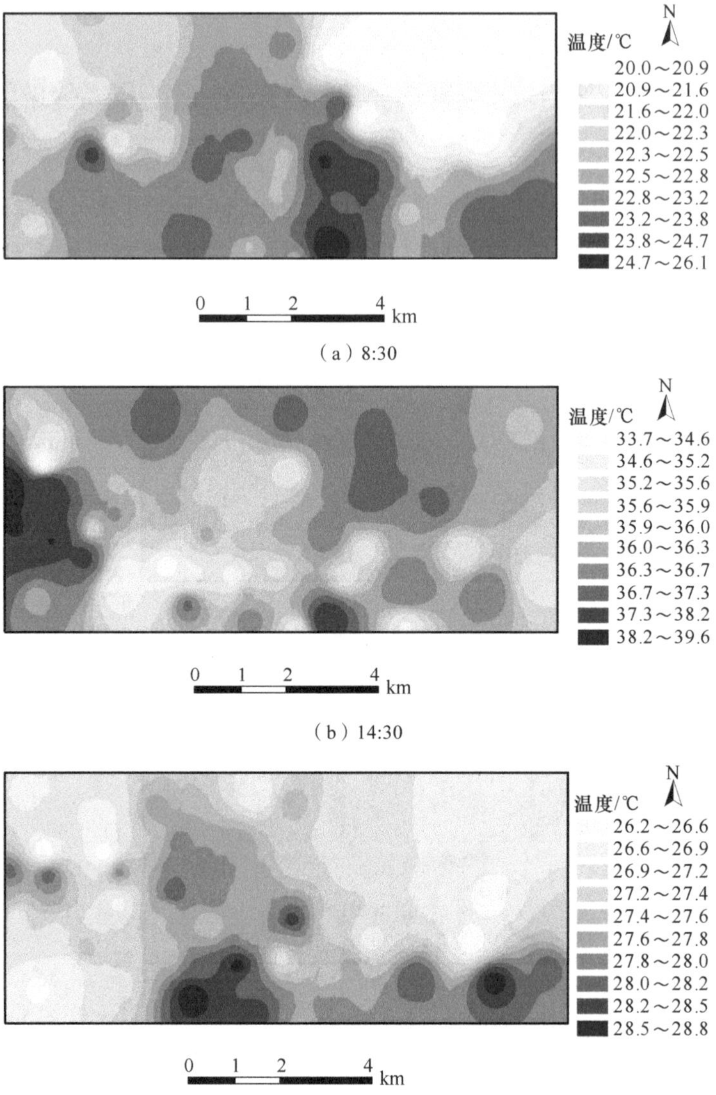

（a）8:30

（b）14:30

（c）20:30

图6-8　夏季热场空间格局（2006年7月25日）

的夏季热场进行分析，兰州7月份近50年来月均温为22.4℃，月极端最高温出现在2000年的39.8℃；观测期间的2006年6、7月份，受暖高压脊控制，晴天多、天气干热，形成高温天，且降水量要比近年平均降水量偏少，全省超过32℃的高温天数达到了32天，创6年来之最。在流动观测中观测到的极端气温为第二热电厂39.3℃、西关什字39.1℃，接近出现在2000年的兰州市50年来月极端最高气温39.8℃。

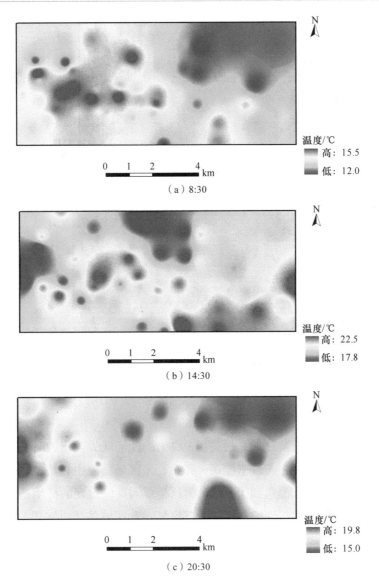

图6-9 秋季热场空间格局（2006年10月29日）

　　早晨城关区有两个热中心：第一个是南到二热厂，北到段家滩，商学院的区域；第二个次热中心是兰州钢厂到拱星墩的区域；兰州一中至盘旋路周边区域也是一温度较高的区域。低温区主要集中在新港城以东，刘家滩、均家滩以北广大的雁滩开发程度较低的区域。早晨热场强度最高的区域出现在能耗大、热源强度高的工业区。低温区主要出现在植被覆盖好、工业热耗少、建筑容积率低的区域。

　　中午城关区主要有三个热中心：第一个最强的高温区出现在西关什字、省政

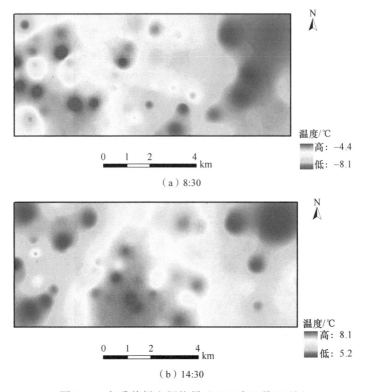

图6-10 冬季热场空间格局（2007年1月28日）

府、南关十字围成的三角区域，最高温39.1℃，此区域为兰州的商贸中心和政治中心，建筑容积率最高，人口密度最大；第二个区域高温中心是二热厂，其释放的工业热量非常大，气温达到了39.3℃，这是观测期间出现的极端最高气温；第三个弱高温区域出现在新港城和雁滩西部区域，此区域是兰州新开发面积最大的生活住宅区。除此之外，还有一系列热力缀块。中午热场强度最高的区域出现在人口和建筑密集的商贸区、高能高耗的工业区、大型生活住宅区。

晚上城区有两个热中心：第一个是以火车站、汽修二厂、会宁路口围成的三角区域；第二个是兰州钢厂到焦家湾的区域；除此之外，还有几个零散的高温区。低温区主要分布在一些城市周边植被覆盖较好的区域，如雁滩东部区域、五泉山、大沙坪、五一公园、花卉园低温区。城区由于建筑和下垫面导热率和热储量大，白天吸收大量的热量，夜间缓慢释放，导致温度下降较缓慢，形成高温区。此外，兰州夏季夜晚，休闲烧烤和饮食摊点比较多，在流动观测的过程中发现，这些摊点密集的区域，往往温度要高。

兰州市地面热场的分布在早、午、晚三个时段有很强的规律性，从总体来看，热场强度最高的区域出现在能耗大、热源强度高的工业区，人口和建筑容积率高的商贸区和大型住宅区。低温区主要出现在植被覆盖好、工业热耗少、建筑容积率低的城市周边区域，黄河对其周边区域有着明显的降温、增湿的作用。不同热力景观格局的形成与能耗、人口、建筑、下垫面类型之间存在显著的因果关系。

6.5 兰州市城区四季湿度场分布格局的时空演变

兰州市城区四季湿度场分布格局的日变化如图6-11、图6-12、图6-13和图6-14所示。一年四季早上时段的湿度值相对于其他两个时段都较高，四个季节湿度场的分布规律性不强。从总体上来说，高湿度区与高植被覆盖区基本一致，如高滩、五泉公园附近都是湿度较高地区。城区中心的湿度总体呈现低湿度区，如东岗路周围一带、二热附近。在人口密集区、商业区和建筑物密集区，由于这些区域气温总体相对较高，使得其饱和水汽压也总体偏高，导致相对湿度总体偏低。因此，相对湿度的高低与该区域热场强度的相对高低有密切的关系。另外，受黄河的影响，在黄河周边区域，相对湿度要比商贸区偏高。

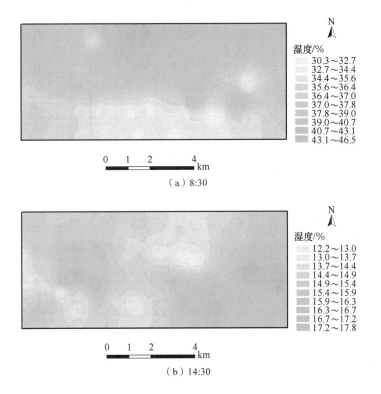

（a）8:30

（b）14:30

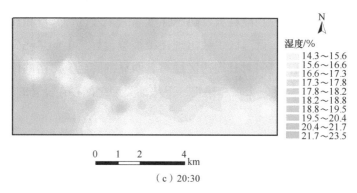

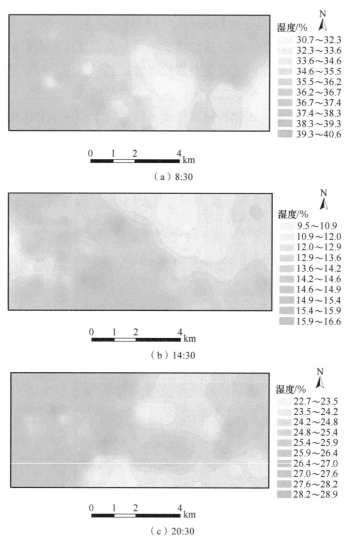

图6-11 春季湿度场空间格局（2007年4月30日）

（c）20:30

（a）8:30

（b）14:30

（c）20:30

图6-12 夏季湿度场空间格局（2006年7月25日）

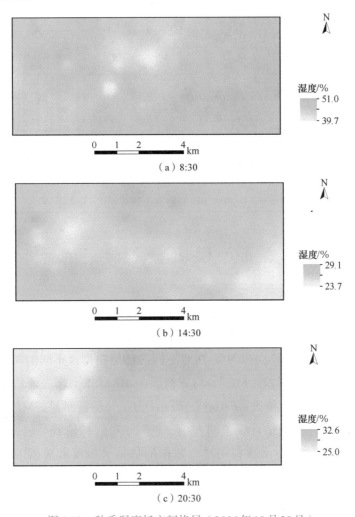

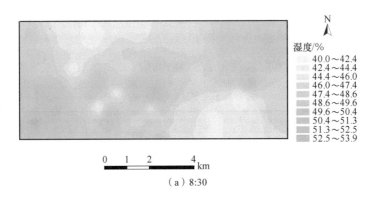

图6-13 秋季湿度场空间格局（2006年10月29日）

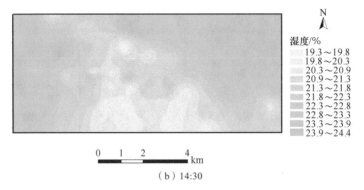

（b）14:30

图6-14　冬季湿度场空间格局（2007年1月28日）

6.6　模拟结果检验

采用交叉验证法来验证插值效果。即分别假设每一采样点的要素值未知，用周围采样点的值来估算，然后根据所有采样点实际观测值与估算值的误差大小评判插值方法的优劣。本章中，在对不同的插值模型及不同的参数得到的模型比较时，采用平均误差（ME）、均方根误差（RMSE）作为评估几种插值效果的标准［式（6-15）和式（6-16）］。表6-1为交叉验证结果，ME衡量预测结果的无偏性，总体反映估计误差的大小，越趋于零，估值效果越好；RMSE衡量预测结果的有效性，反映利用样点数据的估值灵敏度和极值效应，其值越小，预测效果越好。通过交叉验证结果，可以看出模拟精度普遍较高。

$$ME = \frac{1}{n} \sum_{i=1}^{n} (\hat{z}_i - z_i) \tag{6-15}$$

$$RMSE = \sqrt{\frac{\sum_{i=1}^{n} (\hat{z}_i - z_i)^2}{n}} \tag{6-16}$$

式中，z_i 为第 i 个测点的实际观测值；$\hat{z}_i$ 为估测值。

表6-1　交叉验证结果　　　　　　　　（单位：℃）

季节	指标	*T*-M	*T*-A	*T*-N	*H*-M	*H*-A	*H*-N
春季	ME	0.0792	0.1228	0.1280	−0.0745	−0.0164	−0.0151
	RMSE	0.7650	1.3040	0.8878	2.2670	1.0080	1.9810
夏季	ME	0.0072	−0.0022	0.0196	−0.0741	−0.0010	−0.0418
	RMSE	0.9617	1.0750	0.5729	1.8900	1.2590	1.2940

续表

季节	指标	T-M	T-A	T-N	H-M	H-A	H-N
秋季	ME	0.0713	0.0398	−0.0156	−0.0294	−0.1291	−0.1043
	RMSE	0.7035	0.9441	0.8838	1.9760	1.0290	1.2500
冬季	ME	0.1415	0.0605	—	0.0969	0.0691	—
	RMSE	0.8242	0.5851	—	2.9160	0.9981	—

注：T为气温；H为相对湿度；M为8:30；A为12:30；N为20:30；—为空值

6.7　兰州市城区热力景观格局

目前，在城市空间热环境的研究方面，有一个新的研究领域是引入景观生态学理论，形成热力景观的评价体系，应用该体系对城市热力景观格局进行描述。较为典型的是陈云浩等（2004）应用景观生态理论的方法定义热力景观，认为热力景观是城市与周围环境相互作用而形成的，也是人类在改造、适应自然环境基础上建立起来的人工生态系统的热力学表现。其形成机制是建立在下垫面−空气系统的热量平衡的基础之上，通过表面热、辐射温度场的结构与动态变化来表达，用景观理论来研究城市热环境的空间格局、结构、功能和演化。研究主要包括人类活动对热力景观的影响、热力景观的动态性、热力景观的缀块性和热力景观的梯度性。以热惯量（表征物质热特性的综合性参数）、热耗（人类生活生产耗能以及生物新陈代谢所产生的能量）和温度三个指标将热力景观划分为水体、绿化、低惯低耗、低惯高耗、高惯低耗、高惯高耗、热中心七种热力景观类型（表6-2）。对热力景观进行空间格局分析，来揭示城市热力景观的优势度。

表6-2　热力景观的划分（陈云浩等，2004）

	水体	绿化	低惯低耗	低惯高耗	高惯低耗	高惯高耗	热中心
下垫面类型	水体	绿化	水泥砖瓦率低，建筑容积率低	低层工厂区，道路干线水泥率高	市区内高层建筑区高绿化率低热耗	工厂居民混合区，水泥砖瓦率高	以煤堆，工厂为主的高热区
图像特征	温度低，条带状	边缘区低温，城区斑块状	温度低	温度较高	温度较低	温度高	高温区

兰州市四季的热场，如利用热力景观评价体系，由于热力景观是具有高度空间异质性的热力区域，是由相互作用的热力缀块以一定的规律组成，更具形

状和功能的差异，因此，热力景观要素可分为热力缀块、热力廊道和热力基质。从三个时间段的四季热场和湿度场分布图看，在部分区域，高、低温度区域呈相互镶嵌状，形成热力缀块；部分区域热中心呈弥散状，在部分区域形成热中心连片发展的态势；而在部分区域形成热力廊道，呈现线状或带状的热力景观现象；对于占主体的高度连续性、相对均质背景的部分为热力基质。按照热力景观的划分方法，如将五泉山、雁滩的高滩、刘家滩一带可看作绿化区域，这些区域位于模拟图像的边缘区，整体温度相对较低；将雁滩北部部分区域和盐场堡、生物制品研究所一带建筑容积率低，总体模拟温度低的区域划分为低惯低耗；汽修二厂至排洪南路一带、东岗镇以及雁滩开发程度较低的部分区域，这些区域多为低层建筑区，道路硬化程度较低，可以将它们划分为高惯低耗区；剩余的其他区域都可以将之划分为高惯高耗区或热中心。兰州市不同热力景观格局的形成与能耗、人口、建筑、下垫面类型之间存在显著的因果关系。因此，在生态城市的建设中，绿地、水体、道路、功能区等的合理规划非常重要，本章为兰州市城市热环境质量评价、城市生态环境规划提供了依据。

参 考 文 献

陈云浩，李京，李晓兵. 2004. 城市空间热环境遥感分析——格局、过程、模拟与影响. 北京：科学出版社.

郭勇，龙步菊，刘伟东. 2006. 北京城市热岛效应的流动观测和初步研究. 气象科技，34（6）：656-661.

汤国安，杨昕. 2006. ArcGIS 地理信息系统空间分析实验教程. 北京：科学出版社.

肖荣波，欧阳志云，张兆明，等. 2005. 城市热岛效应监测方法研究进展. 气象，31（11）：3-6.

Kazimierz K, Krzysztof F. 1999. Temporal and spatial characteristics of the urban heat island of Lódz' Poland. Atmospheric Environment, 33: 3885-3895.

Unger J, Sümeghy Z, Zoboki J. 2001. Temperature cross-section features in an urban area. Atmospheric Research, 58: 117-127.

Wong N H, Yu C. 2005. Study of green areas and urban heat island in a tropical city. Habitat International, 29: 557-558.

第7章 建筑物尺度下的热环境和能量交换过程模拟

在城市气候与城市热环境研究中，数值模拟已成为解决复杂问题的有效方法。城市冠层是一个要素特征非常复杂的系统，其中，建筑物结构特征、下垫面性质、人类生产生活、城市辐射收支和能量收支等因素，使得这个系统物质、能量交换过程非常复杂（刘越等，2012；杨旺明等，2014）。由于城市能量平衡和边界层结构观测试验需要耗费大量的人力和物力，而常规方法无法从根源上揭示城市化气候效应形成的机制和演变机理。目前，数值模型、解析模型、统计模型、能量平衡模型和物理模型成为城市大气边界层研究的有力手段（Oke et al.，2006），可以获得较高空间分辨率的结果，很好地弥补观测试验在空间上的不足。同时，减少大量的现场观测，能从根源上揭示城市化气候效应产生及变化的机理（李国栋等，2013）。目前，主要开展了三方面的研究：城市地区能量平衡收支状况的数值研究（Chen et al.，2011）；城市结构对大气动力影响作用的数值研究（Martilli，2009）；通过中尺度模式开展城市大气条件的数值研究（Wu et al.，2011；李欣等，2011）。近些年，出现了一些新的城市地面能量平衡方案（宋迅殊等，2011；Giannaros et al.，2013），但城市近地层非均一下垫面的复杂性、参数资料准确性等因素会直接影响到数值模拟的精度。

目前，从大、中尺度上研究土地利用/土地覆盖分布格局对城市热岛效应影响的研究较多（邵全琴等，2009；彭征等，2009；牟雪洁和赵昕奕，2012；白杨等，2013），而从微观尺度上分析建筑物特征、街道布局、人为热释放等因素对城市气候要素影响的研究较少，这需要基于微观实验，通过数值模拟来认识这种作用机理和影响机制。早期的城市热环境研究主要针对城市气候，缺乏从建筑学角度讨论微气候、街区尺度的热环境研究，以及对街区等城市局部精细尺度的热环境现象的描述和分析。近年来，研究重点已从城市区域热环境转为局部热环境，研究内容逐渐与城市布局和城市设计相联系。以热力学和动力学为理论基础的城市冠层模型——AUSSSM模型在研究城市冠层与大气之间的能量和动量交换，包括街道峡谷的影响，建筑物的遮蔽作用和反射辐射作用，建筑物屋顶、墙壁和道路表面的温度和热通量等方面有独特的优势，能科学地评估城市建筑物的微观热环境特征。本章通过定点观测试验，利用AUSSSM耦合模型，对兰州城市气候效应和建筑热环境进行耦合模拟研究，以期从机理上揭示城市气候效应形成的物理驱动机制，从微观尺度上得到缓解城市热岛效应的可操作性方法和途径。

7.1 AUSSSM耦合模型

7.1.1 模型原理

AUSSSM耦合模型（architectural-urban-soil-simultaneous simulation model，AUSSSM）即建筑-城市-土壤同步仿真模型，AUSSSM耦合模型是日本九州大学工程学院交叉学科研究所开发的基于城市冠层理论的城市与建筑气候、能量耦合的一维模型（Tanimoto et al.，2004），研究城市微观热环境问题。AUSSSM耦合模型是一个联系城市大气、城市下垫面和建筑热系统的综合架构模型，AUSSSM耦合模型由3个子模块构成，分别是城市大气子模型、下垫面子模型和建筑物子模型。其中，城市大气子模块包括城市冠层模型中的动量方程、热和水汽扩散方程，获得形成城市热岛的城市边界层条件；下垫面子模块是将3种地表类型，包括裸土地、草地和人工路面的热量传输通过一维热传导方程进行估算，获得空气与不同类型下垫面的热量平衡；建筑物子模块对建筑的热量收入与损耗、HVAC系统（heating，ventilating and air conditioning，简写为HVAC，即采暖、通风和空调系统）热量收支和城市冠层内的太阳辐射交换进行估算。构成整个AUSSSM模型的3个子模块都基于一维传输方程，运算时都是耦合关联的，是一个完整的同步非线性系统，它避免了各种复杂因素的影响，简化了大量数据的分析。图7-1是AUSSSM耦合模型的原理示意图（Tanimoto et al.，2004）。

建筑物作为城市空间的基本单元，是城市居民活动中最为活跃的场所，其动力和热力性质是构成城市局部气候的重要因素。建筑物尺度内的气流非常复杂，直接导入中尺度模型非常困难，AUSSSM模型通过对街区内的建筑物布局进行统计分析，将不规则的街区内建筑布局转化为整齐的四方形建筑群，这

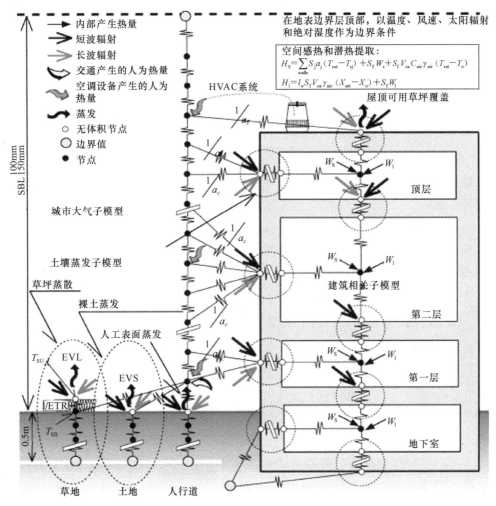

图 7-1　AUSSSM 耦合模型原理图（据 Tanimoto et al.，2004，有修改）

样的局地气候模块对应的气象尺度相当于中尺度模型的一个网格。Tanimoto 等
（2004）最早利用 AUSSSM 模型在东京的一住宅区内开展了建筑热环境与城市
气候的耦合模拟研究；在国内，刘京等（2006）利用 AUSSSM 模型选择上海
夏季中等规模的办公楼群为研究对象，开展了城市局地 - 建筑耦合模拟研究。
AUSSSM 模型分析街区的建筑布局、空间形态、绿化植被、下垫面变化以及能
源利用等因素，对街区热环境的影响进行定量分析，通过建筑热系统和城市气
候的耦合模拟来估算具体条件下的城市热岛效应，得到作为中尺度城市热岛效
应研究的城市冠层顶部的感热 - 潜热通量，影响城市热岛效应的城市建筑相关
因子，缓解城市气候效应的可操作性理论依据。

城市热岛效应和建筑物热环境的影响因子非常多，AUSSSM模型几乎考虑了模拟区域所有的因子，加入数值运算。以夏季兰州大学本部波文比系统观测实验所处的区域及建筑物作为研究区域，进行以下各因子的参数化。

（1）下垫面参数，包括裸土地、草地和不透水层的面积和分布状况、地表植被覆盖状况、地表对太阳辐射的反射率和吸收率、街道形式、街道宽度和长度等要素。

（2）建筑物参数，包括建筑物的高度和宽度、楼层数、几何形状、建筑物容积率、反射和吸收太阳辐射特性、建筑内外层材料及其厚度、窗户几何特征和面积、墙面玻璃和瓷砖数量特征、室内热状况、屋顶物质等参数。

（3）气象参数，包括气温、湿度、风速、气压、太阳辐射等参数。

（4）HVAC系统参数，包括采暖、通风和空调系统的类型、设定温度、负荷、运行时间等共14个系统参数。

7.2 观 测 实 验

AUSSSM耦合模型参数测定试验选择夏季在兰州大学本部物理楼群进行，兰州大学本部物理楼群建于20世纪50年代，呈"工"字形结构。其南侧为兰州大学本部面积最大的花园，草坪、乔木、水体面积较大；其北侧紧靠兰州市最繁忙的商业街道之一的东岗西路，交通和商业活动较为繁忙，建筑物密度和面积较大。所以，该试验地周边下垫面土地利用类型较为多样，且具有较强的代表性。在物理楼顶安装了自动气象站、波文比系统、KESTREL 4500便携式气象仪等设备进行了1年的观测试验。试验期间对AUSSSM耦合模型3个亚模型需要的4类参数：气象参数、建筑参数、下垫面参数和HVAC系统参数进行了测定和数据资料收集。除通过试验测定以外，一些参数利用了距试验地约1.5km的兰州中心气象台数据和兰州市规划局数据资料。

对模拟结果进行验证时，模型输出的水泥、沥青、草坪下垫面近地面气温的模拟值，采用KESTREL 4500便携式气象仪和波文比系统实测值进行验证；模拟的城市冠层的辐射平衡各分量、能量收支状况用波文比系统进行了验证。

利用兰州大学本部（城区）波文比系统与兰州大学榆中校区（郊区）波文比系统的干球温度传感器观测值的差值进行热岛强度模拟值的验证。

7.3 河谷型城市冠层气象要素特征

　　AUSSSM耦合模型模拟了城市冠层夏季一日中6个时段的气温廓线（图7-2）。在距地0～100m高度内，夏季一日中17:00左右的气温是最高的，然后依次是13:00、21:00、01:00、09:00，最低气温出现在05:00左右。对于6个时段的气温廓线，5m以下的近地层大气，其气温递减率最大。可见，城市下垫面对整个城市冠层气温的影响是最大的，这种热量传输主要通过下垫面的湍流运动实现。对于05:00、13:00、17:00和21:00的气温，在5～100m高度层，气温递减速率变化较小。在09:00时，气温在70m高度有一个快速递减的过程；而相反，在01:00时，气温在70m高度有一个快速增加的过程，01:00时出现了较为典型的逆温层，逆温出现的高度约为65m。刘熙明等（2006）研究认为，较强的边界层逆温层结非常有利于强城市热岛的出现，而不稳定的层结结构能抑制城市热岛的发生。从城市化发展历程来看，随着城市化进程的推进，平均温度廓线的形态会发生变化，主要表现在温度垂直减温率有增加的趋势（徐阳阳等，2009），这是因为下垫面热力和动力学性质发生了显著变化，城市下垫面主要是房屋和柏油路面，植被稀少，在太阳辐射加热下升温很快，加之建筑物增加地表的摩擦作用，影响通风量和热力的散失，感热通量增加，导致温度垂直递减率增大。

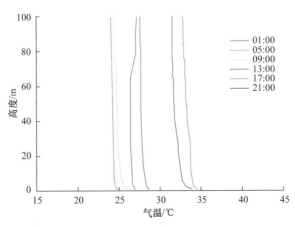

图 7-2 城市冠层气温廓线

比较夏季一日中城市冠层内的平均气温、距地1.2m处气温、近地面层顶部100m处的气温日变化（图7-3）。一日中任意时刻，1.2m高度处的气温最高，整个冠层平均气温次之，近地面层顶部100m处的气温最低。3层的气温日变化特征和趋势较为相似，夏季地面气温日变化与其上层的气温日变化同步，各层最高气温几乎同步达到，该模拟结果与王喜全等（2009）在北京的观测结果一致，其通过分析北京月坛公园180m铁塔城市边界层常规微气象观测资料发现：夏季北京城市边界层各层最高气温几乎同步达到，而冬季地面最高气温与其上各层不同步，地面最高气温达到的时间比上层提前1小时左右。07:00时左右日出后，太阳直接辐射快速增强，地面辐射平衡很快由负转为正，地面净得热量，地面开始迅速增温，地面长波辐射增强，导致贴近地表的大气首先增温，体现在1.2m处的气温迅速增温，低层大气热量通过湍流、对流等方式向上层传输需要一定的时间，所以，城市冠层内上层大气升温有一定的滞后。最高温出现在16:00时左右，此后气温逐步下降，一直到日出前地面储存的热量减至最少时。

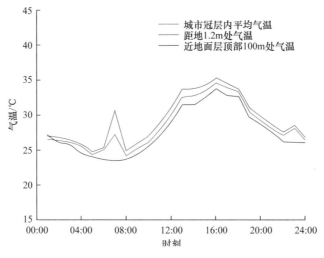

图7-3　城市冠层内气温日变化

分析城市冠层100m高度内6个时段的比湿廓线（图7-4），09:00、13:00、17:00和21:00在0~60m高度上的比湿，随着高度的增加都呈递减趋势。张强和赵鸣（1999）认为，在一般的下垫面上，大气边界层下部的水汽几乎全部来源于地表和植被的蒸散，因此，水汽总是向上输送，比湿廓线也总是从下向上递减。如果边界层下部大气的比湿廓线出现从下向上的递增即逆湿，说明该区域大气边界层下部的水分来源除地表和植被的蒸散外，还有周围地区水汽的水平输送。在10m高度以下比湿递减的速率、幅度是最大的，再向上其递减的速率、幅度减小；01:00时和05:00时的比湿在10m以上高度几乎不变；各个时段在70m高度以上随高度的增加，比湿大小几乎维持不变。城区风速和风向随高度的分布受城市冠层的影响非常显著（卞林根等，2002），比湿受近地面层大气稳定度的影响较大，比湿随风速的增加而减小，风速对比湿的影响主要是由于风速增大、湍流增强、水汽交换增大、下垫面上空的水汽易被气流吹散，风速越大，这种减弱效应越明显。

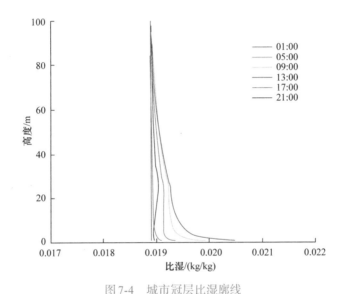

图 7-4　城市冠层比湿廓线

7.4　建筑热环境特征

AUSSSM耦合模型模拟了建筑物从底层到顶层东西南北4个墙面在一日的温度变化。分析建筑物底层东西南北4个方向墙面的温度日变化（图7-5），日出以后，建筑墙面受到太阳辐射的直接加热，4个方向墙面温度同步出现上升，06:00～08:00，4个方向墙面的温差不大，其趋势呈线性同步；08:00～10:00，底层4个方向墙面的增温速率非常不规则；10:00～15:00，4个方向墙面的增温速率出现明显的差别，东墙的增温速率最大、南墙次之、北墙和西墙增温速率相同，为最小，东墙墙面温度在12:00时达到最大值，南墙墙面温度在13:00时左右达到最大值，北墙墙面温度也是在12:00时左右达到最大值，西墙墙面温度在15:00时左右达到最大值，这种变化规律与各墙面与太阳光线的夹角及持续照射时间有密切的关系；16:00时以后至整个夜间，4个方向墙面温度几乎都呈线性递减趋势，递减速率较小，温度差别也较小，尤其是夜间，墙体白天储存的热量逐渐散失，热量散失的速率相同，导致降温速率也几乎相同。分析建筑物中间层东西南北4个方向墙面的温度日变化（图7-6），日出后，东墙的墙面温度上升速率最快，然后是南墙、西墙和北墙。东墙墙面温度在11:00左右达到最高值，南墙和北墙在14:00左右达到最高值，西墙在16:00左右达到最高值。然后，4个方向墙面的温度开始逐渐下降，在日出之前4个方向墙面的温度达到最低值。在夜间，东、西、南方向的墙面温度差别较微小，几乎一

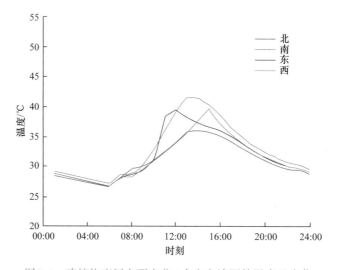

图7-5　建筑物底层东西南北4个方向墙面的温度日变化

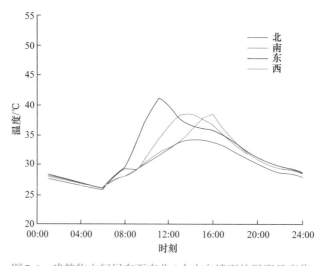

图7-6　建筑物中间层东西南北4个方向墙面的温度日变化

致，北墙的墙面温度在整个夜间是最低的。分析建筑物顶层东西南北4个方向墙面的温度日变化（图7-7），总体变化特征与建筑物中间层4个方向墙面的变化特征相似，具有明显不同之处是一日中建筑物顶层东墙墙面温度一直高于其他墙面的温度，尤其是早晨，东墙墙面的温度呈现急剧的增温趋势，与其他3个方向墙面的温度差别非常明显。

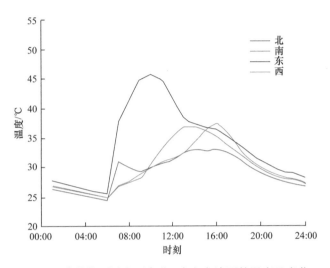

图7-7　建筑物顶层东西南北4个方向墙面的温度日变化

模拟分析了裸土地、草坪、沥青和混凝土楼顶一日内的表面温度变化（图7-8），总体来看，四者在一日内的变化趋势基本相同，都呈单峰型的变化规律。在日出以后，四者表面温度都开始快速上升，到13:00时左右，温度同步达到最大值；在此阶段混凝土楼顶的温度在四者之中一致保持最大，沥青面温度次之，草坪和裸土地温度最低；此后，四者开始逐渐下降，整个夜间都维持在一个低值区，在06:00时左右达到最低值，整个夜间4种下垫面表面温度相比较，沥青表面温度处于相对较高，草坪表面温度处于相对较低。整体来看，一日中沥青表面温度最高，其次是混凝土，裸土地和草坪表面温度相对较低，这源于混凝土和沥青的比热容相对较小，导热率和热扩散率较大。

分析比较裸土地和草坪一日内的蒸发状况（图7-9），日出后不久，草坪的蒸发速率快速增强，草坪的蒸发量开始远远高于裸土面的蒸发量，二者的蒸发速率差别越来越大，二者在13:00时左右气温最高时迎来一日最高的蒸发速率，此后呈快速递减趋势，在16:00时左右，裸土地的蒸发速率开始大于草地，这种状况在整个夜间都得以维持。总体来看，草地表层24小时的总蒸发量要远

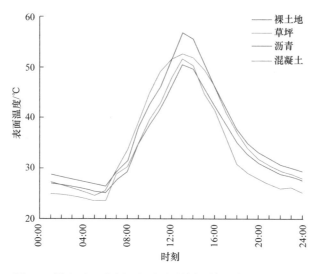

图7-8　裸土地、草坪、沥青和混凝土楼顶表面温度变化

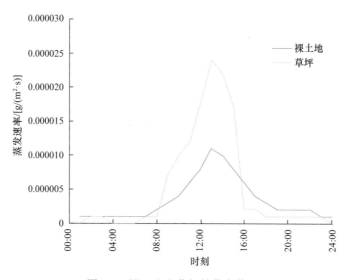

图7-9　裸土地和草坪的蒸发状况

大于裸土地的总蒸发量。温度是控制蒸发速率的关键因素，水分条件也是重要的影响因素。研究表明（Hagishima et al.，2007；苗世光和Chen Fei，2014）：城市中的绿地，由于处在建筑物等不透水下垫面的包围之中，在上风向区域较热和较干空气的平流作用下，植被冠层水分的蒸发和植被的蒸腾均会比均一的自然下垫面时要大，城市中绿地的潜热通量要比均一的自然下垫面绿地条件下大，即出现城市中绿地的绿洲效应。众多研究表明（Chen and Wong，2006；

Hamada and Ohta，2010；孔繁花等，2013）：无论在何种尺度上，城市绿地均能产生绿洲效应，从而有效缓解城市热岛效应，调节城市气候，缓解城市环境压力，提高城市宜居性，在协助城市应对未来气候变化中扮演着极其重要的角色。

7.5 城市冠层能量平衡

　　快速城市化使得密集的建筑物取代了自然的地表面，改变了地表能量平衡和边界层结构特征，形成了独特的城市气候特征（苗世光等，2012）。从能量收支的角度理解城市化气候效应的物理基础，可以为研究城市气候效应的形成机制，尤其是减缓城市热岛效应提供科学基础和依据（肖捷颖等，2014）。如图7-10所示，AUSSSM模型模拟了城市冠层太阳下行短波辐射、地面反射的短波辐射、大气长波逆辐射、地面长波辐射、净辐射在一日中的分配状况。根据城市冠层辐射平衡方程，净辐射是到达地表的太阳短波辐射经地表反射及地表与大气长波辐射交换后所得净能量。城市冠层内的各辐射分量，除大气长波逆辐射在一日中的变幅较平缓外，维持在400W/m²左右，其他各辐射分量在一日中总体都呈单峰型的变化趋势。日出后，城市冠层各辐射分量逐渐增强，正午时刻，太阳下行短波辐射、地面反射的短波辐射和净辐射同步达到最

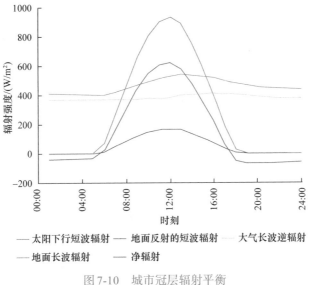

图 7-10　城市冠层辐射平衡

大值，地面长波辐射和大气长波逆辐射滞后到14:00时左右达到最大值，这主要源于下垫面增温滞后效应所造成；此后，各辐射分量开始出现递减，在19:00左右，下行短波辐射、上行短波辐射为0，整个夜间大气长波辐射较为平稳，约在360W/m²，地面长波辐射随着地面温度的降低出现较小幅度的递减；净辐射在整个夜间都是负值，表明系统能量是亏损的，但夜间净辐射较小且变化稳定，在−35∼−70W/m²之间波动，由于白天净辐射总体较大，最高时达到620W/m²，总体来看，一日中整个城市冠层系统能量是盈余的。

相关研究表明（韩玮和苏敬，2014）：上海城市化进程综合指标与太阳散射辐射呈正相关，与太阳直接辐射呈负相关，影响太阳散射辐射和直接辐射最主要的城市因素是人口密度，其次是工业能源终端消费量和住宅竣工建筑面积等。城市化导致区域性大气污染物增加，悬浮在城市上空的气溶胶通过改变到达地表的大气辐射，造成城市边界层内部的辐射加热或冷却。在长三角地区的研究表明（刘丽霞等，2014；敖翔宇等，2014），白天气溶胶对辐射传输影响以短波辐射过程为主，减弱地面净辐射，最大净辐射差约120W/m²；夜间气溶胶主要影响长波辐射过程，降低净辐射支出；尤其是霾的产生、发展受城市冠层气象因子的影响（王珊等，2014），同时又对短波辐射均具有明显的衰减作用，霾对长波辐射的影响不如对短波辐射的影响明显，这在兰州这样一个大气污染严重的河谷型城市表现更为明显。

参 考 文 献

敖翔宇，谈建国，刘冬韡，等. 2014. 上海秋冬季地表能量平衡及CO_2通量特征分析. 气象与环境学报，30（5）：69-77.

白杨，王晓云，姜海梅，等. 2013. 城市热岛效应研究进展. 气象与环境学报，29（2）：101-106.

卞林根，程彦杰，王欣，等. 2002. 北京大气边界层中风和温度廓线的观测研究. 应用气象学报，13：13-25.

韩玮，苏敬. 2014. 城市发展对上海太阳辐射特征的影响分析. 自然资源学报，29（9）：1485-1495.

孔繁花，尹海伟，刘金勇，等. 2013. 城市绿地降温效应研究进展与展望. 自然资源学报，28（1）：172-180.

李国栋，张俊华，赵自胜，等. 2013. 典型河谷型城市冬季热场分布和热岛效应特征及其驱动机制研究——以兰州市为例. 资源科学，35（7）：1463-1473.

李欣，杨修群，汤剑平，等．2011．WRF/NCAR 模拟的夏季长三角城市群区域多城市热岛和地表能量平衡．气象科学，31（4）：441-450．

刘京，姜安玺，王琨．2006．城市局地-建筑耦合气候评价模型的开发应用．哈尔滨工业大学学报，38（1）：38-40．

刘丽霞，凌肖露，郭维栋．2014．长三角城市群区大气污染对气象要素及地表能量平衡的影响研究．南京大学学报：自然科学版，50（6）：800-809．

刘熙明，胡非，李磊，等．2006．北京地区夏季城市气候趋势和环境效应的分析研究．地球物理学报，49（3）：689-697．

刘越，Shintaro G，庄大方，等．2012．城市地表热通量遥感反演及与下垫面关系分析．地理学报，67（1）：101-112．

苗世光，Chen Fei．2014．城市地表潜热通量数值模拟方法研究．中国科学（D辑：地球科学），44（5）：1017-1025．

苗世光，窦军霞，Chen Fei，等．2012．北京城市地表能量平衡特征观测分析．中国科学（D辑：地球科学），42（9）：1394-1402．

牟雪洁，赵昕奕．2012．珠三角地区地表温度与土地利用类型关系．地理研究，31（9）：1589-1597．

彭征，廖和平，郭月婷，等．2009．山地城市土地覆盖变化对地表温度的影响．地理研究，28（3）：673-684．

邵全琴，孙朝阳，刘纪远，等．2009．中国城市扩展对气温观测的影响及其高估程度．地理学报，64（11）：1229-1231．

宋迅殊，陈燕，张宁．2011．城市发展对区域气象环境影响的数值模拟：以苏州为例．南京大学学报：自然科学版，1（9）：55-76．

王珊，修天阳，孙扬，等．2014．1960—2012年西安地区雾霾日数与气象因素变化规律分析．环境科学学报，34（1）：19-26．

王喜全，王自发，郭虎．2009．城市边界层温度廓线及特征的季节变化．科学通报，54（7）：954-958．

肖捷颖，张倩，王燕，等．2014．基于地表能量平衡的城市热环境遥感研究——以石家庄市为例．地理科学，34（3）：332-343．

徐阳阳，刘树华，胡非，等．2009．北京城市化发展对大气边界层特性的影响．大气科学，33（4）：859-867．

杨旺明，蒋冲，喻小勇，等．2014．气候变化背景下人为热估算和效应研究．地理科学进展，33（8）：1029-1038．

张强，赵鸣．1999．绿洲附近荒漠大气逆湿的外场观测和数值模拟．气象学报，57（6）：729-738．

Chen F, Kusaka H, Bornstein R. 2011. The integrated WRF /urban modeling system: development, evaluation, and applications to urban environmental problems. International Journal of Climatology, 31 (2): 273-288.

Chen Y, Wong N H. 2006. Thermal benefits of city parks. Energy and Buildings, 38: 105-120.

Giannaros T M, Melas D, Daglis I A, et al. 2013. Numerical study of the urban heat island over Athens (Greece) with the WRF model. Atmospheric Environment, 73: 103-111.

Hagishima A, Narita K, Tanimoto J. 2007. Field experiment on transpiration from isolated urban plants. Hydrological Processes, 21: 1217-1222.

Hamada S, Ohta T. 2010. Seasonal variations in the cooling effect of urban green areas on surrounding urban areas. Urban Forestry and Urban Greening, 9: 15-24.

Martilli A. 2009. On the derivation of input parameters for urban canopy models from urban morphological datasets. Journal of Boundary-Layer Meteorology, 130: 301-306.

Oke T, Klysik K, Bernhofer C. 2006. Progress in urban climate. Theoretical and Applied Climatology, 84: 1-2.

Tanimoto J, Hagishima A, Chimklai P. 2004. An approach for coupled simulation of building thermal effects and urban climatology. Energy and Buildings, 36: 781-793.

Wu J B, Chow K C, Fung J C, et al. 2011. Urban heat island effects of the Pearl River Delta city clusters-their interactions and seasonal variation. Theoretical and Applied Climatology, 103: 489-499.

第8章 河谷型城市下垫面辐射收支特征

城市化气候效应形成的最根本的原因就在于城市的热量收支状况，其中辐射收支状况对热量收支的影响最大。Monitor SL5 波文比系统的净辐射传感器可以直接测量得到反映城市下垫面辐射差额的参数——净辐射（辐射差额），净辐射传感器的工作原理可以总结为下述表达式：

$$R_n = R_s\downarrow - R_s\uparrow + R_l\downarrow - R_l\uparrow \tag{8-1}$$

式中，R_n 为净辐射；$R_s\downarrow$ 为来自太阳和大气的下行短波辐射；$R_s\uparrow$ 为地面反射的短波辐射；$R_l\downarrow$ 为大气逆辐射；$R_l\uparrow$ 为地面长波辐射。向下短波辐射 $R_s\downarrow$ 主要为太阳总辐射，是地气能量交换和传输的来源，主要受观测地的经纬度、海拔高度、日照时数、天空云量和气溶胶粒子分布等因素影响。向上短波辐射 $R_s\uparrow$ 为地表反射的太阳辐射，主要受下垫面植被状况和土壤湿度的影响。地表反射率是反射的太阳辐射与太阳总辐射之比，通常用地表反射率来反映地表对太阳辐射的反射能力，可以决定地表和大气之间的辐射能量分配，是研究地表能量平衡的一个重要参数。向上的长波辐射 $R_l\uparrow$ 为地面长波辐射，主要受地表温度的影响。向下的长波辐射 $R_l\downarrow$ 为大气逆辐射，是大气温度、湿度廓线和云状况的函数。

净辐射传感器就是通过测量下行辐射和上行辐射的差额来得到测量值的，因 $R_s\uparrow / R_s\downarrow$ 即为下垫面反射率 α，该表达式变换后即为地面辐射差额方程：

$$R_n = (Q + q)(1 - \alpha) + R_l\downarrow - R_l\uparrow \tag{8-2}$$

太阳直接辐射 Q 和散射辐射 q 之和即太阳总辐射，$R_l\uparrow - R_l\downarrow$ 即为地面有效辐射。

8.1 地面辐射差额的日变化

对于城市辐射能量的收支，就决定于地面的辐射差额（净辐射）。当净辐射>0时，城市近地层所吸收的太阳总辐射大于地面的有效辐射，近地层将有热量的积累；当净辐射<0时，则近地层大气则有热量的亏损。一日之中，白天地面吸收的太阳辐射经常是超过地面的有效辐射值，即净辐射是正值；夜间地面有效辐射起决定作用，地面辐射差额为负值。

分析12个月的净辐射通量日变化，净辐射的日变化趋势较为明显，全天整体呈倒"U"形。在12个月中，相比之下冬季地面损失的热量要多，净辐射通量最低值也出现在这个时间。分析可以看出，净辐射差额正负值转换的时间与日出日落的时间有非常明显的对应关系，在夏季，如7月，辐射差额由负值转变为正值的时间出现在07:00左右，辐射差额由正值转变为负值的时间出现在19:00左右，一天中，辐射差额为正值的时间和辐射差额为负值的时间是近乎相等的；自此以后，辐射差额由负值转变为正值的时间越来越推后，由正值转变为负值的时间越来越提前。到12月的时候，辐射差额由负值转变为正值的时间已经推后到了09:00左右，由正值转变为负值的时间提前到了17:00左右。这主要是因为早上日出以后再经过一段时间，地面吸收的短波辐射才开始超过有效辐射，在傍晚，在日落前一段时间就开始出现有效辐射超过吸收的短波辐射的现象。

观测数据分析表明，辐射平衡具有明显的日变化，当日出之后随着太阳高度角的增大，太阳直接辐射和散射辐射逐渐增加，即太阳总辐射增加。净辐射由负值转变为正值的时刻，在日出后1小时左右，以2006年夏季为例，6月在7:00，7月在7:00，8月在7:30；净辐射最高值出现在正午13:00左右。就全年的变化而言，通常正值辐射差额的最大值出现在正午附近，负值最大值出现在夜间，并且夜间辐射平衡的变化比白天要小得多。辐射差额正负交替的时间通常出现在太阳高度角等于10°～15°之间，这种正负值转变时间与近地层逆温的形成与破坏时间相一致。辐射平衡日变化曲线对正午来说并不对称，午后辐射平衡值比午前相应时间稍小一些，这一方面是因为午后地表温度增高，有效辐射大于午前有效辐射，同时午后湍流活动增强，大气浑浊度增加，致使入射太阳辐射比午前减小。

8.2 地面辐射差额的季节变化

辐射差额具有季节变化，最大值出现在夏季，最小值出现在冬季。辐射差额极大值与地面吸收辐射极大值都出现在夏季月份，极小值同时出现在冬季月份。由冬季到夏季，辐射平衡的增加是由于下垫面表面吸收辐射的增幅超过有效辐射的增幅。我国东部地区夏季辐射平衡最大值基本上变化在360~420W/m²之间。如图8-1所示，兰州市2007年1月27日最高值出现在14:05为224.6W/m²；2007年4月17日最高值出现在13:20，为727.6W/m²；2006年7月18日最高值出现在14:20，为677W/m²；2006年10月15日最高值出现在13:20，为430.6W/m²。

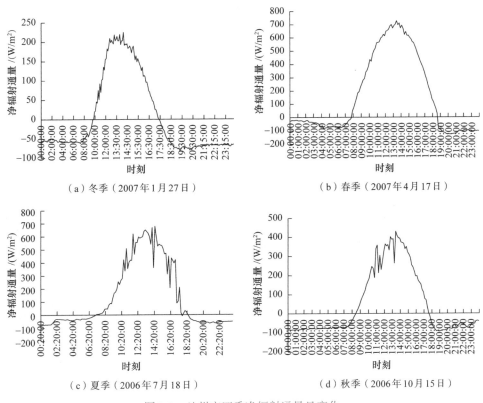

图8-1　兰州市四季净辐射通量日变化

　　地面辐射差额月最大值之所以出现在7月份，主要是夏季辐射平衡中直接太阳辐射具有决定性的作用，直接太阳辐射和辐射平衡的最大值几乎同时出现在正午时刻。如在2006年7月8日这一天，净辐射最大值出现在13:00时，达到678.1W/m²，这主要是地表最高温出现在这个时候。这一天净辐射最低值出现在20:50，为-119.3W/m²，这主要是日落后这段时间，下垫面积累了巨大的热量，向外释放，这一天净辐射平均值156.2W/m²。地面辐射差额月最小值出现在12月，这主要和冬季太阳高度角降低和日照时间缩短有一定的关系，再加上兰州在冬季取暖释放大量的尘埃等污染物，导致太阳辐射被削弱，到达地面的太阳直接辐射减少所致。以2006年12月4日这一天为例，净辐射最大值出现13:15时，为232.2W/m²，净辐射最低值出现在日落后18:30左右，为−84.5W/m²。夏季白天正值辐射平衡比夜间负值辐射平衡大5～6倍，冬季则这个比例约为3倍，这对夏季和冬季城市下垫面能量的收支有重要的意义。

8.3 净辐射通量与气温的变化关系

分析12个月的净辐射和气温变化关系（图8-2），净辐射最高值和气温最高值出现的时间并不一致，最高气温的出现要滞后于净辐射最大值的出现时间。当净辐射由正值转变为负值的时候，此时气温达到了一日中的最大值。到午后某一个时刻，地面得到热量因太阳辐射的减弱而等于失去的热量时，此刻地面温度达到最大值，理论上应该在13:00左右。通过前面分析，净辐射在一日中13:00左右出现最高值，地面要通过长波辐射将热量传递给空气需要一定的时间，所以最高气温要比最高地温出现的时间滞后。如2006年6月16日，14:00净辐射达到最高值609W/m²时，空气温度并没有达到最大值，而是延迟到了16:00达到最高值34.9℃；随后气温便逐渐下降，一直下降到清晨日出前地面存储的热量减到最低值（5:00热通量−8.7W/m²）时为止，所以最低气温出现在清晨日出前后而不是半夜。净辐射随着太阳高度角的减小而逐渐减弱，但这段时间地面得到的热量比失去的热量还是多，地面热量差额仍为正值，地面贮存的热量仍在增加，下垫面温度继续升高，地面长波辐射继续加强。大约在日落的时刻后不久，净辐射开始由正值转变为负值。该地面辐射差额的产生的原因是日落后，地面作为大气的主要热源，不断的放射长波辐射，地面长波辐射要大于大气逆辐射，地面的热量收支状况为负值，即出现热量的亏损。这种变化趋势与大部分地区地面辐射差额的变化趋势是完全相同的，即一般夜间为负，白天为正，正负值的转换时刻一般比日出和日落时间滞后1小时左右，净辐射在夜间的变化幅度不大。

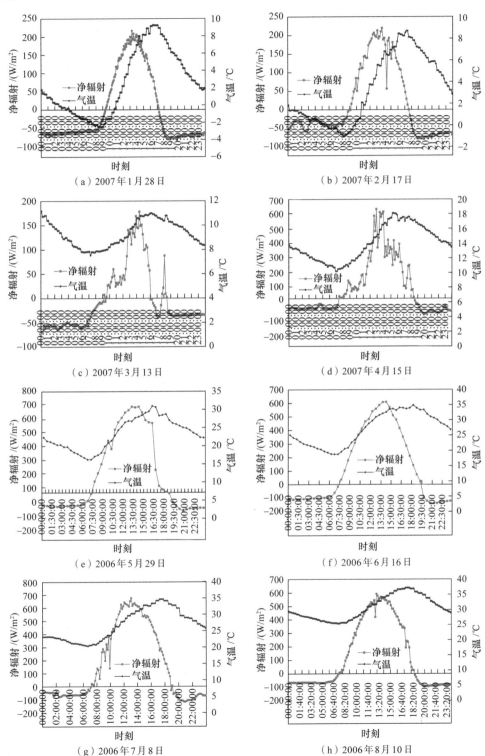

（a）2007年1月28日

（b）2007年2月17日

（c）2007年3月13日

（d）2007年4月15日

（e）2006年5月29日

（f）2006年6月16日

（g）2006年7月8日

（h）2006年8月10日

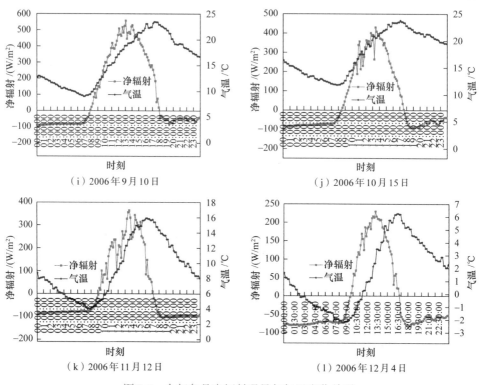

（i）2006年9月10日 （j）2006年10月15日

（k）2006年11月12日 （l）2006年12月4日

图8-2 全年各月净辐射通量与气温变化关系

8.4 云对地面辐射差额的影响

从观测实验中可以明显地发现这种现象，净辐射通量对云非常敏感，云的存在使得辐射平衡发生了很大的变化，因此，云是决定辐射平衡变化的重要因子之一。白天，云的存在以及随着云量的增加，将引起总辐射和有效辐射的减少，在有云的时候，大量的向上的辐射可能被云的向下的辐射抵消，在这方面低云比高云更加有效，如果天空被三层云覆盖时，净辐射将近似于零；夜间，云的存在将使有效辐射出现减少的趋势。总之，无论白天黑夜，云使得净辐射的绝对值减少。这主要是因为在白天云使得总辐射及有效辐射都减小，但总辐射的减小的程度比有效辐射的程度要大，故使净辐射的正值减小；夜间云使得大气逆辐射增大，有效辐射值变小，则地面辐射差额的绝对值也是变小的。

在有云的天气，净辐射波动变化比较大，夏季中午和下午的时候，对流运动比较活跃，常有对流云系产生，这在观测的夏季净辐射日变化曲线上体现得较为明显。但是天空布满云层或部分天空为云遮蔽的情况下的辐射平衡的变化是不一样的。天空为云完全遮蔽时辐射平衡的日变化特点与晴天条件下基本情况相同，只是阴天变化的振幅比晴天小很多。阴天辐射平衡的各分量的日变化特点与晴天基本相似，但各分量的日变化振幅比晴天要小，有时阴天辐射平衡最大值不到晴天的一半，主要原因是入射太阳辐射大大减少引起的。阴天直接太阳辐射为零，总辐射完全由天空散射辐射构成，最大值只有晴天的1/3。与晴天相比，阴天的大气逆辐射增大，地面辐射减小，有效辐射的变化振幅比晴天平缓得多。天空状况对辐射平衡的影响随着云量的增减而有所不同，而且即使在云量相同时对白天和夜间辐射平衡值的影响也不相同（潘守文，1994）。白天正值辐射平衡随着云量增加而减小，夜间负值辐射平衡的绝对值也减小，但在有云的白天是例外。几乎在各个季节，少云时辐射差额都要比晴天大，这是因为部分天空为云遮蔽时，天空散射辐射的增加可使得到达地面的太阳辐射大大加强，同时有效辐射比晴天小，在这种情况下往往是正值辐射平衡达到最大值的时刻。

8.5 城市烟雾层对各辐射分量的影响

对于城市大气边界层，由于大气对来自太阳的短波辐射不善于吸收，而对于来自地面的长波辐射却善于吸收，特别是城市空气中CO_2含量比郊区大，CO_2对地面辐射中的波长在13μm到17μm的波谱区有强烈的吸收作用，这是城市中大气温度比郊区高的重要原因之一。Ackerman等（1978）从理论上推断城市中由于气温比郊区高，CO_2又比郊区多，其大气逆辐射值必然大于郊区。计算大气逆辐射的经验公式为

$$Q_{L\downarrow} = \sigma T^4 [\, 0.127 + (-0.114T^3 - 0.168T^2 - 0.173T + 0.603)$$
$$\times (0.0000438e^3 - 0.001e^2 + 0.123e + 0.05)^{0.107}\,] \tag{8-3}$$

式中，$Q_{L\downarrow}$为大气逆辐射；σ为斯特藩-玻耳兹曼常数为5.67×10^{-8}；T为地面的观测温度；e为水汽压。

$R_l \uparrow$地面长波辐射可以根据斯特藩-玻耳兹曼公式：

$$E_g = \varDelta \sigma T^4 \tag{8-4}$$

式中，$\varDelta$为大气的相对辐射率，又称比辐射率。其大小为地面或大气的辐射能力与同一温度黑体辐射能力的比值，在数值上等于吸收率。σ为斯特藩-玻耳兹

曼常数为 5.67×10^{-8}。

兰州作为一个河谷型城市，河谷上空大约600m（皋兰山山顶2129.6m以下大气）左右的城市烟雾层，存在大量的大气气溶胶等颗粒物，其浑浊度较大（尤其在冬季）对太阳辐射的削弱（吸收、散射）作用比较大，所以使得城区地面得到的净辐射要小于郊区。这部分差值加热了城市烟雾层，使中上层大气升温。这对研究大气逆温层，热岛效应（逆辐射增加）的深入研究很有帮助。本观测没有在皋兰山设置观测点来研究谷底与山顶的各种辐射存在的差异，且观测中没有观测其他的辐射，为了说明这种差异，如表8-1，引用马耀明等（1993）于1990年11月27日在兰州市城区和皋兰山山顶观测的各种辐射的日均总值（即各时次辐射通量之和），进行分析。

表8-1 兰州市城区和皋兰山山顶各种辐射日均总值及其比值（马耀明等，1993）

（单位：W/m^2）

	$\overline{K\downarrow}$	$\overline{D}$	$\dfrac{\overline{D}}{\overline{K\downarrow}}$	$\overline{K\uparrow}$	$\dfrac{\overline{K\uparrow}}{\overline{K\downarrow}}$	$\overline{K^*}$	$\overline{L\downarrow}$	$\overline{L\uparrow}$	$\dfrac{\overline{L\downarrow}}{\overline{K\uparrow}}$	$\overline{L^*}$	$\overline{NR}$
皋兰山	3396	379	0.11	−730	0.21	2666	6112	−8510	0.72	−2398	268
城区	2287	1065	0.47	−427	0.19	1860	6129	−7856	0.78	−1727	133

$K\downarrow$向下的短波总辐射，为太阳直接辐射和散射辐射之和。由于河谷型城市大气污染的影响，使得河谷型城市地面所接收到的短波总辐射要比郊区和污染大气层顶小得多。河谷型城市地面接收到的短波总辐射仅为晴天大气层顶的67%和其他天气状况的74%，这主要是因为气溶胶离子对太阳辐射的散射作用。D散射辐射，在晴朗无云的条件下，散射辐射在总辐射中所占的比例较小，在皋兰山山顶仅为11%，兰州市区为47%。$K\uparrow$反射辐射，这主要取决于地表的特性，皋兰山山顶（耕地）的反射率比兰州市区地面（枯草地）反射率大，所以皋兰山山顶反射回大气的短波辐射也比较大。K^*短波净辐射，市区地面接收到的短波净辐射与皋兰山山顶相比，晴天时少806W/m^2，为皋兰山山顶的70%。$L\downarrow$向下的长波辐射，在晴天时，市区向下的长波辐射与皋兰山山顶基本相同，其他天气状况下要大343W/m^2，此外，长波向下辐射值白天要比晚上稍大一些。$L\uparrow$向上的长波辐射，在晴天时比较大，而在其他天气状况下，要相对小一些，白天由于地表变热，长波辐射损失从日出至日落呈正弦曲线变化，正午时刻损失最大，晴天皋兰山山顶达420W/m^2，市区达461W/m^2，到了晚上，长波辐射损失基本在280～320W/m^2之间变化。L^*长波净辐射，长波净辐射的绝对值比短波净辐射小，市区的长波净辐射损失，晴天为皋兰山山顶的78%，在其

他天气状况下为皋兰山山顶的87%。NR总净辐射，为短波净辐射与长波净辐射之和，在晴天时兰州市区总的净辐射比皋兰山山顶小135W/m²，为皋兰山山顶的50%，其他天气状况下比皋兰山山顶小267W/m²，为皋兰山山顶的34%，白天兰州市城区接收到的净辐射通量比皋兰山山顶减少，从而使地面加热减少，减少的净辐射通量加热了污染大气的中上部，使大气升温，即兰州市冬季大气的阳伞效应。

参 考 文 献

马耀明，王介民，陈长和，等. 1993. 河谷城市污染大气辐射特征的分析研究//陈长和，黄建国，程麟生，等. 复杂地形上大气边界层和大气扩散的研究. 北京：气象出版社：28-35.

潘守文. 1994. 现代气候学原理. 北京：气象出版社.

Ackerman B, Changnon S A, Dzurisin G, et al. 1978. Summary of METROMEX, Vol.2: Causes of Precipitation Anomalies, Bulletin 63. Urbana: Illinois State Water Survey.

第9章　河谷型城市地－气能量交换过程和能量平衡

9.1　城市边界层地－气能量平衡

城市边界层地－气能量交换是城市气候形成的基础，也是城市热环境形成的根源，城市化气候效应的形成因子可以综合为三个方面：城市下垫面性质，人为热、温室气体和大气污染，天气形式和大气条件。在形成机制和变化机理方面的研究，国内外学者主要基于数学统计模型、边界层模式及以热力学和动力学为理论基础的数值气候模式。如程麟生（1993）的适用于复杂地形和边界层过程的中尺度数值模式；桑建国等（2000）的热岛环流的动力学分析。目前，边界层模式得到较为广泛的应用，最具代表性的边界层模式有：Myrup（1969）提出的两层（土壤层、大气界面层）垂直结构的近地层能量平衡模式，考虑了近地面层和上层边界层相互作用的四层结构（土壤层、地气界面间的转换层、近地湍流层和混合层）的Carlson模式（Carlson et al.，1981）。在本章中取城市边界层和城市覆盖层中间的一个平面作为活动面，以此平面为基础，进行城市地－气能量交换的研究（Oke，1987）。式（9-1）为城市建筑物－大气－下垫面系统的能量平衡方程（周淑贞和张超，1985）：

$$R_n + Q_f = H + LE + Q_t + G + \Delta Q_a \tag{9-1}$$

式中，R_n 为净辐射；Q_f 为人为热；H 为下垫面与空气间的湍流显热；LE 为下垫面与空气间的潜热交换；Q_t 为植物光合作用吸收的能量；G 为下垫面内部储热量的变化；ΔQ_a 为与周围环境的热平流量的变化。对于植物光合作用所吸收的光能，研究表明植物光合作用每形成 1mol 有机物和 6mol 氧气，可以转化、富集 2863.3kJ 的太阳能。城市与周围环境的热平流一般在城郊过渡带比较明显，而在城市内部这部分能量比较小，所以在城市地－气能量平衡的研究中，一般忽略不计。

1）城市人为热

人为热的来源包括人类生产生活以及生物的新陈代谢所产生的能量，随着城市化进程的加快，导致工业生产、家庭炉灶、机动车等燃烧化石燃料释放的热量和空调等排放的热量急剧增加。一些学者曾对美国俄亥俄州的辛辛那提城夏季人为热的研究发现，人们的生活炉灶、空调及工业生产所释放的热量占人为热排放总量的66.6%，机动车等移动源排放的热量占人为热总量的33.1%，人、畜新陈代谢所产生的热量只占总热量的0.1%。人为热在热量平衡中所占的比重各个城市是很不一致的，它与纬度有关，同时同一城市的人为热又有明显的季节变化和日变化。人为热在城市热量平衡中的作用日益突出，关于人为热的定量化问题，国外有许多学者提出了多种形式的人为热估算模式，但具体操作起来比较困难，这些模式需要相关城市的逐日和逐时燃油、电力消耗、机动车、空调散热等许多因子的相关数据。Swaid（1991）的研究表明，在中、低纬度地区，人口密度大的城市因人为排热引起的增温在$1\sim2.5$K之间，其在对某城市人为排热估计认为该市人为排热日平均在56.3W/m^2，产生的增温效应为1.8K。

有关研究表明，一个人就像一个小发电厂，散发出相当于一个100W的灯泡的热量；美国的一项研究表明，城市人口增加9倍，可导致城市中心平均温度增加1℃；相关学者估算，通过能源消耗和人体新陈代谢作用，广州市城区每天每平方米面积人为排热量相当于太阳辐射量的60%以上（徐祥德和汤绪，2002）。可以预见，随着城市规模扩大、城市工业的发展、人口密度的逐渐增加及人们生活水平的提高，它们直接或间接产生的人为热对城市气候的影响也将逐渐增强。如何准确估算人为热仍将是继续研究的一个课题。

2）城市下垫面储热量

影响下垫面储热量大小的因素主要有：下垫面的热惯量大小和下垫面对应的建筑容积率、建筑密度及结构。由于组成成分不同及其受周围环境因素的影响，不同物质的热惯量存在很大的差异。热惯量是一个表征物质热特性的综合性参数，热惯量是地物阻止其温度变化幅度的物理量，可以表示为热扩散率、热容量和密度的函数。对某一物质来说，热惯量是该物质固有的属性。当地物吸收或释放热量时，地物温度变化的幅度与地物的热惯量成反比，即热惯量大的物体，其温度的变化幅度小，相反，如果物体的热惯量小，则其温度的变化幅度大。因此，热惯量是引起物质表层温度变化的内在因素，Pratt（1980）将其定义为

$$P=\sqrt{\rho c\lambda}=\sqrt{C\lambda}=\sqrt{C^2k}=C\sqrt{k} \tag{9-2}$$

式中，P 为热惯量 $[J/(m^2 \cdot K \cdot s^{0.5})]$；$\rho$ 为密度（kg/m^3）；c 为比热 $[J/(kg \cdot K)]$；k 为热散率（m^2/s）；C 为热容量 $[J/(m^3 \cdot K)]$；λ 为导热率 $[W/(m \cdot K)]$。

从微观的角度看，热惯量是阻止物体内部分子运动速度变化的阻力。物体的热惯量在热力学中是一个不变的物理量，对于相同特性的地物如岩石、土壤、水体和植被等，其热惯量是常量。根据这个特点，当热惯量有差别时，可以用热惯量来识别地质岩性、监测地表土壤水分、识别植被类型等，特别是在区域尺度上反演土壤热惯量，对监测干旱半干旱地区的土壤水分具有重要的意义，表9-1是城市下垫面主要构成物质的热性质参数。

表9-1　城市下垫面主要构成物质的热性质参数（周淑贞和张超，1985；陈云浩等，2004）

物质	特征	密度/ $[10^3kg/m^3]$	比热/ $[10^3J/(kg \cdot K)]$	热容量/ $[10^3J/(m^3 \cdot K)]$	导热率/ $[W/(m \cdot K)]$	热惯量/ $[10^3J/(m^2 \cdot K \cdot s^{0.5})]$
混凝土	致密的	2.40	0.88	2.11	1.51	1.78
石料	平均	2.68	0.84	2.25	2.19	2.55
砖瓦	平均	1.83	0.75	1.37	0.83	1.07
钢材	—	7.85	0.50	3.93	53.3	14.47
玻璃	—	2.48	0.67	1.66	0.74	1.10

由表9-1可以发现：城市建筑物材料如密集的混凝土、石料、砖瓦及钢材等的热容量、导热率和热惯量都比郊区的土壤大得多，这是城市下垫面能积蓄较多热量的主要原因，这也是城市下垫面白天比郊区升温快、存储的热量多，夜晚地面降温比郊区慢，通过地-气交换，城区气温比郊区高的主要原因。城市比郊区在白天能积蓄更多能量的另外一个原因是城市建筑群密集，参差错落，形成许多高宽比不同的"城市街谷"，白天太阳辐射经过多次的反射和吸收，能够获得更多的太阳辐射能（周淑贞和张超，1985；陈云浩等，2004）。Lowry（1977）研究发现在绝大多数的情况下城市下垫面的导热率要比郊区大3倍，而热容量则比郊区大1/3倍。据Seller（1965）的估算，城市下垫面储热量，其平均值相当于当地净辐射的15%～30%，郊区下垫面因有农作物、森林和草地覆盖，郊区的平均储热量相当于当地净辐射的5%～15%，而裸露地面，其平均储热量相当于当地净辐射的25%～30%。

对于植物光合作用所吸收的光能，研究表明植物光合作用每形成1mol有机物和6mol的O_2，可以转化、富集2863.3kJ的太阳能（内善兵卫，1988）。有关植物光合作用所吸收的热能在实际的研究中，因为无法准确定量化，所以一般在能量平衡方程的应用中较少考虑。由于城市和郊区的温度差异,导致城市与周围环境的热平流一般在城郊过渡处比较明显。在城市内部这部分能量比较小,所以在城市地-气能量平衡的研究中,一般忽略不计。

在城市下垫面与空气间的能量交换过程中,地表得到的净辐射是各种热量交换的起点,对于大多数城市而言,下垫面得到的净辐射与郊区相差不大,但是对于一些特殊地形的城市,如河谷型城市兰州市,观测发现城市下垫面得到的净辐射要远远小于郊区下垫面得到的净辐射,这主要是在兰州这样的河谷型城市中,由于城市烟雾层的存在,使得太阳短波辐射被大幅度削弱所致。

9.2 波文比-能量平衡模型

陆面过程是发生在地表控制地气之间水分、热量和动量交换的作用过程,包括地面上的热力过程、水文过程和生物过程、地气间的能量和物质交换以及地面以下土壤中的热传导和水热输送过程等。其中,陆面蒸散既是地表热量平衡的组成部分,又是水量平衡的组成部分。在传统的陆面过程的研究中,大都以均匀下垫面为前提,进行这方面的研究。有关城市陆面过程方面的研究开展得比较少,这主要是城市区域受人类的影响较为强烈,下垫面与大气之间的相互作用关系较为复杂。大部分这方面的研究主要集中在地表通量方面的研究,尤其地表通量中的显热通量和潜热通量是众多数值天气预报、区域气候模型和区域水文模型的重要输入参数,它在目前的全球变化、干旱区研究、城市绿地生态效应研究、农业生态研究、森林生态研究、区域生物碳循环等研究中都有重要意义。目前,广泛应用于地表通量研究的仪器有波文比、涡度相关仪和闪烁通量仪。

有关地表水热通量的理论与研究是一门既古老又年轻的科学。最早人们首先发现蒸发现象的存在。道尔顿首先综合了空气中风与温、湿度对蒸发的影响,这对现代蒸散理论的创立起着决定性的作用,随后许多学者提出了大量的理论、公式(包括经验公式)及计算模式。从点到面、瞬时到几十年,都有比较成熟的估算方法。目前已形成了一个跨气象、水文、植被和农业等多学科的综合性科学,仅在微气象学领域,目前就有许多方法,归纳起来主要有:波文比-能量平衡法、能量平衡-空气动力学阻抗法、多层梯度法、涡度相关法、能量平衡与梯度扩散或涡度相关相结合的余项法。这些方法有一个共同的特点：靠测定近地层大气中温、湿、风等要素的梯度或脉动以及近地层辐射能量收支，然后用各种模式来估算的，避开了直接对土壤水分变化的测定，虽然有些公式或方法理论基础较好，但实际应用中有许多条件不能完全满足，还有一些公式是半经验半理论性的。因此，理论估算与实际情况必然会有一定的误差，检验这些理论公式精度的一个最好的办法就是用一个能直接精确测定地表水分微弱变化的仪器，如称重式土壤蒸发渗漏测定仪，与微气象法进行对比观测（中国农业气象研究会农业小气候专业委员会，1993）。

波文比-能量平衡模型（BREB模型）是波文（Bowen）依据表面能量平衡方程提出的，是利用近地层梯度扩散理论与下垫面能量平衡方程来计算显然、潜热的垂直输送过程。此方法认为在一给定表面分配给显热的能量与分配给潜热蒸发的能量的比值是一常数（王笑影，2003；谢贤群，1990），波文比是地表能量平衡方程中显热通量与潜热通量之比。Todd等（2000）等用波文比法对半干旱地区平流环境情况下灌溉苜蓿地的潜热输送进行了研究。波文比用于国内的研究主要开始于20世纪80年代后期。张仁华等（2002）通过地表热惯量和波文比之间的转换模型和试验转换函数，来获得波文比。利用波文比可以通过净辐射通量和土壤热通量变化量，最终获得地表蒸发通量；黄妙芬（2001）进行了波文比能量平衡法在绿洲荒漠交界处的适用性分析；朱治林等（2001）应用波文比法计算了淮河流域的显热和潜热通量状况；李胜功和何宗颖（1995）使用波文比能量平衡法分析内蒙古奈曼麦田不同生长阶段的微气象变化，认为净辐射白天主要用于潜热交换，夜间主要由潜热交换与土壤热交换补给，波文比白天小夜间大；李胜功等（1997）用此模型对灌溉与无灌溉的大豆田的热量平衡进行分析，白天净辐射大部分用于潜热交换，其次用于显热交换，用于土壤热交换的最少；康燕霞（2006）利用波文比系统、称重式蒸渗仪和微型蒸渗仪相结合的方法测定了冬小麦和夏玉米的蒸发蒸腾量和土壤蒸发量。

波文比-能量平衡法是应用比较广泛的地表通量的方法，其优点是所需实测参数少，计算方法简单，不需要有关蒸发蒸腾面空气动力学特性方面的资料，并可以估算大面积，约1000m²和小时间尺度不足1分钟的潜热通量（Abraham et al.，2004），如果观测资料准确，则精度较高。但方程假定的是把输送限于垂直的方向上，即没有水平的梯度。在下垫面很湿润，通常有逆温层存在的情形下，由于空气的温、湿铅直廓线的非相似性导致热量与水汽湍流交换系数的非同等性，使得波文比法的结果偏低，精度下降。此外，在早晚时段或土壤干旱的条件下，或由于净辐射和土壤热通量的差值很小，甚至是负值，或蒸散速率很小时，波文比法的误差也较大，尤其是实测温湿度差小于或等于仪器精度差值时，常常出现较大的误差（康燕霞，2006）。因此，为提高波文比的测量精度，使用的干湿球传感器，温湿度仪器测量精度一般应高于0.1℃和0.1kPa，同时要把观测点安置在地表水平较为均一的区域。

波文比-能量平衡法估算潜热通量与显热通量的理论基础是地面能量平衡方程与近地层梯度扩散理论。波文比的计算是在地面能量平衡方程与近地层梯度扩散理论的基础上来计算的，即近地层大气只因垂直的水汽和热量输送过程而形成相应的温度和湿度梯度，它要求测量地面以上两个高度之间的空气温度差和同高度之间的水汽压差。本实验用近地层的温湿梯度反过来估算其垂直水汽和热量交换，在距地面1.5m的近地层大气中，高度相差1m的空气温湿度梯度都是均匀一致的，无各种性质平流的影响，地面上空水平均一的流场环境，使得两层干湿球处在性质一致的气层中，这是计算波文比的一个前提条件。

在地球表层，存在多种能量交换过程，除了分子热传导、辐射和对流方式外，还存在着平流、湍流和因水的相变而引起的热量转换形式。地表得到的净辐射是各种热量交换的起点，其能量分配形式主要包括用于大气升温的显热通量，用于水分蒸发（凝结）的潜热通量，用于土壤（或其他下垫面）升温的土壤热通量，另外还有一部分消耗于植物光合作用和生物量增加，这一部分能量所占比例较小，常常忽略不计（庞治国，2004）。

在陆地上晴天只有弱的或者无平流的情况下，从地面出去的显然和潜热通量被太阳辐射的日循环控制。日出以后，下垫面增温，显热通量将要增强，把剩余的热量从地面输向空气，如果地面潮湿，则蒸发也要带走热量，部分热量也要传向地下。如果显热、潜热和土壤的热通量尚不足以抵消太阳净辐射，则下垫面温度将不断升高。而随着表面温度的升高，显热、潜热和土壤热通量也将增加，直到最终达到一个平衡状态，此时，入射通量被出射的湍流通量和分子扩散通量所平衡，对于这种平衡的建立，温度是比较重要的因素，但无论温度的高低，在平衡中，各种通量都必须相互抵消（斯塔尔，1991）。

上述理论提出了一个参数化方法，把净辐射直接划分为显热、潜热和土壤热通量。将入射辐射当作一个外部强迫力，而显热、潜热和土壤热通量则是其响应，进入地下的通量比较小，但不能忽略，因而下垫面能量平衡方程为

$$R_n = LE + H + G \tag{9-3}$$

式中，R_n为净辐射；LE 为下垫面与大气之间的潜热交换（蒸发耗热或凝结释

热), 其中, E 为蒸发速率或凝结速率, L 为水汽汽化潜热 (2510J/g); H 为下垫面与大气之间的显热通量; G 为下垫面与土壤深层之间的热交换, 即土壤热通量。

地表接受的净辐射以三种方式传输, 输向地面用于土壤增温; 以显热形式输向大气用于大气增温; 以潜热形式输向大气用于大气增湿。在净辐射为负值的情况下, 热量通量倒转, 空气向地面释放热量。

扩散是边界层内水汽传输的主要方式, 据Fick's第一定律, 在边界层内, 某物质的扩散通量与其浓度梯度成正比。假定大面积水平均一的地表上近地层大气只因垂直的水汽、热量输送过程而形成相应的垂直温度和湿度梯度, 无水平输送过程的影响, 则蒸发蒸腾面上两个高度间的热量和质量 (水汽) 扩散方程可表示为

$$\text{LE} = L\rho\frac{\varepsilon}{P}K_w\frac{\partial e}{\partial z} \tag{9-4}$$

$$H = \rho C_p K_h\frac{\partial T}{\partial z} \tag{9-5}$$

式中, ρ 为干空气的密度; C_p 为空气定压比热; ε 为水汽分子对于干空气分子的重量比, 在数值上等于干湿球常数; P 为大气压; K_h 为显热交换系数; K_w 为潜热交换系数; $\frac{\partial e}{\partial z}$ 为空气水气压梯度; $\frac{\partial T}{\partial z}$ 为空气温度梯度。

同时引入波文比 β, 即显热通量与潜热通量之比:

$$\beta = \frac{H}{\text{LE}} \tag{9-6}$$

因为梯度扩散理论基于这样的假定: 大面积水平均一的地表上空, 近地层大气只因垂直的水汽、热量输送过程而形成相应的垂直温度和湿度梯度, 无水平输送 (即平流) 过程的影响, 在假定潜热交换系数 K_w 等于显热交换系数 K_h 的条件下, 有如下方程:

$$\beta = \frac{H}{\text{LE}} = \frac{\rho C_p K_h\frac{\partial T}{\partial z}}{L\rho\frac{\varepsilon}{P}K_w\frac{\partial e}{\partial z}} = \gamma\frac{K_h\frac{\partial T}{\partial z}}{K_w\frac{\partial e}{\partial z}} = \gamma\frac{\partial T}{\partial e} = \gamma\frac{T_1-T_2}{e_1-e_2} \tag{9-7}$$

式中, T_1、T_2、e_1、e_2 分别代表蒸发蒸腾面上高度 Z_1 和 Z_2 处的气温和水汽压; γ 为干湿球系数。根据能量平衡方程有

$$H = （R_n - G）\beta/（1+\beta） \tag{9-8}$$

$$\text{LE} = （R_n - G）/（1+\beta） \tag{9-9}$$

具体到本实验研究，结合波文比系统各传感器所测量的要素，为了达到计算的准确性，对上述方程进行转换，得到下述5个方程：

$$LE = \frac{R_n - G}{1 + \beta} = \frac{R_n - G}{1 + \gamma \frac{\Delta t}{\Delta e}} \quad (9\text{-}10)$$

$$\beta = \frac{H}{LE} \quad (9\text{-}11)$$

$$R_n = H + LE + G \quad (9\text{-}12)$$

$$\Delta t = t_{0.5} - t_{1.5} \quad (9\text{-}13)$$

$$\Delta e = e_{0.5} - e_{1.5} \quad (9\text{-}14)$$

式中，LE为潜热通量；H为显热通量；R_n为净辐射；G为土壤热通量；β为波文比；Δt、Δe分别为0.5m和1.5m高度处的温度差和水汽压差；γ为干湿球系数。上述方程组联立起来就可以求得各个通量参量。

由于梯度扩散理论基于这样的假定：大面积水平均一的地表上空，近地层大气只因垂直的水汽、热量输送过程而形成相应的垂直温度和湿度梯度，无水平输送（即平流）过程的影响，所以可认为潜热交换系数K_w等于显热交换系数K_h，可以用近地层大气的温、湿梯度反过来估算其垂直水汽和热量交换。在有平流影响的地方，其水汽输送是二维甚至三维的，相应的垂直温湿度梯度由垂直和水平叠加形成，潜热交换系数与显热交换系数差异较大。在平衡层内，如果仅仅是单一的水热垂直输送过程形成的温、湿梯度，可以用此模式估算蒸散与显热输送；如果梯度观测高度超出平衡层，则实测的温、湿梯度不仅仅由垂直输送过程造成，因而梯度扩散理论不再适用。而且上述模式只在本区域在静风或弱风无大流场控制时才较为明显，如果有明显的大天气系统控制的风，则平流方向主要由大系统控制，局地环流模式叠加其上面施加影响，平衡层的厚度会发生相应的变化（黄妙芬，1996，2001）。在没有平流影响的情况下，地表热量平衡中净辐射通量与土壤热通量的差值全部用于潜热通量，这差值就是潜在蒸发的极限值。

波文比通常是随时间和当地天气而发生变化，变化比较敏感。图9-1和图9-2是较为典型的波文比的日变化曲线。在一日中，在白天阶段，波文比值为正值，夜间为负值，这主要取决于Δt和Δe的符号，$\Delta t > 0$为正温、$\Delta t < 0$为逆温；$\Delta e > 0$为正湿、$\Delta e < 0$为逆湿。一般对波文比的研究主要关注白天这个阶段。如果白天潜热通量为正值，这个过程为蒸发耗热的过程；夜间显热通量为负值，此过程是地表冷却吸收近地层大气热量的过程；夜间潜热通量为负

值，此过程是一个凝结释放热量的过程。通常一天的白昼时间，以正值热通量（蒸发）为主，夜间以负值热通量为主。在植被比较茂盛的下垫面，总蒸发的植物潜热通量分量是植物的年龄、健康状况、温度和水应力的复杂函数，植物要通过气孔的开和闭来调节生命过程，因此，气孔对水通量和蒸腾的阻力也在变化。

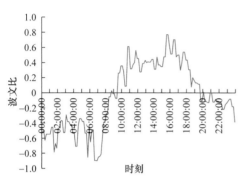

图 9-1 2007 年 4 月 10 日波文比的日变化

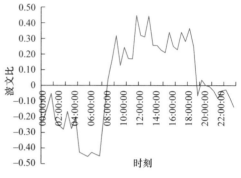

图 9-2 2006 年 5 月 26 日波文比的日变化

在潮湿的表面波文比较小，因为大部分能量用于蒸发；干燥的表面波文比较大，因为大部分能量用于显热增温。其典型的量值，从半干燥区的 5、草原和森林的 0.5，水浇果园或草地的 0.2，海上的 0.1 到绿洲上的某些负值（斯塔尔，1991）。在干燥或植被稀少地区，土壤干燥，地表热容量小，因而地表白天升温剧烈；对于湿润或植被茂盛的下垫面，土壤热容量大，因而白天升温缓慢。由于这种差异的存在，干燥地区蒸发微弱，地表能量主要以显热的形式输出，因此其上空空气温度白天上升剧烈，湿润地区蒸散强烈，地表热量主要以潜热形式输向大气，白天气温上升缓慢。

9.3 能量平衡−空气动力学阻抗模型

空气动力学与能量平衡联立模型是利用大气湍流边界层空气动力学方法得到显热交换，利用观测资料或计算公式求出净辐射，然后求出蒸发蒸腾量。1939 年桑思韦特（Thornthwait）等提出了利用近地边界层相似理论的空气动力学方法。到了近代，1963 年蒙特斯（Monteith）通过引入表面阻力的概念导出了彭曼−蒙特斯（Penman-Monteith）公式。另外，还有学者利用土壤水分变化情况来计算地面蒸发量。目前，相关学者又提出了利用近地层的湍流结构来计算蒸发量（李家春和欧阳兵，1996），这些为研究地表及植被的蒸散量研究提供了许多新的途径。

1948年彭曼（Penman）首先提出了无水汽水平输送情况下计算水面蒸发、裸地和牧草蒸发的公式，综合了能量平衡与空气动力学方程，对于广阔的湿润表面用比较容易测得的参数给出计算潜在蒸发蒸腾量的方程。可能蒸发的定义有两个基本点：一是在给定的气象条件下，土壤水分充分供给，使蒸发不因水分不足而减少；二是较大范围地表植被类型较为一致。

$$E_0 = \frac{\Delta R_n + \gamma E_a}{\Delta + \gamma} \qquad (9\text{-}15)$$

$$E_a = f(v)(e_a - e_d) \qquad (9\text{-}16)$$

在此基础上经补充修改得到下面的计算公式：

$$E_0 = \frac{\Delta R_n + \gamma\, 0.16\,(1+0.41v)\,(e_a - e_d)}{\Delta + \gamma} \qquad (9\text{-}17)$$

式中，E_0 为可能蒸发量（mm/d）；e_a 为气温为 T_a 时的饱和水汽压；e_d 为空气水汽压；R_n 为净辐射；v 为10m处测定的风速；γ 为干湿表常数，它为测站气温与海拔高度的函数，可表示为

$$\gamma = \frac{0.46}{10^{\frac{z}{18400(1+\alpha T_a)}}} \qquad (9\text{-}18)$$

式中，z 为海拔高度；T_a 为测站气温；$\alpha = \dfrac{1}{273}$ 为气体膨胀系数。Δ 为温度为平均气温 T_a 时的饱和水汽压的斜率，其计算公式为

$$\Delta = \frac{e_a}{273 + T_a}\left(\frac{6463}{273 + T_a} - 3.927\right) \qquad (9\text{-}19)$$

国际粮农组织（FAO）于1977年对原始的Penman公式进行调整，调整后的方程：

$$\frac{\mathrm{EP}_P}{C} = \frac{\Delta}{\Delta + \gamma}\left[(1-a)\,R_S - \sigma T^4\left(0.34 + 0.508\sqrt{e_d}\right)\left(0.1 + 0.9\frac{n}{N}\right)\right]$$

$$+ \frac{\gamma}{\Delta + \gamma}\left[36 \times \left(1 + \frac{U}{100}\right)(e_a - e_d)\right] \qquad (9\text{-}20)$$

式中，ET_P 为参考作物蒸发蒸腾量（mm/d）；Δ 为饱和水汽压曲线斜率（Pa/℃）；

a为表反射率；σ为玻尔兹曼常数；T为空气温度（℃）；n/N为日照百分率（%）；γ为干湿球常数（Pa/℃）；$e_a - e_d$为空气饱和水汽压差（Pa）；C为区分白天和晚上气象条件的调整因子；U为2m高度处24h平均风速。

Monteith（1965）在Penman和Convey的基础上提出以能量平衡和水汽扩散理论为基础的作物蒸腾量计算模式，既考虑空气动力学和辐射项的作用，又涉及作物的生理特性。FAO将Penman-Monteith公式进一步改进得到估算蒸发蒸腾量的方程，FAO Penman-Monteith 公式是在全面考虑了影响田间水分散失的大气因素和作物因素的基础上，把能量平衡、空气动力学参数和表面参数结合在一个对处于任何水分状态下的任何植被类型都成立的蒸发方程中而得到的（李玉霖等，2002；樊军等，2008），1992年FAO专家咨询会议推荐使用的Penman-Monteith表达式为

$$ET_0 = \frac{0.408\Delta(R_n - G) + \frac{900\gamma u_2(e_s - e_a) \times 10^5}{T + 273}}{\Delta + \gamma(1 + 0.34u_2)} \qquad (9\text{-}21)$$

式中，ET_0为参考作物蒸发蒸腾量，mm/d；R_n为太阳净辐射，MJ/（m²·d）；G为土壤热通量，MJ/（m²·d）；e_s为饱和水汽压，Pa；$e_s - e_a$为饱和水汽压于实际水汽压差，Pa；u_2为2m高度处风速，m/h；其他符号的含义与Penman公式中的含义相同。

参考作物蒸发蒸腾量（ET_0）为一种假想的参考作物冠层的蒸发蒸腾速率，假设作物高度为0.12m，固定的叶面阻力为70s/m，反射率为0.23，非常类似于表面开阔、高度一致、生长旺盛、完全覆盖地面而不缺水的绿色草地的蒸发蒸腾速率。有关植被系统通量的参数化问题比较复杂，更详细的研究应该包括很多因子，如顶盖高度、植被面积、位移高度、粗糙长度、植被反射率、植被结构、根带深度、地下水深度、热传导系数、土壤水分以及气孔阻力等（Verma et al.，1986）。Penman和Penman-Monteith模型已经成为世界上应用最广泛的估算潜在蒸散值的标准方法，在这个模型中所需的参数在常规的天气观测中均可以获得。此方法存在的缺点是，对同一种规定的参照作物在不同地区、气候条件下，其表面形态特征存在的差异会导致计算结果缺乏可比性（康燕霞，2006）。蒸发计算的传统方法和模拟方法都是以点尺度观测为基础的，由于下垫面几何结构及物理性质的水平非均一性，一般很难在大面积区域上推广应用，遥感技术为这个问题的解决提供了新的途径。

9.4 蒸散量特征

利用波文比–能量平衡（BREB）法和Penman法，分别计算了一年四季典型日期：2006年7月29日、2006年10月6日、2007年1月31日、2007年4月10日的蒸散量，如图9-3所示；并绘制二者之间关系的散点图，如图9-4。发现利用两种方法计算四季的下垫面蒸散量日变化趋势较为一致，一般在正午13:00左右蒸散量达到最大值。就平均状况而言，一年中夏季蒸散量最强，春秋季次之，冬季最弱。对两种方法做比较，在春、夏和秋三季节，BREB法估算的一日中蒸散量和蒸散速率要高于Penman法得到的值，而且这种差别在正午左右较大，以夏季为例这种差别在0.1mm/h左右，在日出和日落前后两者差别更加微小，这也说明两种方法在估算下垫面蒸散方面准确性较强。

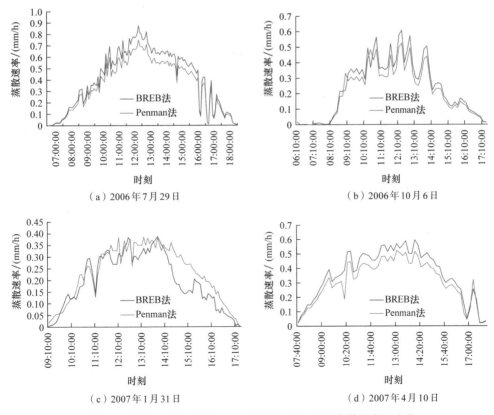

图9-3 利用BREB法和Penman法得到的下垫面蒸散速率日变化

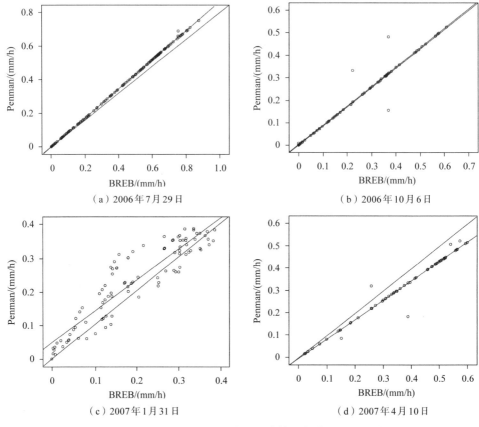

（a）2006年7月29日   （b）2006年10月6日

（c）2007年1月31日   （d）2007年4月10日

图9-4　BREB和Penman两种方法计算的蒸散量之间的关系

根据BREB和Penman两种方法计算的蒸散量之间的关系图中数据点的分布情况看，2006年7月29日，随着BREB蒸散量的增加，Penman蒸散量逐渐增大。图中数据点分布在1∶1线的上方，离散程度不大。Penman蒸散量较BREB蒸散量明显偏大，且随蒸散量的增大，Penman蒸散量与BREB蒸散量差异越显著，远离1∶1线。分析发现，二者计算结果有很好的相关关系，可用线性回归方程（9-22）来表示。

2006年10月6日，除三个异常值外，Penman蒸散量与BREB蒸散量数据点分布趋势线基本与1∶1线重叠，离散程度最小。随着蒸散量的增加，两者的差异性保持不变或稳定，二者有很好的相关关系，可用线性回归方程（9-23）表示。

2007年1月31日，Penman蒸散量总体上较BREB蒸散量有明显的偏大趋势，图中数据点大多分布在1∶1线的上方，离散程度偏大，相关关系不明显。在蒸散量较低和较高时，Penman蒸散量与BREB蒸散量之间的差异性缩小，靠近 1：1 线，而蒸散量居中时，Penman 蒸散量与 BREB 蒸散量之间的差异性增大，偏离 1：1 线。可用线性方程（9-24）表示二者的变化趋势。

2007 年 4 月 10 日，Penman 蒸散量较 BREB 蒸散量有明显的偏小趋势。随着 BREB 蒸散量的增加，Penman 蒸散量逐渐增大，且图中数据点分布在 1：1 线的下方，离散程度不大。随蒸散量的增大，Penman 蒸散量与 BREB 蒸散量差异越显著，远离 1：1 线。分析发现，二者计算结果有很好的相关关系，可用线性回归方程（9-25）来表示。

$$Y = 0.86X - 0.001，R^2 = 1.0 \tag{9-22}$$

$$Y = 0.86X - 0.003，R^2 = 0.96 \tag{9-23}$$

$$Y = 0.92X - 0.048，R^2 = 0.84 \tag{9-24}$$

$$Y = 0.87X - 0.002，R^2 = 0.97 \tag{9-25}$$

式中，Y 代表 Penman 法计算所得的蒸散量；X 代表 BREB 法计算所得的蒸散量；R^2 为复相关系数的平方。

夏、秋、春散点图离散程度不大，相关关系明显，Penman 蒸散量与 BREB 蒸散量有较高的变化一致性，用 BREB 法和 Penman 法都能很好地反映一日中蒸散量的变化，其中，两种方法在秋季的计算结果最接近，夏季和春季有一定的偏差。夏季和春季，当蒸散量较小时，Penman 蒸散量与 BREB 蒸散量间的差异性偏小，随着蒸散量的增大，Penman 蒸散量与 BREB 蒸散量间的差异性偏大。冬季，用 Penman 与 BREB 计算所得的蒸散量差别较大，散点图离散程度最大，相关关系较不明显，两种方法的计算结果存在一定的差异。综上所述，夏、秋、春均可用 Penman 蒸散量与 BREB 蒸散量中的任何一种来估算蒸散量，秋季最为理想，冬季，Penman 蒸散量与 BREB 蒸散量差别大，应加以选择。

9.5　蒸散发与环境因子的关系

城市生态系统植被下垫面的蒸散发与环境因子之间有密切的联系，选取试验地典型季节 2006 年夏季三个月（6 月、7 月和 8 月），通过计算植被下垫面的蒸散发与各种环境因子的相关关系，建立蒸散发与环境因子的拟合方程，来评估蒸散发的季节变化，以及蒸散发的环境因子响应。图 9-5 为三个月环境因子月平均值变化图，在图 9-5（a）中，净辐射在 6 月的月平均最大值，为 117.92W/m²。而在 7 月，净辐射月平均值则呈现出下降趋势，月平均值为

104.36W/m²。8月净辐射月平均值则开始上升，月平均值为116.94W/m²。分析原因为7月有较多的阴雨天气，导致观测的净辐射值偏低。在本试验中，饱和水汽压差是根据在一定的温度下，饱和时的水汽压值减去实际水汽压值得到。在图9-5（b）中，饱和水汽压差的变化趋势随着时间增长而升高的趋势。6月的饱和水汽压差值最低，为1.18kPa。7月的饱和水汽压差为1.28kPa，而8月的饱和水汽压差为三个月中月平均值最大的，为1.44kPa。这种现象的原因为：随着时间的增加，试验地的水汽压值越来越低，可能与当地植被下垫面的蒸散和土壤的蒸发情况有关。在图9-5（c）中，温度月平均值的变化趋势和饱和水汽压值相似，均为随着时间增加而增加。6月温度的月平均值为20.88℃，7月的温度月平均值为23.03℃，而8月的温度月平均值为25.24℃。在图9-5（d）中，风速的变化趋势和净辐射较为相似，为7月风速月平均值较低，而6月和8月风速月平均值较高。6月风速月平均值为0.64m/s，7月风速的月平均值为0.56m/s，8月风速的月平均值为0.69m/s。

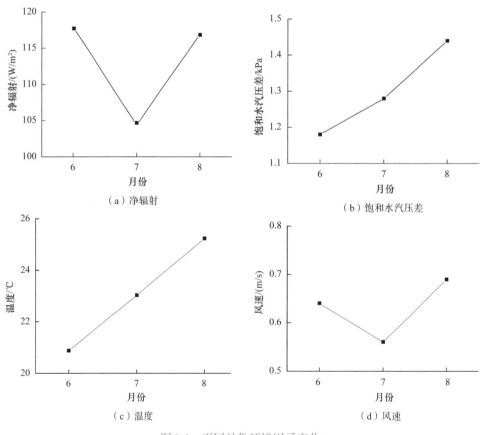

（a）净辐射　　　　　　　　　　　（b）饱和水汽压差

（c）温度　　　　　　　　　　　　（d）风速

图9-5　不同月份环境因子变化

1）蒸散与净辐射的关系

选取2006年夏季三个月（6月、7月和8月），利用波文比-能量平衡法计算得到的日蒸散值和净辐射日变化值，来计算两者的相关关系，并进行多元回归拟合，如图9-6。波文比蒸散和净辐射之间的相关关系较好，三个月的相关关系系数R^2分别为0.97、0.97和0.98。在图9-6（a）中，6月的波文比蒸散与净辐射之间的相关关系R^2为0.97，拟合结果较好，表明随着净辐射值的增大，波文比计算的蒸散值也随着呈非线性增大。在图9-6（b）中，7月的波文比蒸散与净辐射之间的相关关系R^2为0.97，拟合回归方程能较好地反映波文比蒸散和净辐射之间的相关关系，随着净辐射值的增大，波文比计算的蒸散值也随着呈非线性增大。在图9-6（c）中，8月的波文比蒸散与净辐射之间的相关关系R^2为0.98，为三个月中相关关系最大的，表明8月拟合结果较好，能较好地反映波文比蒸散随净辐射变化的相关关系。

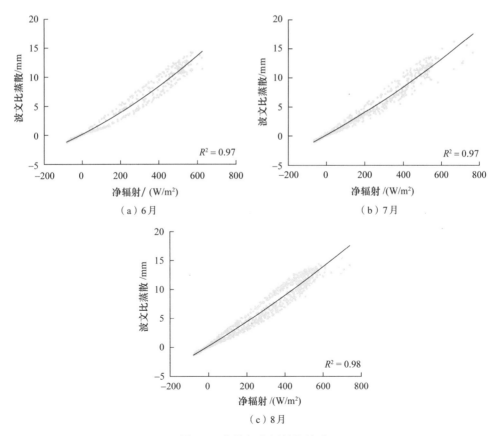

（a）6月   （b）7月

（c）8月

图9-6 蒸散与净辐射的关系

2）蒸散与饱和水汽压差的关系

通过波文比-能量平衡法计算得到的日蒸散值和饱和水汽压差的日变化值，来计算两者的相关关系，并进行多元回归拟合，如图9-7。波文比蒸散和饱和水汽压差之间的相关关系一般，三个月的相关关系系数R^2分别为0.51、0.49和0.39，表明波文比蒸散与饱和水汽压差之间的关系，随着时间的增加而变得不相关。从图9-7（a）中可得，波文比蒸散和饱和水汽压差的相关关系较为一般，图中的点分布较为发散，没有明显的拟合趋势线，波文比蒸散和饱和水汽压差的相关关系系数R^2为0.51，拟合回归方程不能很好地反映两者之间的相关关系。在饱和水汽压差范围为0～1之间，波文比蒸散值有偏离趋势线分布的点存在。在图9-7（b）中，波文比蒸散和饱和水汽压差的相关关系系数R^2为0.49，表明7月的波文比蒸散值与饱和水汽压差的拟合结果比6月差。但是7月波文比蒸散和饱和水汽压差的点分布在拟合趋势线的周围。在图9-7（c）中，波文比

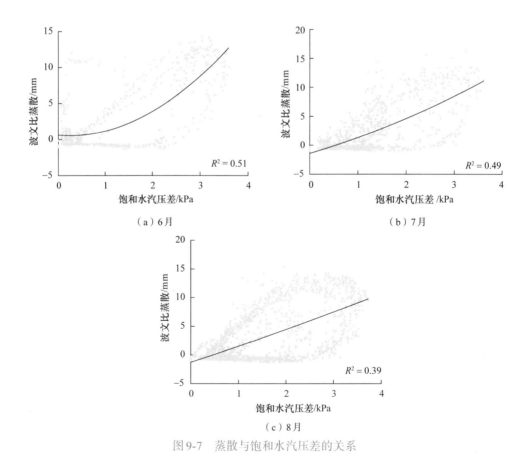

（a）6月　　　　　　　　　　　　　　　（b）7月

（c）8月

图9-7　蒸散与饱和水汽压差的关系

蒸散和饱和水汽压差的相关关系系数 R^2 为三个月中的最小值，为0.39。这种情况表明，8月的波文比蒸散与饱和水汽压差之间的相关关系拟合结果最差，且波文比蒸散与饱和水汽压差的点没有分布在拟合趋势线的两侧，而是分布在离趋势线较远的地方。

3）蒸散与温度的关系

选取典型夏季三个月（6月、7月和8月）的波文比-能量平衡法计算得到的日蒸散值和温度的日变化值，来计算两者的相关关系，并进行多元回归拟合，如图9-8。波文比蒸散和温度之间的相关关系一般，三个月的相关关系系数 R^2 分别为0.56、0.42和0.35，表明波文比蒸散与温度之间的关系，随着时间的增加而变得不相关。图9-8（a）中，波文比蒸散和温度的相关关系系数 R^2 为0.56，拟合回归方程不能很好地反映两者之间的相关关系。波文比蒸散值有偏离趋势线分布的点存在。在图9-8（b）中，波文比蒸散和温度的相关关系系数 R^2 为0.49，表明7月的波文比蒸散值与温度的拟合结果比6月差。但是7月波文比蒸散和温度的点分布在拟合趋势线的周围。在图9-8（c）中，波文比蒸散和温度的相关关系系数 R^2 为三个月中的最小值，为0.39。这种情况表明，8月的波文比蒸散与温度之间的相关关系拟合结果最差，且波文比蒸散与温度的点没有分布在拟合趋势线的两侧，而是分布在离趋势线较远的地方。

4）环境植被系数

将实际蒸散与潜在蒸散的比例系数称为环境植被系数，表达式为

$$R = \frac{ET}{ET_0} \tag{9-26}$$

研究环境植被系数对于在不同的环境条件下、特定植被种类的蒸散特性以及实际蒸散水平所受的主要限制因子有较深的理解。潜在蒸散水平较高的时段，即大气蒸发力较强的天气环境条件下，如果比例系数较小，则说明实际蒸散水平受到了限制，对于该研究区的同一种植被类型来说，这种限制主要来源于水分胁迫。波文比-能量平衡法计算的蒸散值与Penman-Monteith模型模拟的蒸散值对比求得环境植被系数，如图9-9。三个月的植被系数范围分布在0～2之间。在图9-9（a）中，6月的植被系数最小值为0.75出现在6月16日。而最大值为6.54出现在6月19日。在图9-9（b）中，7月的植被系数最小值为0.7，出现在7月5日。植被系数最大值为1.99，出现在7月10日。在图9-9（c）中，植被系数的最小值为1.17，而植被系数的最大值为1.78。

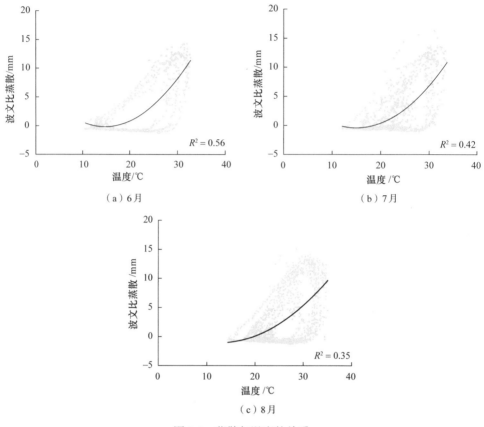

图9-8 蒸散与温度的关系

5）波文比变化

分析试验地典型季节2006年夏季三个月（6月、7月和8月）的波文比日变化（图9-10）。三个月波文比的日变化特征整体较为一致。白天波文比相对稳定，变化趋势不大。主要原因为白天无风或微风条件下，温度和湿度梯度不受水平气流的影响，大气处于正温、正湿的状态，这时波文比的计算值较为精确。在夜晚大气层结稳定条件下，波文比为负值，且变化幅度较大，异常值较多，如图9-10（a）和图9-10（b）所示，在整个夜晚波动较大，异常值较多，白天阶段波文比波动微弱，维持正值，均值较小。图9-10（c）在日出时刻存在较大幅度波动，白天平均波文比要比前两者大，表明以湍流交换为主要方式的显热交换作用强烈，显热通量占净辐射的比例较大。波文比受日出日落时间、净辐射能量大小和极端天气（降雨、大风）等的影响。波文比日变化在凌晨波动较大，存在异常值较多，会造成计算的潜热通量和显热通量异常波动，有效能量计算的误差会引起通量计算较大误差。

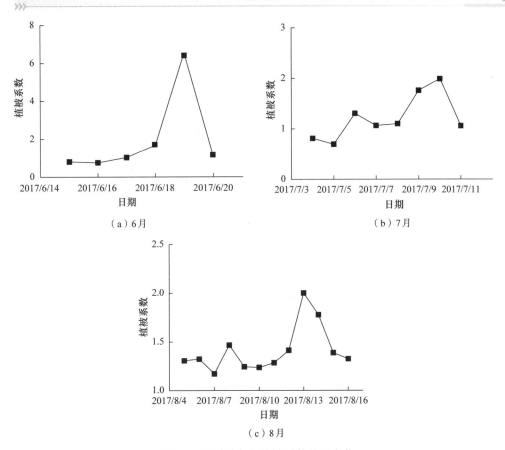

（a）6月

（b）7月

（c）8月

图9-9　不同时期的植被系数的日变化

9.6　显热通量和潜热通量特征

地−气显热交换主要通过湍流交换方式将热量（感热）输送给空气，当地面温度低于气温时亦可通过湍流交换从空气中获得热量。显热交换量主要取决于地面与近地层之间的气温铅直梯度和低层大气的湍流交换系数，湍流系数的大小与大气稳定度、风速和风向的切变有关。而城市中的大气气温铅直梯度一般比郊区大，容易发展热力湍流，同时下垫面的粗糙度也比郊区大，又有利于机械湍流的发展。因此一般情况下城市中地−气间的显热交换量要比郊区大。此外，下垫面显热通量主要取决于近地层的湍流特征。任一时刻下垫面和大气间的温度特征在大多数场合都是不同的，二者之间常发生热量交

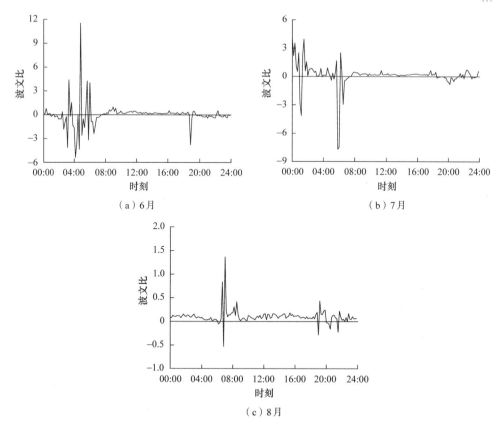

图9-10 波文比的平均日变化

换过程。在暖季白天，下垫面温度通常高于上层，夜间则相反，这种差别在早晚某个过渡时间开始减少，并有可能出现等温情况，在冬季，上述差异一般来说要小一些。对应于近地层温度的垂直分布而出现的铅直方向的热量交换可以用近地层的湍流热通量来表示。在单位时间内因湍流交换而产生的热通量可表示为

$$P = -\rho C_p K_H \frac{\partial \theta}{\partial z} \qquad (9-27)$$

式中，ρ 为空气密度；C_p 为空气定压比热；$\partial \theta / \partial z$ 为近地层位温梯度；K_H 为湍流混合系数，简称为混合系数，单位为 m^2/s。有时用一个与 K_H 相似的物理量湍流交换系数来表示为

$$A = \rho K_H \qquad (9-28)$$

$$\frac{\partial \theta}{\partial z} = \frac{\partial T}{\partial Z} + \varGamma \qquad (9\text{-}29)$$

式中，$\varGamma$ 为干绝热梯度（1℃/100m）在近地层中环境温度梯度比干绝热梯度要大得多，要超过数十倍到数百倍，故在讨论近地层湍流交换时，常将 $\varGamma$ 省略，故有

$$P = -\rho C_p K_H \frac{\partial T}{\partial z} \qquad (9\text{-}30)$$

地－气之间的潜热交换主要是通过蒸发地面的水分将热量输送给空气，当地面有露水凝结时则地面从空气获得热量。L 为由水变化水汽时的蒸发潜热，当地面进行蒸发时，由于跑出去的都是具有较大动能的水分子，使蒸发面温度降低，如要保持其温度不变，必须自外界供给能量，这部分热量就等于蒸发潜热（L），L 与温度 t 有以下关系，$L=597-0.57t$，由此可见，L 随温度的增高而减小。不过在常温的范围内，L 的变化很小，一般取 $L=597\text{cal/g}$[①]。即当地面水分蒸发时，每蒸发 1g 的水分转变为水汽，下垫面要失去 597cal 的热量；当空气中的水汽在地面凝结成露时，每凝结 1g 的露，空气要释放出 597cal 的热量给地面，这就是凝结潜热。因 L 的值几乎可看作一定，变化很小，所以地－气间的潜热交换量的大小，主要看地面蒸发（或凝结）量 E 的大小。

关于潜热交换，主要是由于下垫面与大气之间的水分交换所引起。水分交换的过程也就是蒸发过程或凝结过程。自然表面的蒸发叫作自然蒸发，如果将土壤蒸发和植物体的蒸腾作用加在一起，称为蒸发或蒸散，蒸发过程进行时，需要消耗大量的热量。一般规定，正的热通量表示蒸发耗热，负的热通量表示凝结释放热量，通常一天的白昼时间，以正值热通量（蒸发）为主，夜间以负值热通量为主。在一年的冷季，无论是正值通量还是负值通量，其绝对值都要小得多。一般城市中地－气间的潜热交换量由于以下原因要比郊区小。城市中不透水面积大，在土壤中滞留的水分少，地面水分蒸发量少，地面供给空气的潜热量就少。城市中自然植被覆盖率低，绿地面积小，植物的蒸腾作用不如郊区大。

确定近地层热量、水汽、动量和其他大气成分通量的方法可以分为三类：应用湍流交换系数的关系式，利用气象要素的垂直梯度资料进行计算，这就是梯度输入理论；应用湍流交换系数的积分形式，用有限差值代替气象要素的垂直梯度进行计算，这就是拖曳系数法；应用相似理论量纲分析方法进行计算，

---

① 1cal=4.184J

这就是通量-廓线法（潘守文，1994）。应用这些方法都需要至少两个高度的平均风速和温度的观测资料。计算陆面下垫面的蒸发比计算水面蒸发要困难，这主要是因为陆面下垫面的类型复杂多变，还存在水分保证的问题，即使是在充分湿润的条件下水分供应不成问题，下垫面的物理状态也会影响蒸发的进行。所以在计算陆面蒸发的时候，往往带有更多的不确定性。

潜热通量的大小主要取决于太阳净辐射、湍流交换条件和湿度铅直梯度，其日变化规律与净辐射的日变化规律相一致，因为蒸发的主要能量来源是净辐射。上午，随着太阳辐射的不断增强，下垫面受热使得近地面层出现不稳定层结，湍流交换不断增强，湿度梯度增大，从而导致潜热通量随时间不断增加，并在中午前后达到一天的最大值；下午，随太阳辐射和湍流交换的不断减弱，大气层结趋于稳定，潜热通量又逐渐减小，夜间甚至出现负值（即出现凝结而释放热量）。兰州市城区各月份显热通量和潜热通量日变化如图9-11所示，表现出上述特征。

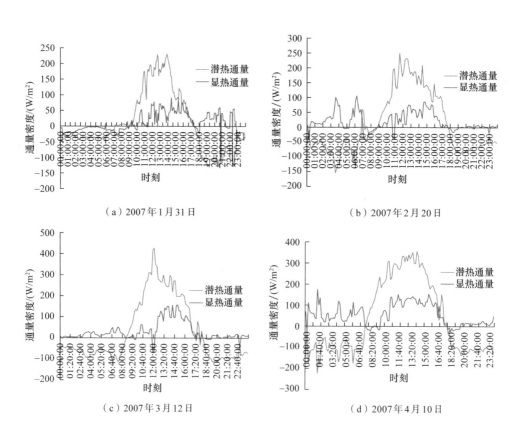

（a）2007年1月31日 （b）2007年2月20日

（c）2007年3月12日 （d）2007年4月10日

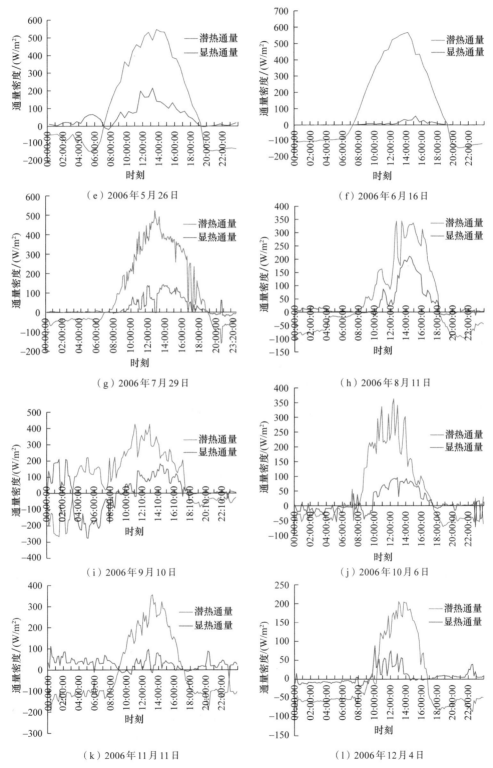

图 9-11　兰州城区地 - 气显热通量与潜热通量日变化

9.7 土壤热通量特征

土壤热通量是用于加热或冷却表层土壤的能量，它代表在土壤层顶部测得的出入地面的热通量。土壤热通量与土壤中的分子热传导有关，只要土壤中沿铅直方向有温度梯度存在，便会在铅直方向发生热量交换。土壤热通量的大小与土壤表面的温度、热容量和导热率有关，因此土壤热通量的大小取决于土壤的类型、土壤的物理结构、土壤密度、土壤的机械成分以及土壤上层和下层之间的温度分布。

土壤热通量通常比较小，而且大部分陆地区域土壤热量传输主要发生在顶部20cm之内，大约在1m以下，温度日变化几乎没有，即日温恒温层。在夏季白天，土壤表面温度可以达到甚至超过50～60℃，但是由于土壤上层的导热率较小，热量向深层传输的速率很缓慢，所以在下垫面这一层温度发生急剧的降低，在10～20cm深度的土壤温度通常比土壤表面温度低。土壤温度的铅直梯度随深度减小主要是由于大部分热量被上层土壤所吸收，因而土壤热通量随着深度减小。在本试验中，土壤热通量板埋设在距地表10cm的土壤里面。土壤热通量的方向由表面指向土壤深层，这在白天和暖季较为明显；或者相反，由土壤深层指向土壤表面，这在夜间或冷季表现较为明显。当土壤中热量传递方向由表层指向土壤深层时，规定热量通量为正；反之，为负。

根据Reginato等（1985）研究的成果认为，在植被覆盖良好的地区，土壤热通量一般不超过净辐射的10%，在裸土区域土壤热通量通常取净辐射的10%。斯塔尔（1991）根据1040个白天陆上逐时观测资料通过简单参数化的方法得出大部分热通量都在净辐射的5%～15%之间。因此，在目前的一些研究中，对土壤热通量的估算都是通过此经验比例估算得来。在实际的应用中，我们常常需要将其参数化。

（1）利用地温资料按杜勃洛文方法对土壤热通量进行参数化（李昕等，1993）：

$$Q_G = -\lambda_0 \frac{\partial \theta}{\partial z}\bigg|_{z=0} \tag{9-31}$$

式中，λ_0为土壤热导率；$-\frac{\partial \theta}{\partial z}\bigg|_{z=0}$为地面土温温度梯度，由拉格朗日内插公式计算：

$$-\frac{\partial \theta}{\partial z}\bigg|_{z=0}=0.362\theta_0-0.638\theta_5+0.425\theta_{10}-0.182\theta_{15}+0.034\theta_{20} \qquad (9\text{-}32)$$

式中，θ_0、θ_5、θ_{10}、θ_{15}、θ_{20} 分别为0cm、5cm、10cm、15cm、20cm处的地温。

（2）强迫−恢复方法。因为大部分温度的变化发生在近表层的浅层土壤中，所以 Blackadar（1976）提出一个两层强迫−恢复模式，一个薄层位于常温的厚层之上，上面的薄层温度（T_G）是变化的，下面是半无限的常温（T_M）层（斯塔尔，1991）。根据这个定义，能量平衡方程可改写成表面层温度预报方程：

$$C_{GA}\frac{\partial T_G}{\partial t}=-Q_S-Q_H-Q_E+Q_G \qquad (9\text{-}33)$$

式中，G_{GA} 为上层单位面积的热容量；T_G 为初始表面土壤温度；Q_S 为太阳净辐射；Q_H 为显热；Q_E 为潜热；Q_G 为土壤热通量。

在 Blackadar 的原始公式中，进入地面和空气的热通量被直接参数化，而潜热通量是被忽略的：

$$\frac{\partial T_G}{\partial t}=\frac{-Q_S}{C_{GA}}+\left(\frac{2\pi}{P}\right)[T_M-T_G]+\alpha_{FR}[T_G-\bar{T}_a] \qquad (9\text{-}34)$$

上式中第一项顶层温度被假定对下面三项做出响应：第二项净辐射强迫、第三项来自深层的传导以及第四项空气的湍流输送。换句话说，来自深层土壤的通量倾向于表层的温度恢复，而与辐射强迫力的作用相反。地下深处底层的温度 T_M 被认为是边界层条件，T_G 为初始表层土壤温度。地面通量可由下式求得

$$-Q_G=C_{GA}\left(\frac{\partial T_G}{\partial t}\right)+\left[2\pi\frac{C_{GA}}{P}\right][T_G-T_M] \qquad (9\text{-}35)$$

这两个方程都可以通过从某个已知的初始条件开始，在时间上逐步递进的方法求数值解。α_{FR} 在形式上像地面和空气之间的传导系数。Blackadar 提出，当 $T_G>T_A$ 时，α_{FR} 的量级等于 $2\pi/P$ 或 $3\times10^{-4}\,\mathrm{s}^{-1}$，当 $T_G<T_a$ 时，等于 $1\times10^{-4}\,\mathrm{s}^{-1}$。

分析四个季节土壤热通量的日变化（图9-12），1月15日全天土壤热通量都是负值，这意味着全天热量都是从地下向地表输送，白天当地表净辐射达到高值区时，下垫面自下向上输送的热量达到最小值。从春、夏、秋三个季节的土壤热通量变化来看，土壤热通量日出后2～3小时左右，由负值变为正值，意味着热量从地表向地下的输送，土壤温度升高。由正值变为负值的时刻在日落后1～2小时左右，此时热量从地下向地表输送，土壤温度降低。延迟2小时的原

因主要与地面具有热惯性有关，热量在土壤中的传递需要一个过程，从相关学者的研究成果来看，在土壤中，日最高和日最低温度出现的时间，深度每增加10cm推后2.5～3.5小时，本次实验传感器埋藏的深度为10cm，故由正值变为负值的时刻是日落后2小时左右是较为合理的。若取整24小时或更长时间段循环的平均，净的土壤热通量常常接近于零，即地面白天的加热几乎被夜间的冷却所抵消，只在土壤中留下极小的热量变化，因此对于总的环流模式，为了简单，常取净土壤热通量为零。

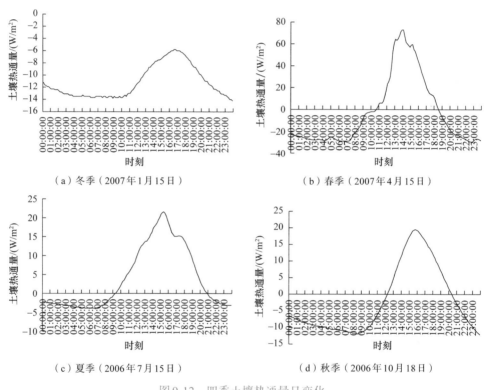

图 9-12　四季土壤热通量日变化

土壤热通量在日落时大于稍晚的夜间，这与地面有热惯性有关，当地面通量已成为负值时，在日落的几个小时内地面仍比空气暖和。在这短时期内，地面失去的热量不仅向较冷空气传导，而且还向空间辐射。这引起夜间地面通量的临时性增长。到夜间稍晚时地面最后变得比空气冷，使得地面向空间的失热被空气向地面的热传导所替代。

9.8　四季城市地－气能量分配状况

城市地表辐射平衡（净辐射）以三种方式分配：以显热形式输向大气用于大气增温；以潜热形式输向大气用于大气增湿；以土壤热通量的形式输向土壤用于土壤增温。

从四季地－气能量通量分配图（图9-13），可以看出其共同的热量平衡特征及各分量的分配结构，净辐射通量的最大值都出现在13:00左右，潜热通量和显热通量的最大值也出现在这个时候，从8:00左右时开始直到日落前，潜热通量要大于显热通量，土壤热通量的变化幅度较小，在白天蒸散发占主导。以2007年4月10日为例，在7:30左右净辐射和潜热通量开始由负值转变为正值，而土壤热通量的转变要较为迟缓，到10:00左右开始变为正值。此后到14:00左右，如将净辐射作为外部强迫，各通量分量作为其响应，都在增大。在13:30

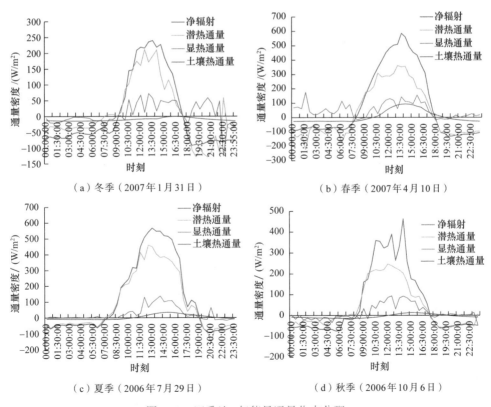

（a）冬季（2007年1月31日）　　　（b）春季（2007年4月10日）

（c）夏季（2006年7月29日）　　　（d）秋季（2006年10月6日）

图9-13　四季地－气能量通量收支分配

达到最大值，净辐射通量较强，可达585.3W/m², 此时，显热通量也达到最大值142.6W/m²，潜热通量值为351.8W/m²，土壤热通量为90.9W/m²，在14:00潜热通量达到最大值355.6W/m²，土壤热通量也达到最大值93.3W/m²。所以在13:30这个时刻，净辐射60%的能量用于地表蒸散，净辐射24%的能量作为显热而散失，而土壤热通量占16%左右。下午，随太阳辐射和湍流交换的不断减弱，大气层结趋于稳定，各通量分量逐渐减小，在18:00时刻，净辐射通量、显热和潜热通量都变为负值，但土壤热通量要滞后，直到19:30才转变为负值。在整个夜间，显热通量绝大多数时间都维持正值，其余通量为负值，潜热通量因大气中水汽凝结而释放热量，一直维持负值，土壤热通量因土壤中热量都是由深层向表层输送，而维持负值。潜热输送的日变化规律特点是一般夜间为负，白天为正；即白天蒸发耗热，夜间凝结释放热量，就总量而言，蒸发高于凝结，但是，凝结过程是近地层大气水热输送的一个重要过程，在地表水热平衡中具有重要的生态学意义。

参 考 文 献

陈云浩，李京，李晓兵. 2004. 城市空间热环境遥感分析——格局、过程、模拟与影响. 北京：科学出版社.

程麟生. 1993. 适用于复杂地形和边界层过程的中尺度数值模式和模拟//陈长和，黄建国，程麟生，等. 复杂地形上大气边界层和大气扩散的研究. 北京：气象出版社：83-97.

樊军，邵明安，王全九. 2008. 黄土区参考作物蒸散量多种计算方法的比较研究，农业工程学报，24（3）：98-102.

黄妙芬. 1996. 绿洲农田作物的显热和潜热输送. 干旱区地理，19（4）：68-74.

黄妙芬. 2001. 绿洲荒漠交界处波文比能量平衡法适用性的气候学分析. 干旱区地理，24（3）：259-263.

康燕霞. 2006. 波文比与蒸渗仪测量作物蒸发蒸腾量的试验研究. 杨凌：西北农林科技大学硕士学位论文.

李家春，欧阳兵. 1996. 陆面过程的模式与观测研究. 北京：科学出版社.

李胜功，何宗颖. 1995. 内蒙古奈曼麦田生长期的微气象变化. 中国沙漠，15（3）：216-221.

李胜功，赵哈林，何宗颖，等. 1997. 灌溉与无灌溉大豆田的热量平衡. 兰州大学学报（自然科学版），33（1）：98-104.

李昕，王世红，秦铭德，等. 1993. 城市空地表面热量平衡的探讨//陈长和，黄建国，程麟生，等. 复杂地形上大气边界层和大气扩散的研究. 北京：气象出版社：36-41.

李玉霖，崔建垣，张铜会. 2002. 参考作物蒸散量计算方法的比较研究. 中国沙漠，10（4）：372-376.

内善兵卫. 1988. 农林水产与气象. 重庆：重庆出版社.

潘守文. 1994. 现代气候学原理. 北京：气象出版社.

庞治国，付俊娥，李纪人，等. 2004. 给予能量平衡的蒸散发遥感反演模型研究. 水科学进展，15（3）：364-369.

桑建国，张治坤，张伯寅. 2000. 热岛环流的动力学分析. 气象学报，58（3）：321-327.

斯塔尔. 1991. 边界层气象学导论. 徐静琦等译. 青岛：青岛海洋大学出版社.

王笑影. 2003. 农田蒸散估算方法研究进展. 农业系统科学与综合研究，19（2）：81-84.

谢贤群. 1990. 测定农田蒸发的实验研究. 地理研究，9（4）：94-102.

徐德祥，汤绪. 2002. 城市化环境气象学引论. 北京：气象出版社.

张仁华，孙晓敏，朱治林，等. 2002. 以微分热惯量为基础的地表蒸发全遥感信息模型及在甘肃沙坡头地区的验证. 中国科学（D辑），32（12）：1042-1050.

中国农业气象研究会农业小气候专业委员会. 1993. 中国农业小气候研究进展. 北京：气象出版社.

周淑贞，张超. 1985. 城市气候学导论. 上海：华东师范大学出版社.

朱治林，孙晓敏，张仁华. 2001. 淮河流域典型水热通量的观测分析. 气候与环境研究，6（2）：214-220.

Abraham Z, Diane H P, Peter J L. 2004. Investigation of the large scale atmospheric moisture field over the Midwestern United States in relation to Summer precipitation. Part II : recycling of local evapotranspiration and association with soil moisture and crop yield. Journal of Climate, 17(17): 3283-3299.

Blackadar A K. 1976. Modeling the nocturnal boundary layer. Third Symposium on Atomospheric Turbulence, Diffusion and Air Quality, Raleigh, NC. Bulletin of the American Meteorological Society, 46-49.

Carlson T N, Dodd J K, Benjamin S G. 1981. Satellite estimation of the surface energy balance, moisture availability and thermal inertia. Journal of Applied Meteorology, 20: 67-87.

Lowry W P. 1977. Empirical estimation of urban effects on climate: a problem analysis. Journal of Applied Meteorology, 16(2): 129-135.

Monteith J L. 1965. Evaporation and environment. Symposia of the Society for Experimental Biology, 19: 205-234.

Myrup L O. 1969. A numerical model of the urban heat island. Journal of Applied Meterology, 27(6): 123-127.

Oke T R. 1987. Boundary Layer Climates, Second Edition. London: Methuen & Co. Ltd.

Pratt D A. 1980. A cabibration procedure for fourier series thermal inertia models. Photogrammetric Engineering and Remote Sensing, 46(4): 529-538.

Reginato R J, Jackson R F, Printer P J. 1985. Evaportranspiration calculated from remate multispecrtal and ground station meteorological data. Remote Sensing Environment, 18: 75-89.

Sellers W D. 1965. Physical Clomatology. Chicago: University of Chicaco Press.

Swaid H N. 1991. Thermal effects of artificial heat sources and shaded ground areas in the urban canopy layer. Energy and Buildings, 15-16: 253-261.

Todd R W, Evett S R, Howell T A. 2000. The Bowen ratio energy balance method for estimating latent heat flux of irrigated alfalfa evaluated in semi-arid, advective environment. Agriculture and Forest Meteorology, 103: 335-348.

Verma S B, Baldocchi D D, Anderson D E, et al. 1986. Eddy fluxes of CO_2, Water vapor, and sensible heat over a deciduous forest. Boundary-Layer Meteorol, 36: 71-91.

第10章 城市化进程与城市气候效应的定量关系

10.1 全球气候变化背景

在讨论兰州市区域气候变化之前，需要先了解其所处的大区域乃至全球在过去百年和千年尺度上的气温变化。从1860年开始，全球气候的变暖，这已是全球公认的事实，IPCC（2014）第五次评估报告认为，近百年来，全球气候系统变暖的事实是毋庸置疑的，自1950年以来，气候系统观测到的许多变化是过去几十年甚至近千年以来史无前例的。1880~2012年，全球海陆表面平均温度呈线性上升趋势，升高了0.85℃（0.65~1.06℃），2003~2012年平均温度比1850~1900年平均温度上升了0.78℃，过去30年，每10年地表温度的增暖幅度高于1850年以来的任何时期。期间，陆地比海洋增温快，高纬度地区增温比中低纬度地区大，冬半年增温比夏半年明显。在北半球，1983~2012年是过去1400年来最热的30年，21世纪的第一个10年是最暖的10年。特别是1971~2010年间海洋变暖所吸收热量占地球气候系统热能储量的90%以上，海洋上层（0~700m）已经变暖。根据政府间气候变化专门委员会，与前几十年相比，自20世纪70年代以来，对自然系统的辐射强迫增加了许多倍，因此，IPCC第五次评估报告（AR5）中报告的总辐射强迫比第四次评估报告（AR4）高出43%。

观测记录得到的长期气候趋势是变暖的，但短期气候记录不一定是长期趋势的直接反映，是受自然变化的影响。如1998~2012年这15年间，地表平均以10年升温0.05℃的趋势在上升，较1951年以来每10年平均升温0.12℃为少；但若剔除1998年强烈厄尔尼诺带来的高温影响，1995~2009年每10年的升温趋势是0.13℃、1996~2010年为0.14℃、1997~2011年为0.07℃。具有高信度的是，在中世纪气候异常期（950~1250年）中的多个年代内一些区域的温暖程度与20世纪后期相当。几乎确定的是，自20世纪中叶以来，在全球范围内对流层已变暖（沈永平和王国亚，2013；IPCC，2014；Daba and You，2020）。

在全球变暖的背景下，大多数地区极端热事件的数量将增加，而极端冷事件的数量将减少。热浪很可能发生得更频繁，持续的时间更长，然而，偶尔的极端冷冬事件也会继续发生。在未来的几十年里，大多数地区暖日和暖夜的频率可能会增加，而冷日和冷夜的频率可能会减少。在大多数地区，20年一遇低温事件的增加频率预计将会大于冬季平均气温的上升速率。已观察到昼夜较寒冷的天数正在减少，而昼夜较温暖的天数则在增加，并且在北美及欧洲出现更频繁，或是更剧烈的降水事件。在欧洲、亚洲及大洋洲等地区热浪发生的频率正增加。在全球变暖背景下，平均降水量的变化将会出现显著的空间差异：有些地区会上升，有些地区会下降，而另外一些地区则没有显著变化，有更多陆地区域的强降水事件的数量可能已增加。随着全球气温的上升，预估大部分海洋的年平均表面蒸发量将增加。具有高信度的是，在21世纪气温升高的状况下，全球在干旱地区和湿润地区之间的季节平均降水差将会增大。而且具有高信度的是，随气温升高全球大部分地区湿季和干季的降水差也将增大。高纬度和赤道太平洋地区降水很可能增加。中纬度大部分陆地和多雨热带地区的极端降水事件很可能强度加大、频率增高。就全球而言，随着气温的上升，对于短时降水事件，可能会有更多的强风暴和较少的弱风暴。在北美洲和欧洲，强降水事件的频率或强度可能均已增加。从全球来看，由极端高海平面所引发的事件可能也在增加。根据最低的情景模式，到21世纪末，地表温度将可能比1850~1900年增长1.5℃，而根据两个最高的情景模式，升温可能超过2℃。全球变暖已引发一系列威胁人类生存的问题，例如冰川融化、海平面上升、冰冻圈退缩和极端事件频发等（沈永平和王国亚，2013；温文，2013；IPCC，2014；董思言和高学杰，2014；戴思薇和倪颖，2014；秦大河和Thomas Stocker，2014；罗雯等，2020）。

在全球增温的背景下，全球不同气候区的增温存在显著差异（Huang et al.，2012；Ji et al.，2014；Guan et al.，2015）。陆地变暖大于海洋变暖（高信度），到21世纪末二者差异为1.4~1.7倍。在不考虑大西洋经向翻转环流（AMOC）的情况下，北极地区的气温预测最高（很高信度），北大西洋和南大洋的升温最低。纬向平均温度在对流层呈上升趋势，在平流层呈下降趋势。研究表明在全球增温减缓时期，北半球陆地暖季的气温持续上升，与冷季的变化趋势呈相反，暖季气温变化存在区域性差异，北美北部和欧洲东南部增温显著，而欧亚大陆中部为大范围降温区（罗雯等，2020）。通过量化不同气候区温度变化在全球增温中的表现，发现北半球中高纬度干旱半干旱地区的增温在全球温度变化中最为明显，近百年来干旱半干旱区的增温非常显著，其对全球增温的贡献近50%（张镭等，2020）。30年来全球大范围增温，最大增温幅度出现在北半球中高纬地区（张雪芹等，2010）。

IPCC第五次评估报告认为（IPCC，2014），大气中的二氧化碳浓度达到了过去80万年的最高水平，人类活动主要通过温室气体排放影响气候，自20世纪中叶以来，全球变暖的一半以上是由人类活动造成的，这个结论有95%以上的可信度。有很多缓解路径可能会导致显著的减排量在未来几十年，限制气温上升2℃这是必要的，以及实现这一目标的可能性现在超过66%。然而，如果将额外的减缓推迟到2030年，到21世纪末要限制升温相对于工业化前水平低于2℃以下，将大大增加与之相关的技术、经济、社会和体制挑战（董思言和高学杰，2014；翟盘茂和李蕾，2014）。

10.2　区域气候变化背景

中国气候变暖趋势与全球及北半球基本一致，但其冷暖变化的强度及峰谷位相亦不尽一致，个别年份则差别较大，如1984年、1985年均温我国为负距平，而全球及北半球为较弱的正距平，中国气温与全球气温变化在具体的变化过程和幅度上存在差异（丁一汇和戴晓苏，1994；周子康等，1997；梁萍和陈葆德，2015）。1913年以来，我国地表平均温度上升了0.91℃。最近60年气温上升尤其明显，平均每10年约升高0.23℃，几乎是全球的两倍（王玉洁等，2016）。21世纪前10年是近百年来最暖的10年。而近百年（1909~2011）来，中国陆地区域的平均地表气温在1909~2011年间上升幅度达到了1.2℃，特别是有系统观测资料以来的1951~2011年，趋势高达0.23℃/10a，相当于100年增暖1.4℃（张学珍等，2020）。Cao等（2017）认为在1901~2015年我国变暖趋势高于全球平均水平。初子莹和任国玉（2005）根据树轮年表资料认为过去1000年里中国的温度变化总体上呈波动下降的趋势，但20世纪温度升高明显。可以将近千年温度变化史划分为两个大的阶段，即1000~1300年间表现出了与欧洲中世纪大暖期相对应的温暖期；1300~1900年的相对寒冷期（小冰期）。赵宗慈等（2005）认为，近百年来中国气候明显变暖，变暖趋势达到0.2~0.8℃/100a，近50年变暖趋势更达到0.6~1.1℃/50a，中国20世纪的变暖在近千年中较为明显。

中国各地气温变化也具有明显的不同步性（卢爱刚等，2009），温度在空间上是不均匀的，最显著的变暖发生在中国的西北部和东北部，近几十年来，中国北方地区温度升高幅度大于南方地区，青藏高原大于同纬度的亚热带区域，温度年方差总体呈现减小趋势，温度年内波动减缓（Chen et al.，2014；Cheng et al.，2019；赵东升等，2020）。其中，1986~2015年以来西藏地区气温呈线性增加趋势，西藏气候变化也跟全球气候变化相一致，近几十年来呈明显增温的趋势，西藏全区大部分地区气温呈较为显著的上升趋势，年平均气温每10年上升0.26℃，增幅是全国的5倍至10倍，也明显高于全球气温的增长率（万运帆等，2018）。西北地区气候的变化引起了许多专家学者的关注，西北地区平均气温变化趋势与全球平均变化趋势一致（左洪超等，2004）。西北地区深居我国内陆，地形复杂，是我国最典型的干旱地区，也是全球同纬度最干旱的地区之一，中国西北地区近50年平均气温为7.37℃，呈极显著上升趋势，增幅为0.427℃/10a，与全球变暖的增温趋势一致（赵庆云等，2006；罗万琦等，2018；商沙沙等，2018）。西北地区气温变化幅度存在季节性和空间性差异。西北地区冬季增温最明显，为0.50℃/10a；秋季、夏季次之；春季增温最小，为0.27℃/10a。自1998年以来，升温趋势有所减缓，部分地区呈现下降趋势（冯克鹏等，2019；李明等，2021）。西北地区气候变暖幅度最大的区域主要在西北东部、新疆北部以及青海东北部（李栋梁等，2003）。据预测，未来10年，西北地区年平均气温依然呈上升趋势，到2030年，西北地区年平均气温将会上升约1.67℃（冯蜀青等，2019）。相关研究也表明西北地区气温上升的同时降水量也表现为总体增加趋势（刘维成等，2017；罗万琦等，2018；冯蜀青等，2019；黄小燕等，2018）。

10.3　数据与方法

10.3.1　数据来源

在兰州市城区兰州大学盘旋路校区和郊区的榆中县兰州大学榆中校区各安装一部Monitor SL5波文比系统进行同步观测实验，仪器设置每10分钟输出一

组数据。长尺度气象数据来源于甘肃省气象局信息资料中心获取的 1958～2015
年兰州市城区和郊区 4 个气象台站的气象数据。城市化指标数据（GDP、建成
区面积、人均公共绿地面积、民用汽车拥有量、固定资产投资额、非农业人
口数、工业总产值、人口密度和居民生活用电量）来源于 2000～2015 年《甘
肃省统计年鉴》《兰州市统计年鉴》《中国城市统计年鉴》。以兰州中心气象台
代表城区站，以榆中气象站、靖远气象站及皋兰气象站代表郊区站。由于各
气象站海拔高度范围大于 100m，采用气温直减率订正法（即海拔高度每上升
100m，温度下降 0.65℃）对所选台站的温度进行了高度订正（郑思轶和刘树
华，2008）。

10.3.2　研究方法

1）热岛效应评价方法

计算城、郊站点年、季、日增温速率及热岛强度变化的线性趋势，其中线
性趋势采用最小二乘法进行估计，增温速率表示为每 10 年气温变化速率；季节
采用气象季节定义，即 3～5 月、6～8 月、9～11 月、12 月至翌年 2 月分别为春、
夏、秋、冬。为了评价城市热岛效应对区域温度序列的影响，反映城市化效应
在城市温度增幅中的比重，引入热岛增温贡献率（UHI%）概念，计算公式如
下（初子莹和任国玉，2005；马玉霞等，2009）：

$$\text{UHI}\% = (u - r)/u \tag{10-1}$$

式中，u 为城区气温倾向率；r 为郊区气温倾向率；$u-r$ 为热岛增温率。

2）Mann-Kendall 突变检验

Mann-Kendall 法是一种非参数的突变检验方法，同时也是一种趋势分析方
法。符淙斌和王强（1992）对其理论方法做过详细介绍，和传统方法相比 M-K
突变检测的优势是不需要样本遵从一定的分布，不受少数异常值的干扰，其检
测范围宽、人为性少、定量化程度高。

对于具有 n 个样本量的时间序列 x，构造一秩序列：

$$S_k = \sum_{i=1}^{k} r_i \tag{10-2}$$

式中，$k=2，3，\cdots，n$，其中秩序列 S_k 是第 i 时刻数值大于 j 时刻数值个数的累
计数。在时间序列随机独立的假定下，定义统计量：

$$\text{UF}_k = \frac{[s_k - E(s_k)]}{\sqrt{\text{var}(s_k)}} \tag{10-3}$$

将所有UF$_k$值组成一条曲线C_1，再按时间序列逆序过程得到另一条曲线C_2，如果曲线C_1和C_2的交叉点位于信度线之间，则这个点便是突变的开始。

3）小波分析

小波分析是继傅里叶变换之后兴起的一种时频局部化分析方法，它克服了窗口傅氏变换对带有奇异性的信号不是很有效的弱点，在时频两域都具有表征信号局部特征的能力，可以对信号进行多尺度的细化分析（许月卿等，2004；付强，2006）。此外，小波分析还具有自适应的时频窗口，被誉为"数学显微镜"（孙娟等，2007；邹春霞等，2012）。该方法不仅可以给出气候序列变化的尺度，还可以显示出变化的时间位置，在解释气候变化多尺度构型和主周期以及研究气候变化多尺度结构和突变特征等方面具有明显的优势（张军涛等，2002；张伟等，2009；刘晓梅等，2009）。

小波函数$\Psi(t)$指具有振荡特性、能够迅速衰减到零的一类函数，定义为

$$\int_{\infty}^{+\infty} \Psi(t)\,\mathrm{d}t = 0 \tag{10-4}$$

式中，t为时间。

本节采用Morlet小波，其形式为

$$\Psi(t) = \mathrm{e}^{\mathrm{i}ct}\mathrm{e}^{-t^2/2} \tag{10-5}$$

式中，e为常数；i表示虚数。Morlet小波伸缩尺度a与周期T有如下关系：

$$T = \left(\frac{4\pi}{c+\sqrt{2+c^2}}\right) \times a \tag{10-6}$$

4）主成分分析

主成分分析方法最早由Pearson于1901年发明，是将多个具有相关性的要素转化成几个不相关的综合指标的分析与统计方法（高吉喜等，2006；王鹏等，2015）。为衡量城市化因素对城市热岛的影响，利用SPSS 19.0统计软件做主成分分析，建立城市化综合发展指数来表征城市化综合水平的发展状况，将其与热岛强度进行相关分析，建立回归模型。对于城市发展指标的选取，考虑到兰州市城市发展状况、数据的可获性和指标统计口径的统一性，选取X_1 GDP（亿元）、X_2建成区面积（km^2）、X_3人均公共绿地面积（m^2）、X_4民用汽车拥有量（辆）、X_5固定资产投资额（万元）、X_6非农业人口数（万人）、X_7工业总产值（亿元）、X_8人口密度（人/km^2）、X_9居民生活用电量（亿kW·h）。

具体步骤包括：求标准化数据指标矩阵；求相关系数矩阵；求相关系数矩阵的特征值和特征向量，以及特征值对应的方差贡献率和累计贡献率；求各指标对总体的贡献率；建立城市化综合发展指数；与热岛强度建立回归模型。

10.4　兰州市气温变化的多尺度分析

10.4.1　气温年际变化

分析兰州市近73年的气温距平变化曲线（图10-1），在过去的73年中，兰州市的气温总体呈波动上升趋势，整个过程可划分为三个阶段。50年代初期之前，气温是逐渐上升的，多年平均气温9.6℃；从20世纪50年代中期到70年代初，气温逐渐下降，此后又回升，至80年代初此段时间，气温距平值为负距平，多年平均气温9.1℃，这一时期为相对偏冷期；从20世纪80年代中期到现在，年均温和夏季气温快速增加，近20年多年平均气温达到10.1℃，为气温快速上升期。林学椿和于淑秋（2004）研究了海平面气压、全球平均气温等要素的年代际气候跃变，认为在近百年中全球气候发生了三次较大的跃变，分别在20世纪20年代、50年代，以及70年代末到80年代初期。每个稳定的气候阶段持续期约为30年左右。跃变前后北半球海平面气压、500hPa高度和北太平洋海温结构都有显著的差异，发生了全球性的气候年代际变化。兰州的近70年的气温变化规律与赵宗慈等（2005）提出的近100年来的气温变化规律相一致。

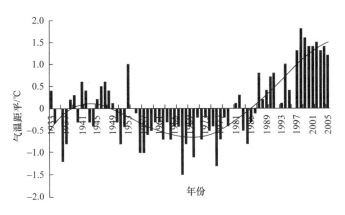

图10-1　兰州市近73年来的气温距平变化和拟合曲线

10.4.2　气温变化趋势分析

在全球气温总体升高的趋势下，20世纪我国气温变化的总趋势是不断增暖，可分为两个低温期和两个高温期：1903~1918年为第一个低温期；1919~1953年为第一个高温期；1954~1986年为第二个低温期；1987年至今为第二个高温期，尤其90年代是我国最暖期（李明志等，2003）。分析发现，近60年来兰州市平均气温也可明显分为两个阶段，即1958~1985年的低温期和1985~2015年的高温期，与全国变化总趋势一致。进一步对兰州市1958~2015年平均气温、平均最低气温及平均最高气温进行线性拟合分析，如图10-2所示，其气候变化趋势倾向率分别为0.348℃/10a、0.414℃/10a、0.323℃/10a。在全球和中国气温逐渐变暖的大背景下，兰州近60年的气温呈上升趋势，平均最低气温的上升趋势最为明显，上升速度最快（$R^2=0.7514$），平均最高气温的上升趋势较为平缓（图10-2）。

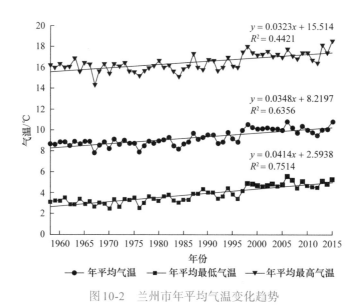

图10-2　兰州市年平均气温变化趋势

10.4.3　气温变化突变分析

气候突变是普遍存在于气候系统中的一个重要现象，表现为气候在时空上从一个统计特性到另一个统计特性的急剧变化（符淙斌和王强，1992）。据图10-3分析，UF(k)曲线均超过信度为99%的信度界线，且年平均气温和平均最高气温的UF(k)和UB(k)曲线交点在信度区间内，表明近60年来兰州市年平均气温和平均最高气温在99%信度水平下分别于1993年和1997年发生明显的升温突变。突变点所对应年份的不同表明平均最高气温出现突变滞后情况，在全球变暖背景下的兰州市年平均最高气温的变化较为缓慢。由于年平均最低气温的UF(k)和UB(k)曲线交点不在信度区间内，因此只能表明近60年来的上升趋势明显。据UF(k)趋势曲线分析，在近60年时间序列上年平均气温总体呈现波动上升趋势，升温突变之后增温趋势明显。

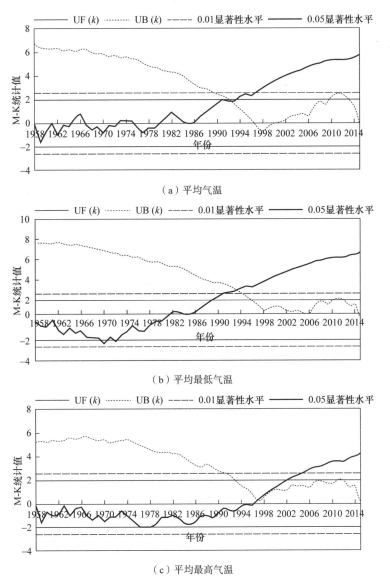

（a）平均气温

（b）平均最低气温

（c）平均最高气温

图10-3　兰州市1958～2015年平均气温、平均最低气温、平均最高气温突变曲线

10.4.4 气温变化周期分析

　　基于对兰州市4个气象站气温时间序列的距平处理结果，进行连续 Morlet 小波变换，分析得到年平均气温变化的多时间尺度结构（图10-4）。兰州近60年来在年平均气温、平均最低气温、平均最高气温振荡周期变化特征复杂，不同时间尺度所对应的气温结构是不同的，小尺度的冷暖变化表现为嵌套在较大尺度下的较为复杂的冷暖变化结构。兰州市年平均气温的各种时间尺度

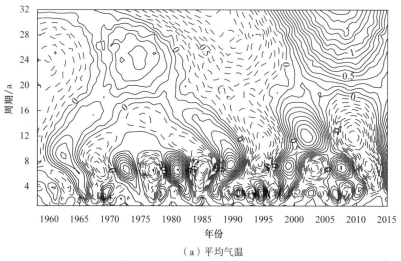

（a）平均气温

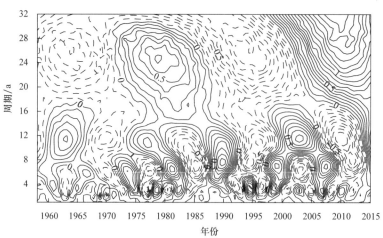

（b）平均最低气温

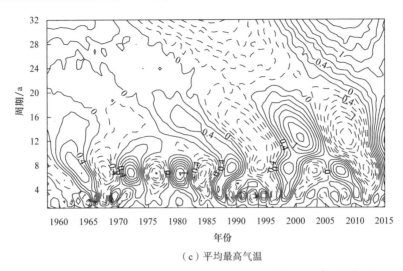

（c）平均最高气温

图 10-4　兰州市 1958～2015 年平均气温、平均最低气温、平均最高气温
Morlet 小波变换实部时频分布

周期变化在时间域中的分布有差异，大尺度 24～25 年上的周期振荡明显，期间年均气温大约经历了 4 个冷 - 暖周期循环交替，中尺度 12～14 年上的周期振荡非常明显，小尺度存在于准 8 年。相比之下，平均最低气温的小波周期振荡更为复杂，小尺度上的嵌套更为复杂，包含多个突变点；平均最高气温的周期振荡较为简单，准 24 年尺度的周期信号消失，只存在中尺度和小尺度的周期信号。

10.5　热岛效应对区域平均气温序列的贡献率分析

任国玉等（2005）对近 50 年来中国 600 余个观测站资料分析发现，如表 10-1 所示，近 50 年来全国年平均气温上升趋势非常明显，变化倾向率达 0.25℃/10a；54 年平均气温上升了约 1.3℃，增温主要是从 20 世纪 80 年代开始的。近 54 年中国平均气温变化趋势中，很大程度上包含着城市化因素的影响。全国台站中的城市站均存在城市化对地面气温记录的影响，国家基本、基准站的热岛增温率为 0.11℃/10a，占总增温速率的 38% 左右。剔除城市化影响后近 54 年来中国年平均地面气温增温速率大约在 0.15℃/10a 左右。研究认为准确估计城市化对单站和区域平均气温序列的影响是十分困难的，还需要开展深入研究，目前还没有任何一种方法可以对每一个气象站数据都进行热岛效应的检验和订正，而且各个国家和地区的经济和城市的发展水平有很大的不同，也给统一订正造成极大困难。因此，只有估算出不同区域热岛效应对该区域增温的最小贡献率才是解决如何剔除全球温度序列中热岛效应问题的有效途径。甘肃省1961～2002年间国家基本、基准站观测的年平均地面气温增加速率为0.29℃/10a，城市化影响对其贡献为19%。

表10-1　1951～2004年全国平均气温变化速率和幅度（任国玉等，2005）

	年平均	春季	夏季	秋季	冬季
变化速率/（℃/10a）	0.25	0.28	0.15	0.20	0.39
变化幅度/℃	1.3	1.5	0.8	1.1	2.1

兰州市有1933年建站至目前的气温数据，为了和整个中国区域的气温变化速率和幅度作对比，本章也选取了1951～2004的数据来分析兰州四季和年均气温变化速率和幅度，如表10-2。兰州近54年的气温变化速率与全国相比，年平均气温、秋季和冬季气温的增温速率和增温幅度要高于全国平均水平，其中，冬季的增温速率和增温幅度是全国水平的2倍。增温速率也远远高于甘肃省0.29℃/10a的水平，春季和夏季的增温速率和增温幅度要低于全国水平。

表10-2　1951～2004年兰州平均气温变化速率和幅度

	年平均	春季	夏季	秋季	冬季
变化速率/（℃/10a）	0.37	0.25	0.11	0.28	0.81
变化幅度/℃	1.9	1.3	0.6	1.5	4.3

近50年兰州市年平均气温增温速率为0.37℃/10a；乡村站的年平均气温增温速率为0.16℃/10a，这和上面提到的剔除城市化影响后近54年来全国年平均地面气温增温速率大约在0.15℃/10a左右的结论很一致；近50年兰州市的热岛强度倾向率为0.21℃/10a，近50年兰州市由于城市热岛效应引起的增温为1.1℃；热岛效应对兰州市区增温的贡献率达到56.8%。所以，对地面观测资料进行重新订正，剔除城市化效应，增加乡村站比例来研究全球或区域气候变化比较合理。面对城市化急剧扩展导致原城区的气象站已经或正在被各种建筑物所包围。在这种情况下，一些观测站不得不外迁，以保证观测环境的代表性，如2001年兰州探空站迁至郊区榆中县，2003年兰州地面观测业务也移交郊区皋兰县，原兰州市观测站只作为兰州城市生态站开展业务（白虎志等，2005）。

　　对比于西北地区其他城市，城市规模较大的兰州市热岛效应强烈且稳定，城市化效应在全区温度增幅中所占比例超过其他中小城市（方锋等，2007），高于甘肃省1961～2002年城市热岛效应对城市站年平均温度的增温贡献率19%。在国内其他区域的城市化效应贡献研究中，对于增温较快的华北地区，周雅清和任国玉（2009）利用华北地区255个一般站和国家基本、基准站1961～2000年的实测资料，发现观测的年均气温和年均最低气温上升趋势中对全部增温的贡献率分别达到39.3%和52.6%。张爱英和任国玉（2005）对位于华东地区的山东省城市化对区域平均气温序列影响研究发现，近40年来城市热岛效应增强因素对基本、基准站年平均温度的增温贡献率为27.22%，对所选城市站年平均温度的增温贡献率为21.71%。综合上述研究，发现大多城市热岛强度增强因素对局域地面气温增暖具有不可忽略的影响，成为除全球变暖大背景作用外，影响区域平均气温序列变化不可忽视的一部分。究其影响程度大小与城市规模、人口数量、地形影响、气候条件等有密不可分的关系。

10.6　兰州城市化进程

　　自20世纪50～60年代的"一五"、"二五"和"三线建设"时期，兰州被国家作为西部重要的工业基地重点建设以来，兰州市城市化和工业化速度进入了一个快速增长的时期。如图10-5，以城市非农业人口作为兰州城市化水平指标，1978年时兰州城市化水平为45.6%，到2010年时已经达到62.71%。1941年设市时人口为8.6万人；截至2019年末，兰州市户籍人口为331.92万人，其中，城镇人口235.72万人，乡村人口96.2万人；全市常住人口379.09万人，城镇人口307.21万人，占常住人口比重（常住人口城镇化率）为81.04%。2019年全年出生人口3.41万人，出生率为9.0‰；死亡人口2.1万人，死亡率为5.53‰；人口自然增长率为3.47‰。兰州市区人口密度达到1091人/km^2，与全国相当规模城市的平均人口密度648人/km^2相比增加了近一倍，接近东部人口密集地区中等城市的人口密度。

　　兰州城市建成区面积在近半个世纪剧烈增长。如图10-6所示，中华人民共和国成立初期，兰州市建成区面积只有4.48km^2，在很长的时期，建成区面积小，增幅也非常微弱。到1999年，建成区面积达到125.2km^2，到2019年，建成区面积急剧增加到330.57km^2。城市道路面积由1950年的65.75万m^2增长

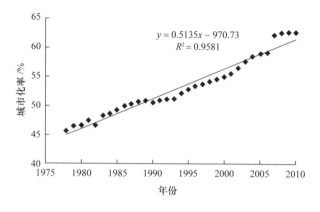

图 10-5　兰州城市化水平变化

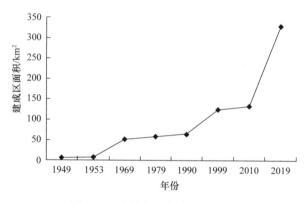

图 10-6　兰州各时期建成区面积

到 1998 年的 913 万 m²。这反映了兰州城市建设速度和扩张水平之快。经济方面，兰州市 GDP 由 1952 年的 1.13 亿元增加到 2006 年的 638.47 亿元，近半个世纪增长了近 600 倍；全市工业总产值由 1978 年的 36.3 亿元增加到 2006 年的 1012.2 亿元，增加了近 30 倍。

10.7　兰州城市化进程对热岛强度的影响途径

（1）由于兰州城市化进程的加快，人工构筑的不透水下垫面面积不断增加，原来的自然类型的下垫面逐渐被人工构筑的各种类型的下垫面所代替，导致兰州市下垫面类型发生了巨大的变化，城市下垫面不透水面积增大，兰州市城市建设用地中除少量的人工绿地外，绝大多数为人工铺砌的道路、建筑物，大多以混凝土、沥青等物质为主。由于兰州市下垫面类型发生了巨大变化，导致下垫面热力性质发生了改变，城市中各种建筑材料的热容量和导热率较大，这使得城区地面储存了较多的热量，通过地-气交换加热了近地层大气。同时下垫面辐射性质发生了改变，城区建筑物高低起伏，太阳辐射在其内部被多次反射和吸收，这使得城区要比郊区获得更多的太阳辐射，城市覆盖层内部风速要比郊区小，热量也不易散失。

（2）由于兰州城市化进程的加快，城市中产生大量的人为热，这些人为热的来源包括人类生产生活以及生物的新陈代谢所产生的能量，工业生产、家庭炉灶、机动车等燃烧化石燃料释放的热量和空调等排放的热量急剧增加。城市中温室气体如二氧化碳远比郊区多，其增温效应很明显。有人做过研究，人体在标准状态下，一个成人在静坐条件下基础代谢所产生的热量约为209.34kJ/（m²·h），成人体表面积按照平均2m²来计算，一个普通人，相当于以116.3W的功率向周围环境释放热量。类似兰州这样一个常住人口379万人的城市，一天光人体所释放的热量就相当于在此城市上空释放30颗1.5万吨级原子弹所释放的热量，这是一个缓慢释放的过程。这还不包括围绕着人类生活的需要，所提供的服务设施和设备在城市环境中释放的能量。因此，城市热岛效应与人口分布状况和人口密度有相当密切的关系。

（3）由于兰州城市化进程的加快，城市规模越来越大，城市环境逐渐恶化，对兰州来说，大气污染严重。在白天，大量的污染物吸收太阳辐射能和大气辐射，尤其是长波辐射，使大气增温，同时使到达地面的太阳直接辐射减弱，称为"阳伞效应"；到了晚上，大气污染物可以增强长波逆辐射，使长波净辐射损失减少，加强夜间城市热岛强度。再加上兰州是一高原河谷型城市，城区是一个几乎封闭的盆地，其特殊的地形和气象条件使得城市上空容易形成了逆温层，尤其在冬季表现明显。周围山体的阻挡，逆温层深厚及静风频率高，这些因素阻碍了城市热量的扩散，有利于热岛强度的加强。

10.8　兰州城市化指标与城市热岛强度的关系分析

城市热岛强度是人类活动对气候影响的一种量度，而人口、地区生产总值、地区工业生产总值、地区建筑业生产总值、城市建筑业生产总值等社会经济指标又是兰州市城市化水平和进程的一种反映。城市热岛强度与城市的建设、城市规模、城市下垫面性质、城市大气成分、人类活动诸多因素相关，是城市化对气候影响最典型的表现，所以本章选取兰州城市热岛效应强度作为城市化气候效应的强度，下面来分析各社会经济指标与城市热岛强度之间关系。

1）人口数量与城市热岛强度的关系

城市气温的升高与城市的规模紧密相连，大量的农村人口拥入城市，城市不断向四周扩张，导致建成区的面积和城市人口增加。改革开放以后城市人口急剧增加，兰州市常住人口1978年时为205.6万人，2004年增加到308.1万人，2019年达到379.09万人。随着城市面积和人口的变化，热岛强度也在发生着显著变化，对城市热岛强度的贡献不断增加，分析年末户籍总人口数量对热岛强度的影响，如图10-7所示，二者之间呈现非常显著的正相关关系。

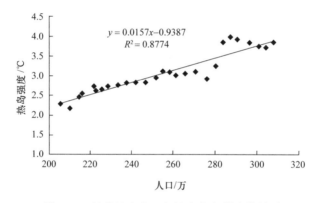

图10-7　兰州城市人口与城市热岛强度的关系

2）地区生产总值、工业生产总值与城市热岛强度的关系

分析1958～2004年热岛强度与地区生产总值的关系。1958～1982年，地区生产总值的变化稳中有升，年增幅低；1983～2004年，地区生产总值迅速升高，年增幅大。如图10-8，从整个时段来看，地区生产总值与热岛强度二者呈对数函数关系。

1958～1983年，地区工业生产总值的增幅小，其变化趋势与城市热岛强度的变化一致；1990年后，地区工业生产总值的增幅较大。如图10-9，兰州地区工业生产总值与热岛强度关系，二者呈对数函数关系。通过统计分析发现，兰州市地区生产总值、地区工业生产总值与热岛强度都呈较为明显的对数函数关系，这与郭勇等（2006）研究的北京市各项经济指标与热岛强度的增加呈对数函数关系是一致的。

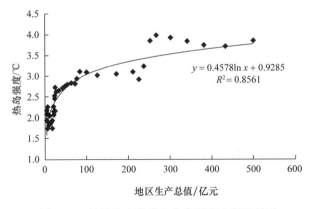

图10-8 地区生产总值与热岛强度之间的关系

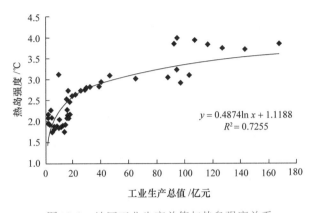

图10-9 地区工业生产总值与热岛强度关系

3）城市建筑面积、建筑业生产总值与热岛强度的关系

城市建筑对城市热岛强度的影响，具体主要体现在下垫面性质的改变。城市由于是人类生活和生产高度集中的区域，必须新建、改建、扩建大量的建筑物，城市的面积不断扩张，侵占大量的城郊耕地。同时，城市建筑物向高空发展。原来草地、林地、农田、牧场、水体等自然植被覆盖下的土地利用类型，被水泥、沥青、砖、石头、玻璃、金属等材料替代。这些物质性质坚硬、密实、干燥、不透水，它们的比热、导热率、吸热、反射、透射、蓄热能力等都有别于原来的疏松的有植物覆盖的土壤或空旷的荒地、水域等自然地表。城市建筑等人工构筑物对太阳辐射的反射率低，导热率、热容量高，蓄热能力强，故而热储量大。城市下垫面热力学特性的改变，直接影响到城市内部热量的散失。

1979年前，兰州市审批建筑面积低，基本维持在0.26万～74.15万 m^2 ，呈缓慢波动升高的变化趋势；1979～1985年，审批建筑面积迅速升高，维持在132.09万～233.3万m²。从审批建筑面积与热岛强度关系图可以看出（图10-10），城市建筑面积与热岛强度呈现显著的正相关关系。

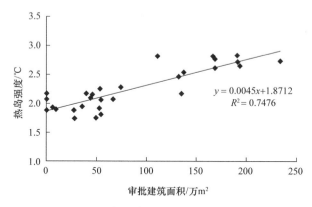

图10-10　审批建筑面积与热岛强度关系

　　1980年前，兰州市建筑业生产总值低于1亿元，增幅小，变化平缓；1980年后，地区建筑业生产总值超出1亿元，特别是1994年以来，超出了10亿元，增加幅度大，变化剧烈。分析建筑业生产总值与热岛强度关系（图10-11），地区建筑业生产总值与城市热岛强度呈明显的对数函数关系。

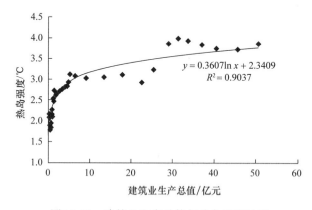

图10-11　建筑业生产总值与热岛强度关系

　　4）城市大气环境对热岛强度的影响

　　城市大气污染物种类及浓度是影响热岛强度的一个重要因素。城市的发展过程中，需要消耗大量的能源，主要以矿石燃料为主，在燃烧过程中释放的二氧化硫、氮氧化物、一氧化碳、二氧化碳、PM_{10}、$PM_{2.5}$等污染物质，改变了大气的成分。这些物质会显著降低大气的透明度，影响能见度，改变太阳辐射、大气散射辐射和地面长波辐射的分配关系。这些大气污染物吸收地面长波辐射能力强，大气逆辐射也增强，致使地面不易冷却，产生明显的温室效应，导致热岛强度增强。

兰州的工业结构以石油化工、有色冶炼、机械加工和纺织工业等重工业为主。工业废气的排放上升趋势明显，由1986年的520亿标准立方米升高到2000年的1125亿标准立方米。工业废气排放量不断增加，一方面由于对工业污染气体排放源的治理不够；另外，特殊的高原河谷盆地地形，市区静风率极高，逆温持续时间长，厚度大，强度强，使空气流动弱，污染物不易扩散，积聚在城市的上空，是增强城市热岛强度的一个重要原因。

1986～2000年，兰州市大气中TSP的含量呈波动略有降低的变化趋势，变化范围0.53～1.27mg/m³。一方面，大气中TSP含量高与所处的地理位置有关，兰州位于黄土高原的西段，地表植被覆盖率低，风沙扬尘天气多，自然源降尘量大。另一方面，冬季采暖期化石燃料的大量燃烧，大量的TSP颗粒物排放到空气中。加之地形影响，TSP不易扩散，大量悬浮在城市上空。近年来，不断加快气化和热化工程改造步伐，二热厂的改造工程、天然气的普及等措施调整能源结构，取得了一定的实效，较明显降低了大气中TSP的含量。

1990～1999年，采暖期二氧化硫和氮氧化物含量均呈下降的变化趋势，采暖期二氧化硫浓度和氮氧化物浓度远高于非采暖期浓度，反映出采暖期煤烟型污染的特征。另外，冬季逆温、不利的气象条件和汽车数量的增加等因素也影响其在大气中的含量。1984年以来，平均交通量逐年升高。1984年为6345.4辆，1988年上升为9552.8辆，1996年达到23182辆。平均交通量的上升对氮氧化物浓度的贡献不足以引起其含量的升高，说明煤烟型污染、地形、气象条件是决定其浓度的因素。近年来，采取的能源结构调整政策是影响采暖期二氧化硫浓度和氮氧化物浓度的主要原因。

10.9　兰州城市化因子与城市热岛强度关系的主成分分析

兰州城市热岛强度分阶段的变化特征，与其相耦合的是自20世纪80年代开始的大规模城市化和工业化进程使其进入了一个高速增长阶段。市区面积由1941年设市时的16km²迅速扩展到目前的1631.6km²；人口也由当初的8.6万人剧增到目前的379万人。伴随着城市化快速发展所引起的城市热岛效应的不断增强，城市化是影响城市热岛的关键性因素。为了定量研究热岛效应与城市发展之间的关系，通过建立两者之间的关联模型以揭示其规律。选取兰州城市化9项指标（GDP、建成区面积、人均公共绿地面积、民用汽车拥有量、固定资产投资额、非农业人口数、工业总产值、人口密度和居民生活用电量）进行主成分分析。采用标准差标准化对数据进行处理，分析各指标间的关系，除去那些没有明显的分异作用或相互间存在的线性关系（表10-3）。第一项的累积方差贡献率已超过85%，达到86.071%，所以确定其为第一主成分。

表10-3　指标特征值及贡献率

主成分	特征值	贡献率/%	累积率/%
1	7.746	86.071	86.071
2	0.737	8.191	94.262
3	0.283	3.140	97.402
4	0.109	1.207	98.609
5	0.089	0.990	99.599
6	0.026	0.286	99.885
7	0.008	0.085	99.970
8	0.002	0.027	99.997
9	0.000	0.003	100.000

通过表10-4发现，第一主成分F_1在X_2、X_3、X_4、X_5、X_6、X_7、X_8、X_9上有较大载荷，大部分超过0.85，因此提取出来的第一主成分在某些方面可以反映兰州城市的人口数量、经济水平、能源结构、市区面积、生活质量等方面，它们在城市热岛效应的人为因素中占据着主导作用。通过得分系数矩阵Z_1计算主成分得分作为综合城市发展指数，将综合城市发展指数与历年城市热岛强度进行线性拟合，发现三次拟合效果最好，R^2达到0.6172，因此可以认为兰州城市发展对于热岛强度变化影响大致符合三次模型。随着城市化指数增加，即伴随着城市化进程逐渐加快，城市热岛强度逐渐增加。这与任春艳等（2006）、丁淑娟等（2008）及韩晓等（2012）的研究结果相一致，在一定程度上反映了城市经济发展和生态环境质量间的环境库兹涅茨现象存在。

表10-4 主成分的载荷矩阵（F_1）和得分矩阵（Z_1）

指标	F_1	Z_1
GDP/亿元	0.988	0.128
建成区面积/km²	0.934	0.121
人均公共绿地面积/m²	0.827	0.107
民用汽车拥有量/辆	0.978	0.126
固定资产投资额/万元	0.949	0.123
非农业人口数/万人	0.881	0.114
工业总产值/亿元	0.998	0.129
人口密度/（人/km²）	0.891	0.115
居民生活用电量/亿 kW·h	0.889	0.115

选取其中指标进一步分析其与城市热岛的相关性（表10-5），相关系数均在0.01水平上显著相关。结果显示，产业结构与城市热岛之间的相关性最大，相关系数达到0.744，其次为非农业人口数，相关系数达到0.725。

表10-5 兰州市各城市化指标与热岛强度相关系数

城市化指标	相关系数	城市化指标	相关系数
GDP	0.489	非农业人口数	0.725
产业结构	0.744	固定资产投资额	0.402

通过多种数理方法定量测度兰州城市发展相关指标（人文因子）与城市热岛强度之间的关系，明确揭示了兰州城市化进程是驱动城市气候效应增强的主导因素，这从另一方面很好印证了国内外大中城市所表现出来的城市气候效应的定性驱动机制解释。

参 考 文 献

白虎志，任国玉，方锋. 2005. 兰州城市热岛效应特征及其影响因子研究. 气象科技, 33（6）: 492-500.

初子莹，任国玉. 2005. 北京地区城市热岛强度变化对区域温度序列的影响. 气象学报, 63（4）: 534-540.

初子莹，任国玉，邵雪梅，等. 2005. 我国过去千年地表温度序列的初步重建. 气候与环境研究, 10（4）: 826-835.

戴思薇，倪颖. 2014. 基于IPCC第五次评估报告的气候变化与可持续发展分析. 江苏第二师范学院学报, 30 (11): 12-14.

丁淑娟, 张继权, 刘兴鹏, 等. 2008. 哈尔滨市城市发展与热岛效应的定量研究. 气候变化研究进展, 4 (4): 230-234.

丁一汇, 戴晓苏. 1994. 中国近百年来的温度变化. 气象, (12): 19-26.

董思言, 高学杰. 2014. 长期气候变化——IPCC第五次评估报告解读. 气候变化研究进展, 10 (1): 56-59.

方锋, 白虎志, 赵红岩, 等. 2007. 中国西北地区城市化效应及其在增暖中的贡献率. 高原气象, 26 (3): 579-585.

冯克鹏, 田军仓, 沈晖. 2019. 基于K-means聚类分区的西北地区近半个世纪气温变化特征分析. 干旱区地理, (6): 1239-1252.

冯蜀青, 王海娥, 柳艳香, 等. 2019. 西北地区未来10 a气候变化趋势模拟预测研究. 干旱气象, 37 (4): 557-564.

符淙斌, 王强. 1992. 气候突变的定义和检测方法. 大气科学, 16 (4): 482-492.

付强. 2006. 数据处理方法及其农业应用. 北京: 科学出版社.

高吉喜, 段飞舟, 香宝. 2006. 主成分分析在农田土壤环境评价中的应用. 地理研究, 25(5): 836-842.

郭勇, 龙步菊, 刘伟东. 2006. 北京城市热岛效应的流动观测和初步研究. 气象科技, 34(6): 656-661.

韩晓, 王乃昂, 李卓仑. 2012. 近50年兰州市城市化过程的气候环境效应. 干旱区资源与环境, 26 (9): 22-22.

黄小燕, 王圣杰, 王小平. 2018. 1960~2015年中国西北地区大气可降水量变化特征. 气象, 44 (9): 1191-1199.

李栋梁, 魏丽, 蔡英, 等. 2003. 中国西北现代气候变化事实与未来趋势展望. 冰川冻土, 25 (2): 135-142.

李明, 孙洪泉, 苏志诚. 2021. 中国西北气候干湿变化研究进展. 地理研究, 40 (4): 1180-1194.

李明志, 袁嘉祖, 李建军. 2003. 中国气候变化现状及前景分析. 北京林业大学学报 (社会科学版), 2 (2): 16-20.

梁萍, 陈葆德. 2015. 近139年中国东南部站点气温变化的多尺度特征. 高原气象, 34 (5): 1323-1329.

林学椿, 于淑秋. 2004. 北京地区气温变化和热岛效应//秦大河. 气候变化与生态环境研讨会文集. 北京: 气象出版社: 156-161.

刘维成, 张强, 傅朝. 2017. 近55年来中国西北地区降水变化特征与影响因素分析. 高原气象, 36 (6): 1533-1545.

刘晓梅, 闵锦忠, 刘天龙. 2009. 新疆叶尔羌河流域温度与降水序列的小波分析. 中国沙漠, 29 (3): 566-570.

卢爱刚, 康世昌, 庞德谦, 等. 2009. 全球升温下中国各地气温变化不同步性研究. 干旱区地理, 32 (4): 506-511.

罗万琦, 崔宁博, 张青雯, 等. 2018. 中国西北地区近50a气象因子时空变化特征与成因分析. 中国农村水利水电, (9): 12-19.

罗雯, 管晓丹, 何永利, 等. 2020. 全球增温减缓期间北半球暖季气温的变化特征. 高原气象, 39 (4): 673-682.

马玉霞, 王式功, 魏海茹. 2009. 兰州市近50年城市热岛强度变化特征. 气象科技, 37(6): 660-664.

秦大河, Thomas Stocker. 2014. IPCC第五次评估报告第一工作组报告的亮点结论. 气候变化研究进展, 10 (1): 1-6.

任春艳, 吴殿廷, 董锁成. 2006. 西北地区城市化对城市气候环境的影响. 地理研究, 25(2): 233-241.

任国玉, 初子莹, 周雅清, 等. 2005. 中国气温变化研究最新进展. 气候与环境研究, 10(4): 701-716.

商沙沙, 廉丽姝, 马婷, 等. 2018. 近54 a中国西北地区气温和降水的时空变化特征. 干旱区研究, 35 (1): 68-76.

沈永平, 王国亚. 2013. IPCC第一工作组第五次评估报告对全球气候变化认知的最新科学要点. 冰川冻土, 35 (5): 1068-1076.

孙娟, 束炯, 乐群, 等. 2007. 上海市城市热岛效应的时间多尺度特征. 华东师范大学学报(自然科学版), 3 (2): 36-43.

万运帆, 李玉娥, 高清竹, 等. 2018. 西藏气候变化趋势及其对青稞产量的影响. 农业资源与环境学报, 35 (4): 374-380.

王鹏, 况福民, 邓育武, 等. 2015. 基于主成分分析的衡阳市土地生态安全评价. 经济地理, 35 (1): 168-172.

王玉洁, 周波涛, 任玉玉, 等. 2016. 全球气候变化对我国气候安全影响的思考. 应用气象学报, 27 (6): 750-758.

温文. 2013. IPCC公布第五次气候变化评估报告: 超过95%系人为原因. 自然杂志, 35(5): 325, 358.

许月卿, 李双成, 蔡运龙. 2004. 基于小波分析的河北平原降水变化规律研究. 中国科学(D辑: 地球科学), 34(12): 1176-1183.

杨永春. 2003. 中国西部河谷型城市的发展与空间结构研究. 兰州: 兰州大学出版社.

翟盘茂, 李蕾. 2014. IPCC第五次评估报告反映的大气和地表的观测变化. 气候变化研究进展，10（1）：20-24.

张爱英，任国玉. 2005. 山东省城市化对区域平均温度序列的影响. 气候与环境研究，10（4）：754-762.

张军涛，李哲，郑度. 2002. 温度与降水变化的小波分析及其环境效应解释——以东北农牧交错区为例. 地理研究，21（1）：54-60.

张镭，黄建平，梁捷宁，等. 2020. 气候变化对黄河流域的影响及应对措施. 科技导报，38（17）：42-51.

张伟，闫敏华，彭淑贞，等. 2009. 基于小波分析理论的长春市近50年来降水变化特征. 中国农业气象，30（4）：515-518.

张学珍，郑景云，郝志新. 2020. 中国主要经济区的近期气候变化特征评估. 地理科学进展，39（10）：1609-1618.

张雪芹，孙杨，毛炜峄，等. 2010. 中国干旱区气温变化对全球变暖的区域响应. 干旱区研究，27（4）：592-599.

赵东升，高璇，吴绍洪，等. 2020. 基于自然分区的1960—2018年中国气候变化特征. 地球科学进展，35（7）：750-760.

赵庆云，李栋梁，吴洪宝. 2006. 西北区东部近40年地面气温变化的分析. 高原气象，25（4）：643-650.

赵宗慈，王绍武，徐影，等. 2005. 近百年我国地表气温趋势变化的可能原因. 气候与环境研究，10（4）：808-816.

郑思轶，刘树华. 2008. 北京城市化发展对温度、相对湿度和降水的影响. 气候与环境研究，13（2）：123-133.

周雅清，任国玉. 2009. 城市化对华北地区最高、最低气温和日较差变化趋势的影响. 高原气象，28（5）：216-224.

周子康，汤燕冰，俞连根，等. 1997. 中国气候对全球气温增暖的响应. 科技通报，13（2）：2-7.

邹春霞，申向东，李夏子，等. 2012. 小波分析法在内蒙古寒旱区降水量特征研究中的应用. 干旱区资源与环境，26（4）：113-116.

左洪超，吕世华，胡隐樵. 2004. 中国近50年气温及降水量的变化趋势分析. 高原气象，23（2）：238-244.

Cao L J, Yan Z W, Ping Z, et al. 2017. Climatic warming in China during 1901-2015 based on an extended dataset of instrumental temperature records. Environmental Research Letters, 12(6): 064005.

Chen L, Frauenfeld O W. 2014. Surface air temperature changes over the twentieth and twenty-first centuries in China simulated by 20 CMIP5 models. Journal of Climate, 27(11): 3920-3937.

Cheng S J, Li M C, Sun M L, et al. 2019. Building climatic zoning under the conditions of climate change in China. International Journal of Global Warming, 18(2): 173-187.

Daba M H, You S. 2020. Assessment of climate change impacts on river flow regimes in the upstream of Awash basin, Ethiopia: based on IPCC fifth assessment report (AR5) climate change scenarios. Hydrology, 7(4): 98.

Guan X D, Huang J P, Guo R X, et al. 2015. The role of dynamically induced variability in the recent warming trend slowdown over the northern hemisphere. Scientific Reports, 5(1): 12669.

Huang J, Guan X, Ji F. 2012. Enhanced cold-season warming in semi-arid regions. Atmospheric Chemistry and Physics, 12(2): 4627-4653.

IPCC. 2014. Climate Change 2014: Impacts, Adaptation, and Vulnerability. Cambridge: Cambridge University Press.

Ji F, Wu Z H, Huang J P, et al. 2014. Evolution of land surface air temperature trend. Nature Climate Change, 4(6): 462-466.

第11章 河谷型城市气候效应趋势预测

分形理论始创立于20世纪70年代中期，它与耗散结构、混沌并称为70年代科学史上的三大发现。美籍法国数学家曼德布罗特，IBM公司高级研究员，于1967年在《科学》杂志上发表了一篇题为"英国的海岸线有多长？统计自相似性与分数维数"的论文，认为英国的海岸线长度是不确定的，它取决于测量时所采用的长度单位，这通常被认为是"分形"学科诞生的标志。曼德布罗特在随后两本著作《自然界的分形几何学》和《分形：形状、机遇与维数》提出了"fractal"这个英文词，它出自拉丁语，其原意是"不规则的""分数的""支离破碎的"物体，并阐述了分形理论的基本思想，即分形研究的对象是具有自相似性的无序系统，其维数的变化是连续的，维数可以不是整数。

11.1 分形和分形维数

关于分形的定义，至今尚无一个完全令人满意的定义。正像分形几何的创始人曼德布罗特开始时给分形几何下过两个定义，但经过理论与应用的检验，人们也发现这种简单的定义确难包括分形如此丰富的内容。一些学者认为"分形"，最好将之看成具有一些性质的集合，而不必刻意追求难以精确的意义。一般认为，一个分形是一个现象，它的部分以某种方式与整体相关，分形是自相似的，分形时间序列在时间方面显示自相似性。或者说分形是对没有特征长度但具有一定意义下的自相似性图形和结构的总称。它具有两个基本性质：自相似性和标度不变性。在数学上来说，分形是一种形式，它从一个对象，如点、线、三角形开始，重复利用一个规则连续不断地改变直至无穷（汪富泉和李后强，1996；王美荣和金志琳，2004），这个规则可以用一个数学公式或文字来描述。

很长时间以来，人们通常用传统的欧几里得几何的对象和概念（点、线、面、体等）来描述我们生存的这个世界，其描述的是规则图形，而无法描述这些看似不规则，复杂的，支离破碎的随机的自然界随机对象。自然界的随机现象是处于极端有序和真正混沌之间，但是它们都具有自相似的层次结构，即分形结构。不同的尺度（局部）都反映出结构的相似性，即部分（局部）的结构与整体的结构具有相似性（张济忠，1995；陈绍英和王启文，2005）。自然界的本质是非线性的，非线性产生复杂性和不确定性，即一个问题往往会有多种可能的解，那种总是追求唯一最优解的线性思维模式是有悖于现实生活的。分形理论使人们对整体与部分关系的认识方法、思维方法由线性阶梯进展到非线性阶梯，揭示了它们之间多层面、多视角、多维度的联系方式。

分形可分为四类：①自然分形，凡是在自然界中客观存在的或经过抽象而得到的具有自相似性的几何形体，都称为自然分形。自相似性是自然界一个普遍的规律，小到树叶的叶脉，大到天体宇宙，自相似性普遍存在于物质系统的多个层次上。例如，起伏的地貌，漂浮的云朵、弯曲的海岸线、山形的起伏、地震、杂乱无章的粉尘、原子分子的运动等众多现象都具有分形的特点。②社会分形，凡是在人类社会活动和社会体系中客观存在及其表现出来的自相似性现象，可称为社会分形。如史学、诗歌、哲学、辞学都存在着或在某一时期某一范围存在着自相似性的现象。③思维分形，是人类在认识、意识活动的过程中或结果上所表现出来的自相似性特征（张越川和张国祺，2005）。④时间分形，凡是在时间轴上具有自相似性的现象或研究对象，称为时间分形，也把它称之为"一维时间分形"、"重演分形"或"过程分形"，它们在时间尺度上具有自相似性。我们可以利用短尺度的变化来反映其长尺度的变化规律，并对其未来进行预测。如气温资料就是一个含有月、季、年、十年和百年等多时间尺度的具有自相似结构的分形客体，大尺度上是冷暖之分，而每个冷（或暖）又分为较小尺度上的冷暖。

分形维数（fractal dimension），又叫分维、分维数，是分形几何学定量描述分形集合特征和几何复杂程度的参数，是对这些具有自相似性结构及现象进行有效量度的参数，是指在更深、更广泛的意义上定义 n 维空间中超越"长度、面积、体积"旧概念的度量，是一个分形集"充满空间的程度"（肯尼思·法尔科内，1991）。由于分形集的复杂性，关于分形维数已有多种定义，最有代表性的是相似维数和豪斯多夫（Hausdorff）维数。以相似维数为例，如果某图形是由把全体缩小为 $1/a$ 的 a^D 个相似图形构成，那么此指数 D 就是相似维数。例如，一个分形集的分维数为1.7，是指它在空间的分布比一维空间复杂，比二维空间简单。但是目前分形、分维的概念已不局限于几何学的分形，已延伸到统计学上局部与整体之间。

11.2　分形理论在地学中的应用

美国地理学家M. Batty指出最典型的分形实例是地理上的，地理事物支离破碎，没有规则，用传统的欧氏几何和数学分析很难描述，但分形几何却是描述地球表面凸凹不平的有效手段，自然地理现象中广泛存在着不同标度上的自相似形体，目前在自然地理学的每个研究领域都广泛应用到了分形理论，如地貌发育和地貌形态的分形特征研究（李后强和艾南山，1992）；全球气候变化分形特征研究（江田汉和邓莲堂，2004）；对流域水系发育（何隆华和赵宏，1996）和流域地貌形态特征的分形研究（朱永清等，2005）；沙漠中风沙粒径和水分特征的分形研究（苏里坦等，2005）；沙尘暴时序分形特征研究（何越磊等，2005）；土壤颗粒粒径分布的分形特征研究（郭东梅等，2005）；土壤含水量和容重空间分形特征研究（龚元石等，1998）；土壤微量元素含量的分形特征研究（赵良菊等，2005）；植物地理学植物种群和群落分布格局的分形特征研究（赵相健和王孝安，2004）；大气颗粒物的分形特征研究（谢云霞等，2004）。

分形理论在人文地理中的应用也十分广泛，传统上人们描述人类经济活动的行为空间常采用简单的几何图式，有代表性的是同心圆结构或几个同心圆体系构成的网络，这类理想的几何模型形成了当代人文地理学的理论基础，但有学者认为它们漂亮，但不真实，而且利用定性描述的方法很难揭示复杂系统的内在规律性。而利用非线性计量方法来研究城市空间形态结构，并结合GIS空间分析技术和分形技术被认为是其今后的发展方向。目前分形理论在人文地理学中的应用主要侧重于城市地理学的研究，偏重在城市体系空间结构、交通网络空间结构、城市相互作用、城市化和城市异速生长关系等方面的分形模拟（李江，2005；刘继生和陈彦光，1998；陈彦光和刘继生，1999；冯新灵等，2008）。

在气候变化研究领域，由于分形理论主要揭示复杂自然现象和过程中所隐藏的"自相似性"，而在揭示自然界中普遍存在着的"自相似性"时，分形理论又提供了一种"通过部分认识总体""从有限中认识无限"的新工具。正是如此，为利用有限的气候资料来认识和研究某区域过去气候变化规律与未来气候变化趋势究竟存在着多大程度的"自相似性"，以及"自相似性"的科学性、可靠性提供了可能性，使我们有可能从具有"自相似性"有限的气候观测台站这个局部来认识总体气候变化。因此，分形理论和方法在气候变化研究领域最大的应用价值就在于利用连续气候资料对未来气候变化趋势做出科学预测。

11.3　*R/S*分析及 Hurst 指数、分形维数的计算方法

基于重标极差（*R/S*）分析方法基础上的 Hurst 指数的研究是由英国水文专家赫斯特（Hurst）于 1951 年在研究尼罗河水库水流量和储存能力的关系时提出的，Hurst 曾度量了水位是如何围绕其平均水平涨落，结果发现水位落差的极差依赖于度量的时间长度，如果时间序列是随机的，那么极差应该随时间的平方根增加。在研究公元 622～1469 年的尼罗河泛滥的记录时发现尼罗河的水流量并不是一个随机过程，它们似乎呈现出循环，长度是非周期的。Hurst 发现大多数的自然现象（如水库的来水、温度、降雨、太阳黑子等）都遵循一种"有偏随机游动"，即一个趋势加上噪声（快速变化、随机、不可预言的影响）。为了使度量在时间上标准化，Hurst 用观察值的标准差除极差建立一个无量纲的比率，提出了一个重要的系数：Hurst 指数（*H*），用以度量趋势的强度和噪声的水平随时间的变化情况。这种方法被称之为重标极差分析法（rescaled range analysis，*R/S*分析法）。

在 20 世纪 60 年代，分形几何的创始人 Mandelbrot，对有偏随机游走过程再次做了全面研究，Mandelbrot 把它称为分数布朗运动，认为 *H* 的倒数就是分形维数。利用 *R/S* 分析方法可以估算出 Hurst 指数，可以方便地得到分数布朗运动的分形维数，Hurst 指数对所有时间序列曲线都有着广泛的应用，因为它对被研究的时间序列系统做的假设很少，分布的方差可以是无限大的，在估计 *H* 时没有对序列分布做任何假定，因此它可以推广到任何时间序列数据的研究上，估计时间序列曲线的 Hurst 指数，求出时间序列数据曲线的分形维数 *D*，*D* 反映了变量随时间变化的激烈程度及其运动轨迹的不平滑程度，有助于认识时间序列数据曲线的变化特征，认识预测变量的未来趋势（刘蜀祥和李方文，2005）。在随机过程中变量的变化等价于一个粒子在流体中的运动，其变化是独立的，

即随机游走的。时间序列遵循分形分布，在更小的时间增量上具有类似的统计特征，因此可以用分形几何学来衡量它的波动和"周期"。

R/S分析法的基本思想是改变所研究对象的时间尺度大小，观察其统计特性变化的规律，从而将小尺度时间范围的规律性用于大尺度范围，或将大尺度范围规律沿用至小尺度的研究。而这种改变研究尺度大小的分析方法我们称之为改变尺度范围分析，因此R/S分析法被广泛地用于分析各种自然现象的长期记忆效应和记忆周期。

R/S分析法在证券金融领域应用较早和广泛。1991年Peters首先将R/S分析法应用于美国资本市场，证明资本市场是具有分形结构和非周期循环的非线性系统，发现S&P500指数的Hurst指数值为0.78，H值远较0.5要高，表明美国股票市场不仅不是遵循随机游走的完全正态的市场，而且其市场的"持续性"趋势还相当强烈，是一个有偏随机游走。1999年以来，中国的一些学者也应用R/S方法对中国股票市场进行了分析，分别计算出了沪、深两市的Hurst指数，并证明中国股票市场存在着状态持续性，股指所构成的时间序列呈现非线性。国内的许多学者也在此基础上先后对中国的资本市场进行了一些实证研究，得出我国股票市场的波动具有状态持续性，呈现非线性特征的结论，如庄新田等（2003）应用R/S分析方法研究金融序列，对上海股票市场综合指数进行了实证分析；陈昭和梁静溪（2005）利用R/S分析方法对深圳成分指数进行了研究。两市的分形维数均小于2，市场具有分形结构特性，上海证券交易所的上证指数的Hurst指数为0.613，上证指数具有长期持续性的特征。

应用R/S分析法计算时间序列Hurst指数和分形维数的步骤如下：

（1）设有长度为M的时间序列，首先将时间序列$\{X_i\}$等分成长度是n（$\geqslant 3$）的W（M/n的整数部分）个连续的子序列，每个子序列记作F_a（$a=1$，$2,\cdots,W$），每个子序列中的元素记作$Q_{r,a}$。

（2）计算每个长度为n的子序列F_a的均值：

$$G_a = \frac{1}{n}\sum_{r=1}^{n}Q_{r,a} \tag{11-1}$$

（3）计算每个子序列F_a偏离子序列均值的累积离差：

$$X_{t,a} = \sum_{r=1}^{t}(Q_{r,a}-G_a), \quad t=1,\ 2,\ \cdots,\ n \tag{11-2}$$

（4）计算每个子序列F_a的极差：

$$R_a = \max_{1\leqslant t\leqslant n}(X_{t,a}) - \min_{1\leqslant t\leqslant n}(X_{t,a}) \tag{11-3}$$

（5）计算每个子序列 F_a 的标准差：

$$S_a = \left[\frac{1}{n} \sum_{r=1}^{n} (Q_{r,a} - G_a)^2 \right]^{1/2} \tag{11-4}$$

（6）为了比较不同类型的时间序列，Hurst 用每个子序列的标准差 S_a 去除极差 R_a，即为子序列 F_a 的重标极差：

$$(R/S)_a = R_a/S_a \tag{11-5}$$

（7）对每个子序列，重复（2）～（6）步骤计算，得到一个重标极差序列 $(R/S)_a$，计算该序列的均值：

$$(R/S)_n = (1/W) \sum_{a=1}^{W} (R/S)_a \tag{11-6}$$

（8）将子序列的时间长度 n 加 1，重复上述步骤，直到 $n = M/2$ 结束。由以上算法，可以得到 $M/2 - n_0 + 1$（n_0 为初始 n 长度）个 $(R/S)_n$ 值。

（9）Hurst 经过大量的实证研究，建立如下关系式：

$$(R/S)_n = \rho n^H \tag{11-7}$$

式中，R/S 表示重标极差；n 表示时间长度；ρ 是常数；H 代表 Hurst 指数。

（10）以 $\ln(n)$ 为解释变量，$\ln(R/S)_n$ 为被解释变量，采用最小二乘法进行估计，所得解释变量的系数即为所求的 Hurst 指数 H 值：

$$\ln(R/S)_n = H \ln(n) + \ln \rho \tag{11-8}$$

如果 R/S 相对于 n 的变化在双对数坐标系中是沿着一直线趋势紧密分布，则可以认为此过程具有分形特征。

（11）时间序列 Hurst 指数与分维数的关系：

Feder（1988）论证了时间序列 Hurst 指数 H 与豪斯多夫维数（D）即盒维数之间的关系为

$$D = 2 - H \tag{11-9}$$

如果序列是一个随机游走的过程，H 值应该为 0.5；当 H 不等于 0.5 时，时间序列观测就不是独立的，每一个观测带有在它之前所发生的所有事件的"记忆"，而且这种记忆是长期的，理论上它是永远延续的，表现的是一长串相互联系的事件的结果，今天发生的事情影响未来，当前的状态与地位是过去所处状态与地位的结果。根据 H 指数的大小可以判断该时间序列是完全随机的，还是存在趋势性成分，趋势性成分表现为持续性，还是反持续性；根据分维数 D 值的大小可以衡量时间序列分数布朗运动的不规则和混沌程度。此分数维描述的是时间序列轨迹的分形维数，它度量的是时间序列的参差不齐性。也就是说，H指数确定了时间序列分数布朗运动的趋势，同时分维数D值也刻画了分数布朗运动的不规则性和复杂性，D值越大，表明运动越不规则，变化越复杂；反之，D值越小则越简单，越有规律，资料序列越平滑。分形维数的不同，表明气候要素在不同的时间尺度上的变化情况不同，分形维数越大，表明在该时间尺度上气候要素变化趋势越不显著，反之亦然。对于同一气候要素，不同的分形维数表明在不同的时间尺度上气候要素的分形特征与复杂性，分形维数越大，气候要素序列在该尺度上变化越复杂。

Hurst指数H、分维数D值有以下几种情况。

（1）$H=0.5$，$D=1.5$时，意味着过去的增量与未来的增量不相关，时间序列过去与未来无相关性或只有短过程相关，表明时间序列完全是一随机序列。反映在气候要素时间序列上，即各要素值相互完全独立，互相没有依赖，变化是完全随机的。

（2）$0.5<H<1$，$1<D<1.5$时，意味着过去的增量与未来的增量呈现正相关，表明时间序列各个变量之间具有长期正相关的特征，即未来的趋势和过去的趋势正好相同，该过程具有持续性，现象演化的整体方向将继承过去的趋势，即过去一个增加趋势意味着将来一个增加趋势，时间序列具有长期记忆性。反之亦然，即过去一个减少趋势意味着未来一个减少趋势。反映在气候要素时间序列上，未来的气候总体变化与过去的变化完全一致。并且H值越接近1，这种长程的正相关性或持续性就越强。

（3）$0<H<0.5$，$1.5<D<2$时，意味着过去的增量与未来的增量呈现负相关，即未来的趋势和过去的趋势正好相反，表明时间序列具有长期负相关的特征，即现象变化过程具有反持续性。反映在气候要素的变化趋势上，未来的气候变化趋势与过去相反，即过去整体的增加预示着未来的整体减少。并且H值越接近于0，这种负相关性或反持续性就越强。

（4）$H=1$时，完全预测，此时时间序列为一条直线，表示所分析的时间序列为完全确定的时间序列，即增量的未来状态完全受历史状态控制，未来完全可以利用现在进行预测。

（5）若时间序列具有短过程相关而长过程不相关时，R/S与N的关系将明显分为两段。对于小的N，满足$H\neq0.5$时的Hurst规律，而大的N，则满足$H=0.5$的Hurst规律（吴玉鸣，2005）。根据H值，冯新灵等（2008）将持续性强度和反持续性强度由弱至强分别划分了5级（表11-1）。

表 11-1　Hurst 指数分级表

等级	Hurst指数值域	持续性强度	等级	Hurst指数值域	反持续性强度
1	$0.50<H\leqslant0.55$	很弱	-1	$0.45\leqslant H<0.50$	很弱
2	$0.55<H\leqslant0.65$	较弱	-2	$0.35\leqslant H<0.45$	较弱
3	$0.65<H\leqslant0.75$	较强	-3	$0.25\leqslant H<0.35$	较强
4	$0.75<H\leqslant0.80$	强	-4	$0.20\leqslant H<0.25$	强
5	$0.80<H\leqslant1.00$	很强	-5	$0.00<H<0.20$	很强

11.4　气候要素序列非周期循环的平均循环长度

分形分布有个重要的特性，叫作"约瑟效应"：指分形分布倾向于有趋势和循环。通过 R/S 分析要回答两个问题，首先 Hurst 指数是多少，时间序列是否存在长记忆的分形特征，这个问题前面已经讨论过；其次该时间序列是否有非周期性循环，如果存在非周期性长期循环，其平均循环长度是多少？

时间序列的平均循环长度就是时间序列具有长期记忆特性的长度，即现在信息将影响未来的平均时间，在这个平均循环长度之外，时间序列的长期记忆特性就不存在了。R/S 分析除了能检验时间序列是否存在长记忆的分形特征以外，还能判断序列是否有非周期性循环，且能测定出平均循环长度，即过去的趋势能对将来的事情产生影响的时间长度。一般情况下，这一长度是有界的。多数现实的复杂系统的自相似行为是有界的，超过一定的时间尺度，系统就表现出不相关的随机行为，不再有自相似特征，其统计分布也随之接近于正态分布。当 n 大于记忆长度后，序列的记忆性将会逐渐消失，表现出随机独立性，Hurst 指数值逐渐减少向 0.5 逼近，甚至低于 0.5（表现出反持续性）。也就是说随着 n 的增大，若此时间序列有循环性存在，那么 $\ln(R/S)n$ 与 $\ln(n)$ 的标绘图一定会在平均循环长度的地方出现拐点。这一临界特性表现为拟合直线斜率的变化，由此可以推算出长程相关的最大时间尺度，这就是时间序列非周期循环的平均循环长度。

1951 年，Hurst 提出了用于检验 R/S 分析稳定性的统计量 V，Peters 将其用来度量时间序列的平均循环长度。V 统计量的计算公式为

$$V_n=\frac{(R/S)_n}{\sqrt{n}} \tag{11-10}$$

如果时间序列是由一个独立的随机过程产生的，则 V_n-$\ln(n)$ 图像是一条水平线；如果时间序列具有状态持续特征（$0.5<H<1$），则 V_n-$\ln(n)$ 图像是一条向上倾斜、有上升趋势的图像，时间序列状态持续性越强，图像越倾斜；如果时间序列具有反持续特征（$0<H<0.5$），则 V_n-$\ln(n)$ 图像是一条向下倾斜、有下降趋势的图像。因此，反过来根据 V_n-$\ln(n)$ 图像也可以判断时间序列的趋势特征。

在 V_n-$\ln(n)$ 的曲线上，如 V 统计量的走势发生改变，V 图像由上升（下降）向水平发生突变，即 H 由不等于0.5向等于0.5转变，此点即为长期记忆耗散点或拐点，长期记忆过程从此消失，该点所对应的时间长度即为非周期循环的平均循环长度。曲线出现明显转折时，历史状态对未来状态的影响消失，此时对应的时间长度 n 就是系统的平均循环长度。平均循环周期表征了系统对初始条件的平均记忆长度，过去的趋势能对将来的事件产生影响的时间长度，即系统通常在多长时间后完全失去对初始条件的依赖。

11.5 兰州市气温的 *R/S* 分析和非周期循环分析

分析兰州市四季和年平均气温时间序列的 Hurst 指数 H 与分维数 D（图11-1和表11-2）发现：当 $0.5<H<1$，$1<D<1.5$ 时，四季和年平均气温时间序列都存在明显的分形结构，过去的增量与未来的增量呈正相关，表明气温时间序列有长期正相关的特征，即未来的趋势和过去的趋势正好相同，气温变化的整体方向将继承过去的趋势，从四季和年平均气温变化趋势来看，都呈上升趋势，该过程变化趋势具有持续性特征。

表 11-2 兰州市气温序列的 Hurst 指数与分维数

	Hurst 指数	R^2	分维数
春季	0.5849	0.8847	1.4151
夏季	0.7739	0.9631	1.2261
秋季	0.7641	0.9191	1.2359
冬季	0.7834	0.9522	1.2166
年平均	0.8961	0.9699	1.1039

分析图11-2可以看出：过去各季节和年平均气温的变化幅度并不相同，冬、

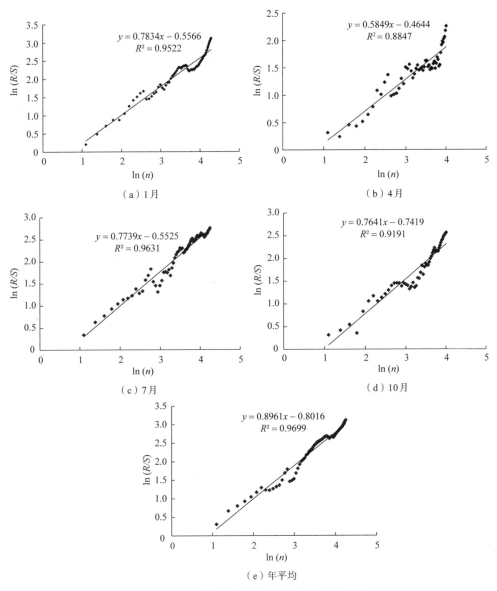

图 11-1　兰州市四季和年平均气温的 R/S 分析

秋季较强，可达到0.45℃/10a，春季次之，夏季最弱为0.1℃/10a；四季中冬季的 Hurst 指数最大，说明冬季气温增温的持续性最强，增温幅度也最大，未来仍呈显著波动上升的可能性远远高于其他季节，分维数最小说明冬季气温在该时间尺度上变化趋势最明显，也最简单；四季中春季的 Hurst 指数最小，表明春季的增温持续性最弱，分维数最大，表明在该时间尺度上的变化趋势最不明

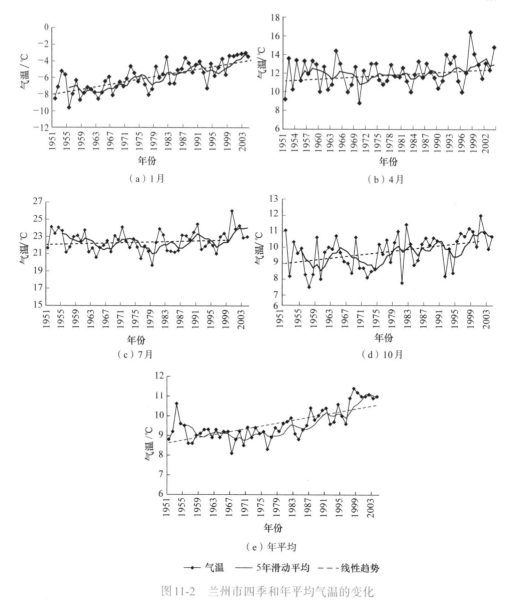

图 11-2 兰州市四季和年平均气温的变化

显，也最复杂；年平均气温的增温速率约为 0.19℃ /10a，但其 H 值要高于四季，达到 0.8961，持续性强度属于很强，表明年平均气温的增温趋势和持续性是最强的；分维数小于四季，表明年平均气温在该时间尺度上变化趋势最明显，也最简单，序列也越平滑。

分析 5 个时间序列统计量 V_n 关于 $\ln(n)$ 的图像，如图 11-3，都是向上倾斜、有上升趋势，因此5个时间序列的变化趋势都具有持续性特征。一般而言，V_n-ln(n) 图像如果向上越倾斜，则时间序列状态持续性越强，从5个 V_n-ln(n) 图像可以看到，年平均气温序列和冬季气温序列的 V_n 图像上升趋势要大于其他，其趋势持续性最强，而春季的上升趋势最弱，其趋势持续性也就最弱，这与 H 值的指示特征是一致的。因此，兰州市四季和年平均气温时间序列过程具有持续

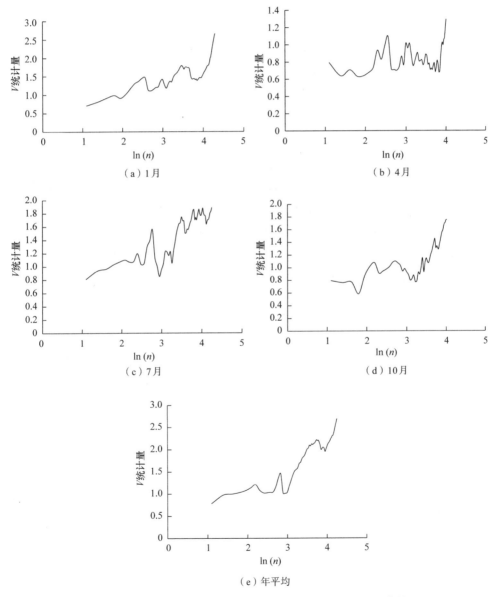

图 11-3　气温序列 R/S 分析的 V 统计量相对于 ln(n) 变化曲线

性，时间序列存在长期记忆效应的分形特征，即过去历史的状态会影响到未来的状态，现在信息将影响未来的平均时间（时间序列长期记忆特性的长度）就是时间序列的平均循环长度。在这个平均循环长度之外，时间序列的长期记忆特性就不存在了，曲线出现明显转折时，历史状态对未来状态的影响消失，此时对应的时间长度 n 就是系统的平均循环周期。平均循环周期表征了系统对初始条件的平均记忆长度，过去的趋势能对将来的事情产生影响的时间长度，即系统通常在多长时间后完全失去对初始条件的依赖。国外的许多金融时间序列都呈现这种长期记忆性或胖尾（fat-tail）特性。这种胖尾特征通常是非线性随机过程产生的长期记忆系统的证据。

在年平均气温时间序列 V_n 关于 $\ln(n)$ 的图像中，第一拐点在 $\ln(n)=2.1972$ 处，其所对应的时间长度为 9 年，即年平均气温时间序列的平均循环长度为 9 年，同样的方法，得到春、夏、秋、冬气温时间序列的平均循环长度分别为 4 年、8 年、5 年和 6 年。这说明年平均气温序列的长期记忆长度最长，过去的状态对未来的状态影响时间最长，可达 9 年；反之，春季气温序列的记忆长度最短，系统在 4 年之后就完全失去对初时条件的依赖，当大于 4 年这个临界点后，序列的记忆性将会逐渐消失，表现出随机独立性，Hurst 指数值逐渐减少向 0.5 逼近，甚至低于 0.5，表现出反持续性，这也可以从春季气温的 Hurst 指数只有 0.5849 得以反映，其持续性很弱，记忆长度最短。

11.6　兰州市降水量的 *R/S* 分析和非周期循环分析

兰州市四季和年平均降水量时间序列的 Hurst 指数 H 与分维数 D（图 11-4 和表 11-3）。兰州市一年四季降水量除夏季外，都是波动递减的，只有夏季降水是上升的，但上升的幅度不大，7 月不足 1mm/10a（图 11-5）。春、夏、冬三季节的 $H>0.5$、$D<1.5$，说明春、冬季降水量持续递减，夏季降水持续递增的状态仍将持续，但其持续性较弱；年平均和秋季降水量序列的 $H<0.5$、$D>1.5$，说明年平均和秋季降水量时间序列具有长期负相关的特征，变化过程具有反持续性，即未来的年平均降水量和秋季降水量将呈增加趋势，而且年平均降水量反持续性较强。

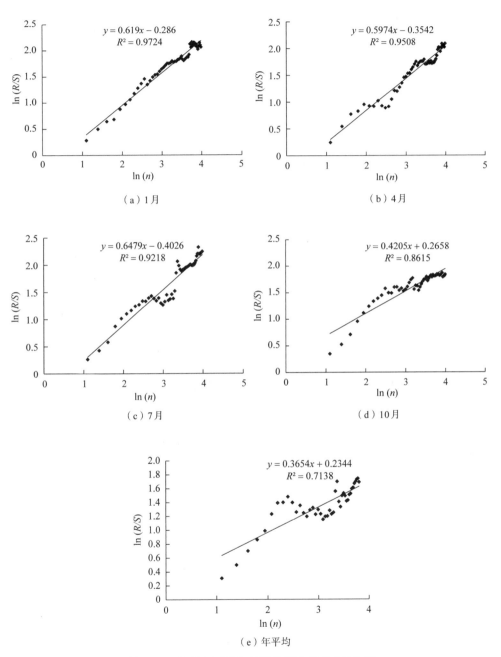

图11-4　兰州市四季和年平均降水量的 R/S 分析

表11-3　兰州市降水量序列的Hurst指数与分维数

	Hurst指数	R^2	分维数
春季	0.5974	0.9508	1.4026
夏季	0.6479	0.9218	1.3521
秋季	0.4205	0.8615	1.5795
冬季	0.6190	0.9724	1.3810
年平均	0.3654	0.7183	1.6346

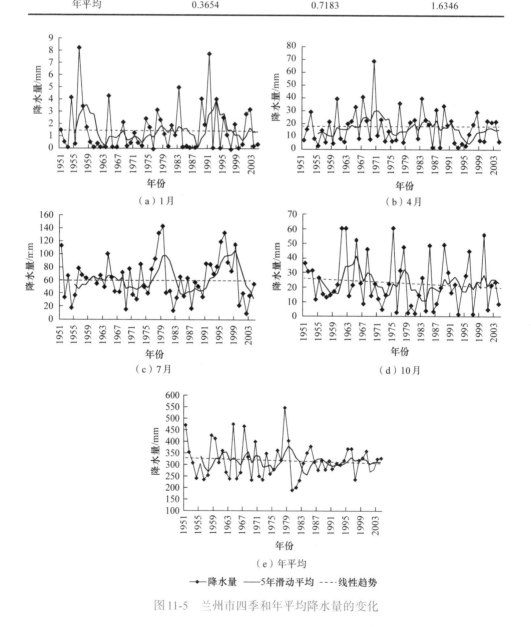

图11-5　兰州市四季和年平均降水量的变化

在年均和四季降水量时间序列 V_n 关于 $\ln(n)$ 的图像中（图11-6），统计量 V_n 的整体变化趋势是春、夏、冬三个季节呈上升趋势，而秋季和年平均序列统计量 V_n 的整体变化趋势呈下降趋势，这也证明了通过 Hurst 指数和分维数得到的结论。比较5个序列的平均循环长度，年平均序列的平均循环长度为9年，春、夏、秋、冬平均循环长度分别为7年、10年、12年、13年。总体而言，相对于其他指标，降水序列的平均循环长度较长，序列具有记忆特性的长度较长，过去对未来影响的时间长度较长。

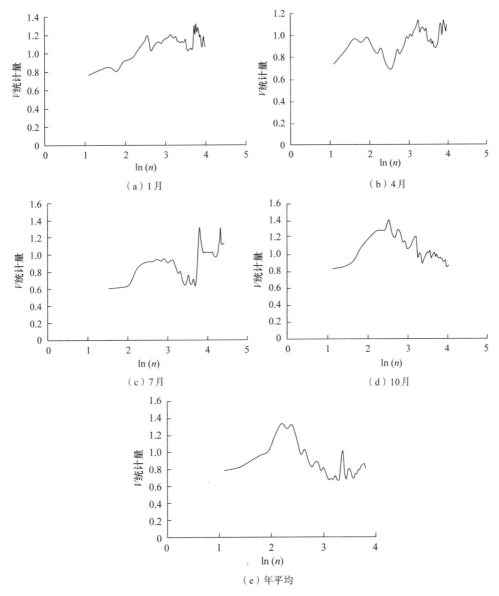

图11-6　降水序列 R/S 分析的 V 统计量相对于 $\ln(n)$ 变化曲线

11.7 兰州市相对湿度的 *R/S* 分析和非周期循环分析

兰州市四季和年平均相对湿度时间序列的 Hurst 指数 H 与分维数 D（图11-7和表11-4）。兰州市一年四季相对湿度都呈波动下降的趋势（图11-8），其中冬季的相对湿度递减速率最大，约为$-2.4\%/10a$，其次是年平均，递减速率最慢

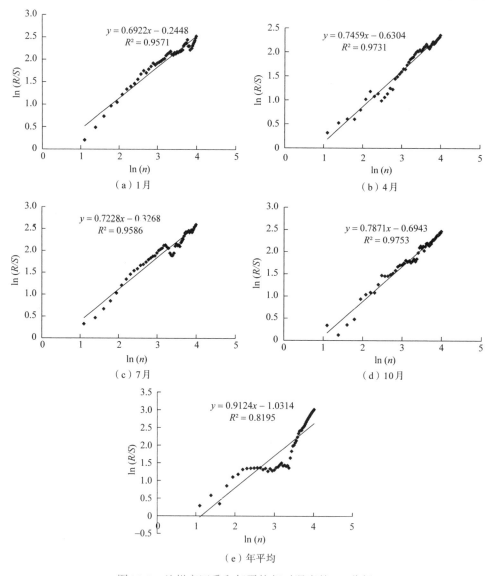

图 11-7　兰州市四季和年平均相对湿度的 *R/S* 分析

的是夏季。比较 Hurst 指数和分维数，5个序列的 Hurst 指数都大于0.5，H值处于持续性强或较强的等级，说明5个序列相对湿度递减的状态仍将继续。年平均相对湿度的H值最大，分维数D最小，其递减的持续性最强，变化趋势最明显，分形结构也最简单。冬季的H值最小、分维数D最大，其递减的持续性最弱，变化趋势最不显著，分形结构也最复杂。

表11-4 相对湿度序列的 Hurst 指数与分维数

	Hurst 指数	R^2	分维数
春季	0.7459	0.9731	1.2541
夏季	0.7228	0.9586	1.2772
秋季	0.7871	0.9753	1.2129
冬季	0.6922	0.9571	1.3078
年平均	0.9124	0.8195	1.0876

比较兰州市四季和年平均相对湿度时间序列的平均循环长度（图11-9），年平均序列的平均循环长度为4年，春、夏、秋、冬平均循环长度分别为6

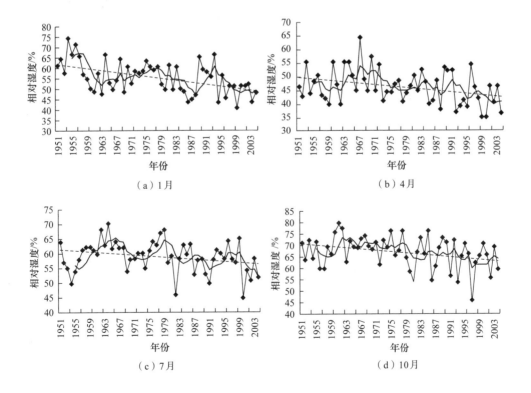

（a）1月

（b）4月

（c）7月

（d）10月

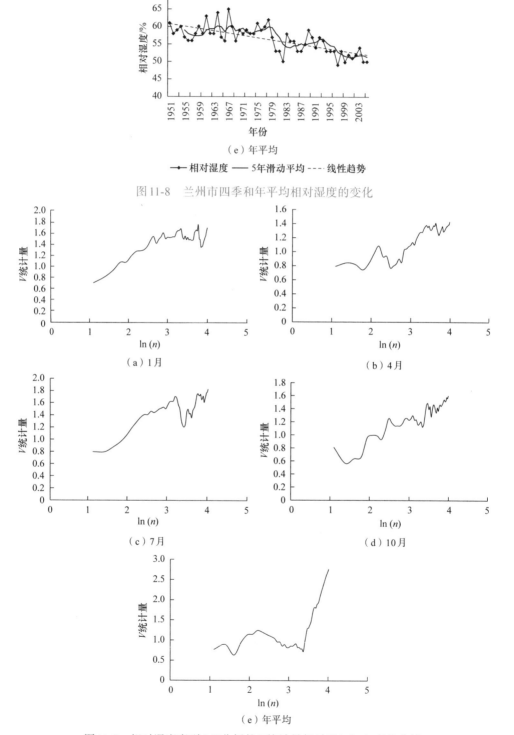

（e）年平均

◆ 相对湿度 —— 5年滑动平均 ---- 线性趋势

图 11-8　兰州市四季和年平均相对湿度的变化

（a）1月

（b）4月

（c）7月

（d）10月

（e）年平均

图 11-9　相对湿度序列 R/S 分析的 V 统计量相对于 $\ln(n)$ 变化曲线

年、18年、8年和14年，说明夏季相对湿度序列具有记忆特性的长度最长，过去的状态对未来相对湿度的状态影响时间最长，可达到18年，反之，年平均序列这种持续性影响的时间长度只有4年，过了这个临界点，其变化就会出现随机性。

11.8 兰州市热岛强度的 R/S 分析

兰州四季热岛强度的变化规律是冬季最强，夏季最弱，春秋居中；1月平均热岛强度为1.6℃；7月平均热岛强度为0.1℃。兰州市近50年平均增温速率为0.37℃/10a；其中，冬季增温速率达到0.81℃/10a，高于同期全国冬季的增温速率0.39℃/10a，也远高于甘肃省0.29℃/10a的水平，为四个季节中最高，冬季增温对全年平均气温升高的贡献率最大，而冬季热岛强度最强与冬季增温速率最高是密切联系的，这与张军岩等（2011）的研究结果相似。如第4章图4-6所示，兰州市近50年年热岛强度逐渐增强，热岛强度线性趋势达到0.46℃/10a，尤其是20世纪80年代以后，这种增强幅度越来越大。对兰州市热岛强度的年际变化进行时间序列的 R/S 分析（图11-10），$H=1$，表明可以完全预测，此时间序列为完全预测的时间序列，即增量的未来状态完全受历史状态控制，未来可以利用现在进行完全预测，序列的持续性很强，未来兰州市热岛强度的变化趋势将沿目前的状态继续持续增强。

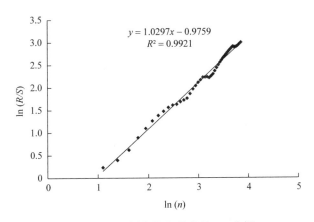

图11-10 兰州市热岛强度的 R/S 分析

参 考 文 献

陈绍英, 王启文. 2005. 分形理论及其应用. 呼伦贝尔学院学报, 13 (2): 59-63.

陈彦光, 刘继生. 1999. 城市规模分布的分形和分维. 人文地理, 14 (2): 48-53.

陈昭, 梁静溪. 2005. 赫斯特指数的分析与应用. 中国软科学, 3: 134-138.

冯新灵, 冯自立, 罗隆诚, 等. 2008. 青藏高原冷暖气候变化趋势的 R/S 分析及 Hurst 指数试验研究. 干旱区地理, 31 (2): 175-181.

龚元石, 廖超子, 李保国. 1998. 土壤含水量和容重的空间变异及其分形特征. 土壤学报, 35 (1): 10-15.

郭东梅, 白英, 郭炜, 等. 2005. 表层风蚀土壤粒径分布的分形特征研究. 内蒙古农业大学学报, 26 (1): 82-86.

何隆华, 赵宏. 1996. 水系的分形维数及其含义. 地理科学, 16 (2): 124-128.

何越磊, 姚令侃, 苏凤环, 等. 2005. 强沙尘暴时序的标度不变性分析. 系统工程理论与实践, (7): 125-130.

江田汉, 邓莲堂. 2004. 全球气温变化的多分形谱. 热带气象学报, 20 (6): 673-678.

肯尼思·法尔科内. 1991. 分形几何——数学基础及应用. 沈阳: 东北大学出版社.

李后强, 艾南山. 1992. 分形地貌学及发育的分形模型. 自然杂志, 15 (7): 516-519.

李江. 2005. 城市空间形态的分形维数及应用. 武汉大学学报, 38 (3): 99-103.

刘继生, 陈彦光. 1998. 城市体系等级结构的分形维数及其测算方法. 地理研究, 17 (1): 82-89.

刘蜀祥, 李方文. 2005. 应用 R/S 分析方法研究金融时间序列. 西南民族大学学报 (自然科学版), 31 (5): 693-696.

苏里坦, 宋郁东, 张展羽. 2005. 沙漠非饱和风沙土壤水分特征曲线预测的分形模型. 水土保持学报, 19 (4): 115-130.

汪富泉, 李后强. 1996. 分形——大自然的艺术构造. 济南: 山东教育出版社.

王美荣, 金志琳. 2004. 分形理论及其应用. 菏泽师范专科学校学报, 26 (4): 51-55.

吴玉鸣. 2005. 中国人口发展演变趋势的分形分析. 中国人口科学, (4): 48-53.

谢云霞, 罗文峰, 李后强. 2004. 大气颗粒物的分形特征. 科学前沿与学术评论, 26 (6): 24-29.

张济忠. 1995. 分形. 北京: 清华大学出版社.

张军岩, 於琍, 于格, 等. 2011. 胶州湾地区近50年气候变化特征分析及未来趋势预估. 资源科学, 33 (10): 1984-1990.

张越川, 张国祺. 2005. 分形理论的科学和哲学底蕴. 社会科学研究, 5: 81-86.

赵良菊，肖洪浪，郭天文. 2005. 甘肃省武威地区灌漠土微量元素的空间变异特征. 科学通报，36（4）：536-540.

赵相健，王孝安. 2004. 太白红杉种群分布格局的分形特征的研究. 陕西师范大学学报（自然科学版），（S2）：144-147.

朱永清，李占斌，崔灵周. 2005. 流域地貌形态特征量化研究进展. 西北农林科技大学学报，33（9）：149-154.

庄新田，庄新路，田莹. 2003. Hurst指数及股市的分形结构. 管理科学，24（9）：862-865.

Feder J. 1988. Fractals. New York: Plenum Press.

第12章 河谷型城市气候效应的调控

>> ·　·　·　·　·

目前，调控和减缓河谷型城市气候效应负面影响的相关措施主要从城市规划、景观格局、建筑物、城市绿地等方面入手，从河谷型城市的城市规划和设计、建筑布局和形态设计、绿地景观的规划设计、水体和生态水文调控以及低碳型生态城市的建设五方面来开展。

12.1　城市规划的优化设计

近年来，随着城市化的迅速发展，城镇用地面积紧张，尤其河谷型城市受到地形地貌的限制，城市建设用地非常受限，致使城市建筑向更高、更密的模式发展。这在一定程度上改变了河谷型城市空间形态及下垫面属性格局，从而影响河谷型城市热环境，引起城市热岛等一系列区域热环境问题。城市区域热环境与城市规划密切相关，城市规划与设计能够控制城市下垫面结构，因此有效的城市规划政策和设计可以改变区域热环境并提升人居舒适度。如何在满足城市扩张需求的前提下，缓解甚至避免规划建设引发的城市热环境恶化问题，是河谷型城市规划研究面临的关键问题，因此开展城市规划对区域热环境影响的研究工作具有重要社会需求价值和科学意义（刘祎，2019）。

城市规划是对一定时期内城市社会和经济发展、土地利用、空间布局以及各项建设的综合部署、具体安排和实施管理。快速的城市化带来的土地利用急剧变化不可避免地改变了水循环、气候调节、土壤保护和生物多样性保护（Cai et al.，2016；Pickard et al.，2017；Clerici et al.，2019；Nguyen et al.，2019）。城市热岛效应是土地利用变化的环境后果之一，与人类活动和气候变化有关（Jenerette et al.，2016；Conlon et al.，2016；Turner，2016；Morabito et al.，2017）。地表温度上升的内在动力是土地利用的变化，因而从土地利用的变化入手去研究和解决城市热岛效应是先决条件（边晓辉等，2019）。城市化进程的加快和城市空间的扩展，最为直接地引发了土地利用类型的变化，土地利用类型变化是影响热岛效应的最大因素（李建楠等，2018）。耕地、草地和林地三类土地利用类型对地表温度的上升有一定的抑制作用，水域面积的变化可以直接影响周围土地利用类型下垫面温度的升降，从土地类型看，地表温度最高的为建设用地，其次为林地和耕地，水域的地表温度最低（谢哲宇等，2019；Guo et al.，2019；Yamak et al.，2021），研究表明，城市和农村地区之间的温差约为3.5～8.2℃（Estoque et al.，2017；Ranagalage et al.，2019），城市中心不透水表面和绿地之间的温差为3～6℃，甚至城区也观察到高达10℃的温差，这种温差随着城市化的密度而变化（Estoque et al.，2017；Yamak et al.，2021）。因此为有效缓解河谷型城市由于土地利用类型发生改变而引起下垫面性质的改变，从而造成气候差异，要在河谷型城市中合理规划建设用地、林地、水域等，使其交互分布，绿色植被可以通过蒸腾作用吸收大量热量，还可以通过遮阴作用间接地降低环境温度，水体比热容大，可以有效吸收空气中的热量降低环境温度，在充分发挥土地使用价值的同时，发挥林地、水域等的降温作用。

河谷型城市土地利用类型是影响热岛效应的最大因素，植被、水体等自然下垫面的特性决定了它们对于太阳辐射有明显的隔离作用，具有改善小气候环境、缓解热岛效应的功能，对此有研究提出要增加水体和植被的数量，加强绿色地带保护，以限制建筑扩建和基础设施发展到现有的绿地，增加覆盖范围和连贯性，在城市边界内增加更多的植被或绿地可以降低已建区域内的温度，例如，在城市中心扩大城市公园，选择在街道、行人和建筑之间的两侧种植树木或灌木来创造更多的城市绿地；在再生/开发过程中考虑建筑物的高度和阴影，增加中低层建筑之间的间隔和绿化，形成"大密大疏、疏密有致"的河谷型城市布局结构，限制河谷型城市中心的建筑密度，例如，将城市结构从单一中心转变为多中心，可以在建筑管理区开发新的中央商务区和副中心，留出空间构建大型生态带、城市公园湿地等生态园以增加城市绿地覆盖面积；尽量避免使用波纹铁钢建造紧凑的低层建筑，冷屋面材料用于大型建筑，冷铺装材料用于大面积混凝土路面，例如，在公园道路、停车场、装卸码头和其他大面积的铺砌混凝土区域种植乔木或灌木，包括新建建筑和翻新项目。在不便于改变土地类型的关键位置建造绿色屋顶、绿色人行道、绿色立面和垂直绿化系统（Aflaki et al.，2017；Shih et al.，2020；Khamchiangta and Dhakal，2020；

黄初冬等，2020）。但是相关研究表明在已经存在高湿度的热带城市中，使用遮阳或城市通风也被证明比广泛使用植被、水体或改变反照率更能降低气温（Jamei et al.，2020）。

合理的城市规划和设计可以将风引入城市，从而有效改善城市热环境。现有研究表明，随着风速的提高，可以使得城市热岛强度降低，并且当风速达到某一阈值时，热岛现象可以完全消除（He et al.，2020），因此相关研究提出通过建立 VCP 模型在宏观和微观上的应用提高通风廊道的建设效率（Gu et al.，2020）。而基于生态安全理论模式提出的多场景城市降温走廊建设方法，可以实现城市绿色基础设施空间布局的定量规划来缓解热岛效应（Wu et al.，2020）。目前，花园城市的概念被提出作为降低热带地区气温的另一种方法，这种方法结合了植被和水体，也已经开始实施（王君和刘宏，2020；Macedo，2011）。然而，花园城市的概念应用有限，花园城市需要进入未建区域，这在大部分城市并不总是可行的。

12.2　建筑布局和形态设计

城市热岛效应产生于人类对自然景观的人为改造以及随之而来的城市边界层的大气和热物理变化。其形成可主要归因于建筑材料和城市峡谷结构的高热容相关的建筑城市结构对太阳辐射的吸收和捕获的增加（Zhou et al.，2017）。为取暖而从交通和建筑中人为释放的热量进一步加剧了热岛效应。其他影响因素，如人口密度、建筑密度和植被比例也可以直接或间接促成热岛效应的形成。发展中国家正在经历快速的城市化进程，因此，有关城市形态如何影响热岛强度的理论机制，可以对新基础设施有大量需求的大规模城市规划提供理论依据。

随着我国大、中城市人口的高度集聚，中心城区开发强度不断加大，造成城市绿地、水系等开敞空间不断受到侵占，城市热岛现象日益突出，严重影响了人居环境与居民生活质量。在规划建筑领域，当前研究主要集中在城市用地布局和城市设计等方面。针对城市热岛问题，相关学者在居住区热环境方面，对城市居住区的建筑布局形式进行了研究。城市峡谷是以街道和建筑为边界的 3D 空间，优化这些峡谷的几何形状可以有效地提高热舒适性，减少热带地区的热负荷，在不影响自然通风的情况下减少热量储存。南北向街道比东西向街道凉爽，舒适度随其街道高度与宽度比的增加而增加。东西向的峡谷全天都暴露在阳光照射下，而南北向的峡谷只是在一天特定时间暴露在阳光下（Oke，1988；Jamei et al.，2020）。顺畅的通风可以提升街区的热舒适性，当街区建筑布局顺应主导风向时，行列式建筑布局的微气候条件较优（殷正等，2020）。当建筑布局不顺应主导风向的情况下，城市主导风沿着街区主要过道灌入或与主导风向呈45°夹角时，街区对风的阻塞效应较小，此时点群式街区优于行列式和围合式街区（赵冬，2016）。黑暗的外墙、沥青路面和较少的植被将导致城市出现热岛现象（Mohajerani et al.，2017；Shafiee et al.，2020），近期的研究旨在改善现有的，或设计和使用新的冷却和过冷材料的建筑和城市开放空间，相关研究已经显示出非常迅速，甚至惊人的进展。目前，在设计、开发和实施表面温度低的缓解材料方面取得的较大进展，如先进的热致变色、荧光、等离子体和光子材料，由于城市表面温度大大超过了环境温度，新的创新材料和结构表现出低于环境的表面温度，更适合瞬态城市气候条件（Santamouris et al.，2016；Santamouris and Yun，2020），如新型的热变色砂浆，能够随着温度的升高而提高其在可见光谱中的反射率，同时保持近红外区域的反射率较为恒定（Perez et al.，2018）。

高层小区作为目前城市普遍采用的居住空间形态，在兰州这样的河谷型城市中非常显现，直接影响人居环境品质。目前国内外研究利用计算机三维数值模拟，揭示小区室外气温与通风等热环境要素的三维分布规律，从布局形态、道路交通等方面提出改善小区热环境的规划思路与对策（金建伟等，2016）；相关学者利用ENVI-met软件进行模拟，研究表明点式建筑布局形式优于围合式及行列式建筑布局的微环境，春季板式建筑群的室外热舒适度要高于塔式建筑群，而在夏季则相反（李晗等，2016；李笑寒等，2018）；通过采用机器学习方法，探讨三维城市建筑模式对城市表面温度的影响，建议降低开发强度和建筑基地面积，同时增加建筑高度和粗糙度，以改善社区尺度上的城市热环境（Sun et al.，2020）。相关研究利用热环境分析软件DUTE对街区尺度的实际案例模拟发现：在保持容积率不变的情况下，可适当提高建筑密度以减少城市热岛强度，保持建筑密度不变的情况下，适当提高容积率可以降低城市热岛强度，但是提高容积率会影响到城市天际线、街道高宽比、日照间距等多个因素，可以利用形体遮阳和构筑物遮阳以增加阴影面积，改善街区室外热环境，降低城市热岛效应（邬尚霖和孙一民，2015）。

当前，城市热岛效应和城市高温热浪会对建筑和发电产生重大能源影响，并导致城市用电高峰，这在夏季非常明显，据估算将导致平均能源损失接近每单位城市表面2.4（±1.5）kW·h，它还带来全球人均能量消耗和每度热岛辐射强度接近70（±45）kW·h（Santamouris，2014），同时，城市温度升高使每人每度电峰值电耗提高21（±10.4）W（Santamouris et al.，2015）。将具有高反射率的冷却材料涂刷或组装在建筑物屋顶和人行道的表面，可通过反射减少太阳辐射的吸收，因而净辐射较低而降低了显热通量（李佳燕等，2020）。对陶瓷多孔砖和渗透性混凝土两种铺装材料进行研究表明，洒水后其表面温度降低多达10℃，其上方的最高空气温度可以降低高达1℃（Wang et al.，2018）。基于模型和高分辨率数据模拟的相关研究表明，若城市热岛的地表温度降低1℃，华盛顿市区30%的屋顶面积需要替换为绿屋顶，或反照率为0.7的冷屋顶，随着绿色和凉爽屋顶比例的增加，地表和近地表的城市热岛效应几乎呈线性下降（Li et al.，2014）。冷却屋顶适宜应用于具有较长的制冷季节和较短的供热季节的气候区（Testa and Krarti，2017），但是，反射性路面增加行人眩晕感，降低了行人的热舒适度（Taleghani and Berardi，2018）。因此，在利用高反射材料时应结合绿地措施，减弱其负面影响。

对于降温路面技术，相关学者提出了路面太阳能集热器技术，以实现太阳能的可持续利用，作为一种积极的策略和可再生能源，对此，有研究在利用热电技术为室外环境降温的情况下，开发了一种新型的太阳能路面热电系统（SDPTES），利用太阳能与雨水和/或灰水相结合来降低室外空气温度，改善城市小气候，并通过室外测试，验证了SDPTES的制冷能力，与传统的混凝土马赛克路面相比，使用SDPTES可以使路面表面温度降低14.1℃（Xu et al.，2021；Elqattan and Elrayies，2021）。

12.3   绿地景观的规划设计

城市绿地是城市生态系统的一个主要组成部分，尤其是在夏季的白天，可以给环境降温（Sun and Chen，2017；Zhang et al.，2017；Amani-Beni et al.，2018；Koc et al.，2018；Moss et al.，2019）。研究表明，在区域尺度上，地表温度分别与不透水面积百分比呈显著正相关，与植被丰富度呈显著负相关，相关系数均在0.90以上，城市植被对热岛强度的影响显著（Ma et al.，2010）。首先，植被可以吸收太阳辐射，通过蒸散将显热转化为潜热，蒸散量减少是城市过热的主要来源之一，蒸散作用可以将显热通量转换为潜热通量，并降低城市的地表和气温（Gao et al.，2020）。因此，增加城市地区的植被覆盖率被认为是缓解城市高温和热浪的一种有效方法。植被可以通过增加蒸散和辐射反射等过程来适应城市的热岛效应，例如城市公园平均每天比建成区凉爽约1℃（Knight et al.，2016）。其次，树木可以提供阴凉以避免表面被太阳辐射直接加热。由于城市的绿色空间可以缓解高温热浪，绿色区域缓解高温热浪的效率取决于绿色空间的大小和植被结构（Oliveira et al.，2011）。因此，河谷型城市规划和设计需要对热岛效应和景观布局之间的关系进行定量研究。

河谷型城市绿地缓解城市热岛的作用突出，通过优化确定新绿地的最佳位置、配置与降温效益，进行最佳的绿地布局，可以实现显著的降温潜力。目前，城市的绿化建设可以采用绿色屋顶、垂直绿化和小型公园的形式，它们在城市密集的情况下很好地保持了通往自然区域的通道（Taleghani and Berardi，2018）。相关学者关注阴影效应，研究发现，通过优化植被的空间布局，可以在城市规模上实现良好的降温效果，例如完全暴露在太阳辐射下的树比位于周围建筑物阴影下的树有更强的降温效果，空气温度低0.22℃（Wu and Chen，2017）。

研究发现，通过增加新的绿地，可以使局部的地表温度降低约1~2℃，区域的地表温度降低0.5℃（Zhang et al.，2017），当植被面积比增加10%时，夜间城市热岛强度降低0.16~0.55℃，白天降低0.05~0.15℃，增加植被覆盖度可以显著降低气温波动，植被覆盖度大于55%的区域可以为居民保持相对稳定的热环境（Yan et al.，2020），并且大面积的绿地具有稳定的降温和加湿效果，并且比较稳定，而小的绿地效果则不显著（Xiao et al.，2018）。一般来说，街区绿地率越高，空气温度越低，相对湿度越高，因此微气候能够得以较大程度的改善（杨鑫和段佳佳，2016）。乔木对微气候的减缓改善作用要优于草地，因为乔木可以提供阴影区域，因此在夏季，若要获得较大面积的热舒适区，应多种植乔木，但是乔木过度聚集会在一定程度上阻挡街区内的风场，因此绿化布局需要迎合通风廊道，才能更好地改善街区微气候（李悦，2018）。除绿化率外，绿化布局对微气候同样影响显著，因此在考虑提高绿地率的同时，也需要考虑风向的影响，并据此来调整绿地布局（Lu et al.，2017）。研究表明，在绿化组合方面，在优化绿地建设中，仅仅种植草地，其对热岛效应的减缓效果不佳，乔灌草结构绿地降温增湿效益最大，灌草结构绿地次之，草坪结构绿地最小（龙珊等，2016），因此乔木、灌丛、草地等一些绿地组合可以提高降温增湿效果，从而有效降低城市温度和舒适度。

增加公园面积是当前减缓河谷型城市热岛效应行之有效、最为直接的手段，城市公园的降温效果取决于公园的大小、植被类型和植被密度。如日本东京一个大面积的绿色公园可显著降低东京市的热岛效应，即使在平静的夜晚，公园的微风也会将热影响扩展到距离公园边界平均200m的地方（Sugawara et al., 2016），对此也有相关学者发现城市公园的降温效果可延伸至840m（Lin et al., 2015），并认为降温程度受周边地区特征的影响。

当河谷型城市街区生态条件不易改变或街区空间受限时，也可以采用屋顶绿化、垂直绿化等方式增加街区的绿化率，比如屋顶绿化具有比较有效的降温增湿效果，这对于河谷型城市一些已经建成的街区适用性较强。Feitosa和Wilkinson（2018）的实验表明，屋顶绿化和墙壁绿化改造在住宅建筑的热应力衰减中起到了公认的作用。近几十年来，绿色屋顶策略体现了可持续性，并在许多国家被广泛采用（Shafique et al., 2018）。绿色屋顶起到很好的隔热的作用，这种结构在夏天防止热量进入房屋，在冬天也防止热量泄漏，从而减少了能源消耗。它还具有增加城市蒸散发和自然通风的好处，因此，绿色屋顶策略是城市规划师缓解城市热岛的有力途径，在夏热冬冷的地区更为重要，并且离水体距离最低的建筑物绿色屋顶对LST的降温效果最大（Gunawardena et al., 2017；Asadi et al., 2020）。绿色屋顶作为城市绿色空间的补充的作用，不仅可以在建筑单元的小尺度上帮助降温，而且可以在更大尺度的城市区域上帮助降温（Herrera-Gomez et al., 2017；Park et al., 2018）。

一般密集的绿色屋顶比一般的绿色屋顶有更好的冷却效果，密集绿色屋顶周围20～60m区域的空气温度下降为0.3～0.6℃（Jin et al., 2018），也有研究表明绿色屋顶与平均地表温度差减小了0.91℃，表明绿色屋顶可以有效缓解高密度城市地区的城市热岛效应（Dong et al., 2020）。此外，绿色屋顶的冷却效果会因建筑的形态特征而不同，例如建筑高度超过60m，则绿色屋顶不会对街道表面的温度产生显著影响（Zhang et al., 2019）。因此，在模拟绿化屋顶降温的综合评价中，还应考虑城市三维几何形状。目前模块化的绿色屋顶系统，在建造方面已经取得重大进展（Hejl et al., 2020）。

河谷型城市应该大力发展绿色立面和绿色墙壁等绿色基础设施，垂直绿色墙体不仅外观美观，还具有创造舒适的室内微气候、降低空调能耗、减少二氧化碳排放等优点。研究表明：双层绿色幕墙在降低香港等亚热带地区高层住宅建筑能耗方面的潜力，垂直绿墙系统一年可减少电力$2651 \times 10^6 kW \cdot h$，减少

二氧化碳排放 $2200 \times 10^6 kg$，因此，绿色墙壁不仅能缓解热岛效应，还能影响建筑物内的室内空气温度（Wong and Baldwin，2016）。在新加坡，与混凝土墙相比，绿色墙可以将表面温度降低高达 $10℃$。这些结构提供的冷却水平取决于它们的类型（Wong et al.，2010）。生活墙是建筑立面绿化系统的先进技术，与传统的绿色墙不同，传统的绿色墙依靠攀缘或悬挂植物来附着或生长在立面上，而生活墙是通过配备灌溉系统和介质生长的连续或模块化系统来建造的，生活墙也有减少碳排放的作用，因为它们能够隔离植物生物质和基质中的二氧化碳。因此，生活墙可以被视为城市环境中缓解气候变化的一项重要措施（Charoenkit and Yiemwattana，2016）。

综合来看，河谷型城市增加绿地面积无疑是减缓热岛效应最直接有效的措施，而如何在有限的土地资源下，保持绿地面积不变而使得土地利用格局效益最大化也是很多城市面临的实际问题。相对于草本植物而言，增加乔木种植除可降低空气温度外，更重要的是其通过对辐射的吸收和拦截降低平均辐射温度，从而有利于提高热舒适度。虽然增加绿地覆盖可有效降低环境温度，但相应地增加了城市的生态需水量，这对处于较干旱地区的城市意义不大，尤其是兰州这样的西部城市意义不大。对那些西部干旱、半干旱区的城市，改变建筑物形状和格局，提高建筑表面材料的反照率降低热容量，或许是更好的选择。因此，在河谷型城市土地利用格局设计及优化绿地建设时，需综合考虑城市内内公园、草坪、街道、广场、道路等热状况，并结合环境因子定量评价其总体降温效果。

12.4　水体和生态水文调控

水体具有调节周围微气候的能力，由于其透明性，大的热容量和体积，入射的太阳辐射能够传播到相当深的深度并散布到整个体积中。再加上无限量的蒸发水，由于需要吸收大量的蒸发潜热，水体可形成高效的散热器，并进一步冷却表层（Syafii et al.，2016；Ghosh and Das，2018）。城市环境中水体的降温能力可以潜在地减少能源消耗，提高室外热舒适度并减轻城市热岛效应，城市水体可通过两种方式缓解热岛效应：通过蒸发，利用水的冷却效果降温（如池塘和喷泉）；通过河流和运河，将热量从城市中心传送出去，兰州市穿城而过的黄河具备这样的作用。河流可以改善其周围的空气温度和相对湿度，进而改善微气候，但需要结合风向和周围建筑布局考虑（徐洪和杨世莉，2018）。

水体降温的范围与降温幅度的大小是水体降温效应的主要研究内容，影响水体降温效应的因子包括水体自身的特征（面积、形状、布局等）和周围环境的影响。Lin等（2020）研究珠江三角洲大都市区蓝色空间的降温效果和效率，表明水体覆盖率增加10%，导致城市地表热岛强度降低11.33%。不同类型的水体的冷却效果各不相同，湖泊的降温效应明显强于河流，此外水体的降温效果与水体的几何形状和不透水面比例呈负相关，不规则形状的冷却效果不如正方形或圆形，但与它们周围的植被比例呈正相关。结果表明，在水体固定的情况下，水体的几何形状应相对简单，应增加植被的比例，减少不透水表面的比例，以达到良好的水体降温效果（Sun and Chen，2012；Du et al.，2016）。

类似兰州这样的河流穿城而过的河谷型城市，河流对周边环境的降低效应、降温范围和降温幅度的研究是非常必要和迫切的。相关研究发现湿地周边不同距离的空气温度与距湿地质心的距离呈极显著的正相关关系，即距离湿地越远，湿地的降温效果越差（康晓明等，2015）。研究表明印度一条河的影响距离约为200～300m（Gupta et al.，2019），而在中国重庆研究发现水体的降温效应可达1000m（Cai et al.，2018）。水体周边的环境会影响其热环境效应，在水体周围应增加植被的比例，减少不透水表面的比例，以达到良好的水体冷却效果（Jacobs et al.，2020）。因此，河谷型城市宜将水体和绿地综合规划更有利于城市热环境缓解。考虑到水体景观建设的相对复杂性和降温效益，为了获得良好的景观和亲水性设计，城市用水量增加的缓解策略有所增加。城市中的水体景观可以是人造湖、池塘和景观喷泉的形式。海绵城市的建设既能够替代不透水面缓解城市热环境，又能够蓄水缓解旱季的雨水紧缺问题，可以有效缓解城市热岛效应（朱玲等，2018；宋雯雯等，2018；刘增超等，2018；黄初冬等，2020）。对于高密度建筑城市，在海绵城市理念的指导下，雨水管理设施，雨水花园和蓄水管网可以缓解城市热岛效应和雨水径流洪水的风险（Chen and You，2020）。水体的热容量大，在吸收相同热量的情况下，水体区域相对于水泥地等下垫面升温慢得多，水的蒸发吸热作用能显著降低水体温度，比其他下垫面温度低。因此，水域面积的保护在河谷型城市建设中应予以重点考虑，充分利用现有的水资源禀赋，不仅是保护现有水体，还应增加更多，在雨水利用上应采用更先进的排水系统，让雨水重新回到地下形成循环，涵养水源。

12.5 低碳型生态城市建设

生物地球化学因子中温室气体成分的增加是全球变暖的主要因素，研究表明增加4倍二氧化碳浓度和增加4%的太阳辐射造成的长期全球温暖变化效应基本相同，因此减少碳排放对于缓解城市热环境有非常大的作用。快速的城市化给世界增加了巨大的运营负担，城市容纳了超过50%的世界人口，约占全球二氧化碳排放量的70%，是气候变化的主要促成因素（Sharifi，2020），直接和间接导致了空气质量恶化和城市热岛现象的发展。

对于西部河谷型城市，周边生态环境较为脆弱、生态承载力较低，为实现人与自然和谐共处的目标，需要在城市规划和建设过程中引进低碳生态理念，基于空间规划的角度，对城市化建设过程中的空间改造方案进行不断优化，确保城市空间能够更好地契合低碳生态要求，在保障周边生态环境完整性的同时促进区域的高速发展。低碳城市规划分为五类：强调自然生态系统构建和保护规划、以社区为导向的规划、促进循环经济发展的规划、倡导绿色交通的规划以及生态型基础设施规划（李鑫，2014）。

对于西部河谷型城市在进行生态城市的建设过程中，应当积极借鉴当前国内外低碳型生态城市的建设策略：①对河谷型城市内部空间结构组织形态进行转变，城市结构形态向紧凑化发展，控制长距离交通运输，减少机动车尾气的排放量；②对现有城市的交通系统进行合理规划，加大公共交通与非机动交通运输的比重，河谷型城市应以轨道交通或区公共交通模式为主，不断完善公共交通路线和网络，提升居民的出行便利性；③应用更加先进的技术对空间规划方案进行进一步完善，切实调整河谷型城市的空间形态，从根本上提升土地资源开发利用率的低碳生态城市空间规划路径；④面对河谷型城市大气污染严重的现状，应该大力减少化石燃料，使用的新的可再生能源，如光伏电池板、生产和使用氢能源等新方法和新载体，须加强能源生产和储存技术的替代设计；⑤改变土地使用方式、减少汽车依赖、发展公共交通、城市绿化、规划、公民参与、协作和投资等系统方法措施，使得河谷型城市更可持续（碳中和）和宜居（Rossi et al.，2016；沈磊，2020；Nieuwenhuijsen，2020）。

人为热是绝大多数城市热环境的直接外部来源，河谷型城市人为热的排放更加集中，人为热不容易扩散，是城市热环境中一个关键胁迫因素，减少人为热排放可从源头改善城市热环境。基于人为热的减排措施主要分为两大类：一是减少排热，通过改变人们的生活方式、提高节能意识，开发新型建筑材料、改进工业设备和技术，例如减少私家车的使用可以减少二氧化碳、氮氧化物以及 $PM_{2.5}$ 的排放（Carroll et al.，2019），使用高效空气源热泵替代天然气炉可以将空间供热排放量每年减少46%~54%（Brockway and Delforge，2018）；二是将排放的废热重新利用，使用多余的热量可以提供一种减少一次能源使用并有助于全球二氧化碳减排，例如，相关学者以瑞典一个县为研究对象，采取热回收措施，每年可提供大约91GW·h热量进行区域供暖（Viklund and Johansson，2014）。

基于低碳、生态的城市热岛效应缓减目标，须系统构建"源-流-汇"风热环境规划理论的结论，同时从风源控制与保护、风道优化与改善、风汇区调整与优化三个方面提出低碳低热视角下的"源-流-汇"风热环境耦合优化策略（曾穗平等，2019）；城市中可以布置雨水花园、植被浅沟，形成与自然河湖水系相结合的低碳型绿化景观体系。从根源上改善能源，更多开发清洁能源，来抑制燃煤取暖所带来的弊端，在工厂采用清洁生产的新方式，尽量减少人为二氧化碳等气体的排放，缓解城市日益严重的热岛效应，从而保护城市自然生态。

在评估河谷型城市气候效应和制定减缓措施时，需充分考虑生态系统的调节和降温作用，增加绿地、水体、湿地的面积，并进行合理化布局；城市绿地是各城市调节热环境的主要措施，要针对区域的气候特点、经济状况等进行树种选择与合理规划。水体降温作用会增加湿度，要充分发挥城市湿地、池塘、喷泉等的作用。此外，在改进建筑材料的同时，强化屋顶绿化的作用，有效地发挥其生态效应，为改善热环境、提高空气质量和城市宜居性服务。目前就单一调控和缓解措施来说，仍存在一定的弊端，因此需要将两种或多种措施组合起来。在城市尺度上，塑造河谷型城市形态的开放性，缓解风道的阻塞，减少风对对流热量的排出和传递，按主要风向设计建筑与通风廊道结合进行通风可有效缓解热环境。倡导城市居民适当的生活、出行方式，积极节能减排。积极推广海绵城市建设模式，科学布局和合理配置海绵设施。减缓河谷型城市的城市气候效应是较为系统的综合性项目，要想取得较好的效果，需要各个方面的相互配合与努力，才能成就一个社会、经济以及自然和谐发展的生态型城市。

参 考 文 献

边晓辉，刘燕，丁倩倩，等．2019．浙江省湖州市土地利用和覆被变化对热岛效应的响应．水土保持通报，39（03）：263-269，275．

黄初冬，李丹君，陈前虎，等．2020．海绵城市建设缓解热岛的效应与机理——以浙江省嘉兴市为例．生态学杂志，39（2）：625-634．

金建伟，张雍雍，林志赟．2016．基于热环境模拟的城市高层小区低碳规划研究．沈阳：2016年中国城市规划年会．

康晓明，崔丽娟，赵欣胜，等．2015．北京市湿地缓解热岛效应功能分析．中国农学通报，31（22）：199-205．

李晗，吴家正，赵云峰，等．2016．建筑布局对住宅住区室外微环境的影响研究．建筑节能，44（3）：57-63．

李佳燕，孙然好，陈利顶．2020．城市热环境适应性对策研究综述．环境生态学，2（5）：11-19．

李建楠，张宝林，赵俊灵，等．2018．呼和浩特市城市化进程及其热岛效应影响因素探讨．环境科学导刊，37（2）：1-7．

李笑寒，胡聃，韩风森，等．2018．高层住宅小区建筑形态对微气象影响研究．生态科学，37（1）：178-185．

李鑫．2014．低碳空间规划指标体系的实施性探索．广州：华南理工大学硕士学位论文．

李悦．2018．上海中心城典型街区空间形态与微气候环境模拟分析．上海：华东师范大学硕士学位论文．

刘祎．2019．南京江北新区城市规划对区域热环境影响的多尺度数值模拟研究．南京：南京信息工程大学硕士学位论文．

刘增超，李家科，蒋丹烈．2018．基于URI指数的海绵城市热岛效应评价方法构建与应用．水资源与水工程学报，29（4）：53-58．

龙珊，苏欣，王亚楠，等．2016．城市绿地降温增湿效益研究进展．森林工程，32（1）：21-24．

沈磊．2020．低碳生态城市空间规划途径研究综述与展望．城市建筑，17（15）：45-46．

宋雯雯，陈佳，刘新超，等．2018．遂宁市海绵城市建设对其热岛效应影响的评估．高原山地气象研究，38（1）：70-76．

王君，刘宏．2020．从"花园城市"迈向"花园中的城市"新加坡打造一体化自然生态空间．资源导刊，367（1）：54-55．

邬尚霖，孙一民．2015．城市设计要素对热岛效应的影响分析——广州地区案例研究．建筑学报，565（10）：79-82.

谢哲宇，黄庭，李亚静，等. 2019. 南昌市土地利用与城市热环境时空关系研究. 环境科学与技术，42（S1）：241-248.

徐洪，杨世莉. 2018. 城市热岛效应与生态系统的关系及减缓措施. 北京师范大学学报（自然科学版），54（6）：790-798.

杨鑫，段佳佳. 2016. 不同临街空间模式对小气候环境的影响——以北京市城区典型临街空间为例. 城市问题，（7）：44-54.

殷正，马文军，完亦俊. 2020. 基于微气候及热舒适性的城市更新项目优化研究. 城市建筑，17（2）：7-15.

赵冬. 2016. 华南城市典型居住小区空间形态对微气候的影响研究. 广州：广东工业大学硕士学位论文.

曾穗平，田健，曾坚. 2019. 低碳低热视角下的天津中心城区风热环境耦合优化方法. 规划师，35（9）：32-39.

朱玲，由阳，程鹏飞，等. 2018. 海绵建设模式对城市热岛缓解效果研究. 给水排水，54（1）：65-69.

Aflaki A, Mirnezhad M, Ghaffarianhoseini A, et al. 2017. Urban heat island mitigation strategies: a state-of-the-art review on Kuala Lumpur, Singapore and Hong Kong. Cities, 62: 131-145.

Amani-Beni M, Zhang B, Xie G D, et al. 2018. Impact of urban park's tree, grass and waterbody on microclimate in hot summer days: a case study of Olympic Park in Beijing, China. Urban Forestry and Urban Greening, 32: 1-6.

Asadi A, Arefi H, Fathipoor H. 2020. Simulation of green roofs and their potential mitigating effects on the urban heat island using an artificial neural network: a case study in Austin, Texas. Advances in Space Research, 66(8): 1846-1862.

Brockway A M, Delforge P. 2018. Emissions reduction potential from electric heat pumps in California homes. The Electricity Journal, 31: 44-53.

Cai Y B, Li H M, Ye X Y, et al. 2016. Analyzing three-decadal patterns of land use/land cover change and regional ecosystem services at the landscape level: case study of two coastal metropolitan regions, Eastern China. Sustainability, 8(8): 773.

Cai Z, Han G F, Chen M C. 2018. Do water bodies play an important role in the relationship between urban form and land surface temperature?. Sustainable Cities and Society, 39: 487-498.

Carroll P, Caulfield B, Ahern A. 2019. Measuring the potential emission reductions from a shift towards public transport. Transportation Research Part D, 73: 338-351.

Charoenkit S, Yiemwattana S. 2016. Living walls and their contribution to improved thermal comfort and carbon emission reduction: a review. Building and Environment, 105: 82-94.

Chen R N, You X Y. 2020. Reduction of urban heat island and associated greenhouse gas emissions. Mitigation and Adaptation Strategies for Global Change, 25: 689-711.

Clerici N, Cote-Navarro F, Escobedo F J, et al. 2019. Spatio-temporal and cumulative effects of land use-land cover and climate change on two ecosystem services in the Colombian Andes. Science of the Total Environment, 685: 1181-1192.

Conlon K, Monaghan A, Hayden M, et al. 2016. Potential impacts of future warming and land use changes on intra-urban heat exposure in Houston, Texas. Plos One, 11(2): e0148890.

Dong J, Lin M X, Zuo J, et al. 2020. Quantitative study on the cooling effect of green roofs in a high-density urban area: a case study of Xiamen, China. Journal of Cleaner Production, 255: 120152.

Du H Y, Song X J, Jiang H, et al. 2016. Research on the cooling island effects of water body: a case study of Shanghai, China. Ecological Indicators, 67: 31-38.

Elqattan A A, Elrayies G M. 2021. Developing a novel solar-driven cool pavement to improve the urban microclimate. Sustainable Cities and Society, 64: 102554.

Estoque R C, Murayama Y. 2017. Monitoring surface urban heat island formation in a tropical mountain city using Landsat data (1987–2015). ISPRS Journal of Photogrammetry and Remote Sensing, 133: 18-29.

Estoque R C, Murayama Y, Myint S W. 2017. Effects of landscape composition and pattern on land surface temperature: an urban heat island study in the megacities of Southeast Asia. Science of the Total Environment, 577: 349-359.

Feitosa R C, Wilkinson S J. 2018. Attenuating heat stress through green roof and green wall retrofit. Building and Environment, 140: 11-22.

Gao K, Santamouris M, Feng J. 2020. On the cooling potential of irrigation to mitigate urban heat island. Science of the Total Environment, 740: 139754.

Ghosh S, Das A. 2018. Modelling urban cooling island impact of green space and water bodies on surface urban heat island in a continuously developing urban area. Modeling Earth Systems and Environment, 4(2): 501-515.

Gu K K, Fang Y H, Qian Z, et al. 2020. Spatial planning for urban ventilation corridors by urban climatology. Ecosystem Health and Sustainability, 6(1): 1747946.

Gunawardena K R, Wells M J, Kershaw T. 2017. Utilising green and bluespace to mitigate urban heat island intensity. The Total of Environment, 584: 1040-1055.

Guo M H, Chen S H, Wang W M. et al. 2019. Spatiotemporal variation of heat fluxes in Beijing with land use change from 1997 to 2017. Physics and Chemistry of the Earth, 110: 51-60.

Gupta N, Mathew A, Khandelwal S. 2019. Analysis of cooling effect of water bodies on land surface temperature in nearby region: a case study of Ahmedabad and Chandigarh cities in India. The Egyptian Journal of Remote Sensing and Space Sciences, 22: 81-93.

He B J, Ding L, Prasad D. 2020. Wind-sensitive urban planning and design: precinct ventilation performance and its potential for local warming mitigation in an open midrise gridiron precinct. Journal of Building Engineering, 29: 101145.

Hejl M, Mohapl M, Bříza L. 2020. Modular green roofs and their usage in the world. International Journal of Engineering Research in Africa, 47: 103-108.

Herrera-Gomez S S, Quevedo-Nolasco A, Pérez-Urrestarazu L. 2017. The role of green roofs in climate change mitigation. a case study in Seville (Spain). Building and Environment, 123: 575-584.

Jacobs C, Klok L, Bruse M. 2020. Are urban water bodies really cooling? Urban Climate, 32: 100607.

Jamei E, Ossen D R, Seyedmahmoudian M, et al. 2020. Urban design parameters for heat mitigation in tropics. Renewable and Sustainable Energy Reviews, 134: 110362.

Jenerette G D, Harlan S L, Buyantuev A, et al. 2016. Micro-scale urban surface temperatures are related to land-cover features and residential heat related health impacts in Phoenix, AZ USA. Landscape Ecology, 31: 745-760.

Jin C Q, Bai X L, Luo T, et al. 2018. Effects of 'green roofs' variations on the regional thermal environment using measurements and simulations in Chongqing, China. Urban Forestry and Urban Greening, 29: 223-237.

Khamchiangta D, Dhakal S. 2020. Time series analysis of land use and land cover changes related to urban heat island intensity: case of Bangkok Metropolitan Area in Thailand. Journal of Urban Management, 9(4): 383-395.

Knight T, Price S, Bowler D, et al. 2016. How effective is 'greening' of urban areas in reducing human exposure to ground-level ozone concentrations, UV exposure and the 'urban heat island effect'? A protocol to update a systematic review. Environmental Evidence, 5(1): 3.

Koc C B, Osmond P, Peters A. 2018. Evaluating the cooling effects of green infrastructure: a systematic review of methods, indicators and data sources. Solar Energy, 166: 486-508.

Li D, Bou-Zeid E, Oppenheimer M. 2014. The effectiveness of cool and green roofs as urban heat island mitigation strategies. Environmental Research Letters, 9: 055002.

Lin W Q, Yu T, Chang X Q, et al. 2015. Calculating cooling extents of green parks using remote sensing: method and test. Landscape and Urban Planning, 134: 66-75.

Lin Y, Wang Z F, Jim C Y, et al. 2020. Water as an urban heat sink: blue infrastructure alleviates urban heat island effect in mega-city agglomeration. Journal of Cleaner Production, 262: 121411.

Lu J, Li Q S, Zeng L Y, et al. 2017. A micro-climatic study on cooling effect of an urban park in a hot and humid climate. Sustainable Cities and Society, 32: 513-522.

Ma Y, Kuang Y Q, Huang N S. 2010. Coupling urbanization analyses for studying urban thermal environment and its interplay with biophysical parameters based on TM/ETM+ imagery. International Journal of Applied Earth Observation and Geoinformation, 12(2): 110-118.

Macedo J. 2011. Maringá: a british garden city in the tropics. Cities, 28(4): 347-359.

Mohajerani A, Bakaric J, Jeffrey-Bailey T. 2017. The urban heat island effect, its causes, and mitigation, with reference to the thermal properties of asphalt concrete. Journal of Environmental Management, 197: 522-538.

Morabito M, Crisci A, Georgiadis T, et al. 2017. Urban imperviousness effects on summer surface temperatures nearby residential buildings in different urban zones of Parma. Remote Sensing, 10(1): 26.

Moss J L, Doick K J, Smith S, et al. 2019. Influence of evaporative cooling by urban forests on cooling demand in cities. Urban Forestry and Urban Greening, 37: 65-73.

Nguyen H H, Recknagel F, Meyer W. 2019. Effects of projected urbanization and climate change on flow and nutrient loads of a Mediterranean catchment in South Australia. Ecohydrology and Hydrobiology, 19: 279-288.

Nieuwenhuijsen M J. 2020. Urban and transport planning pathways to carbon neutral, liveable and healthy cities: a review of the current evidence. Environment International, 140: 105661.

Oke T R. 1988. Street design and urban canopy layer climate. Energy and Buildings, 11(1-3): 103-113.

Oliveira S, Andrade H, Vaz T. 2011. The cooling effect of green spaces as a contribution to the mitigation of urban heat: a case study in Lisbon. Building and Environment, 46(11): 2186-2194.

Park J, Kim J H, Dvorak B, et al. 2018. The role of green roofs on microclimate mitigation effect to local climates in summer. International Journal of Environmental Research, 12: 671-679.

Perez G, Allegro V R, Corroto M, et al. 2018. Smart reversible thermochromic mortar for improvement of energy efficiency in buildings. Construction and Building Materials, 186: 884-891.

Pickard B R, Van B D, Petrasova A, et al. 2017. Forecasts of urbanization scenarios reveal trade-offs between landscape change and ecosystem services. Landscape Ecology, 32(3): 617-634.

Ranagalage M, Murayama Y, Dissanayake D, et al. 2019. The impacts of landscape changes on annual mean land surface temperature in the tropical mountain city of Sri Lanka: a case study of Nuwara Eliya (1996–2017). Sustainability, 11(19): 5517.

Rossi F, Bonamente E, Nicolini A, et al. 2016. A carbon footprint and energy consumption assessment methodology for UHI-affected lighting systems in built areas. Energy and Buildings, 114: 96-103.

Santamouris M. 2014. On the energy impact of urban heat island and global warming on buildings. Energy and Buildings, 82: 100-113.

Santamouris M, Cartalis C, Synnefa A, et al. 2015. On the impact of urban heat island and global warming on the power demand and electricity consumption of buildings—a review. Energy and Buildings, 98: 119-124.

Santamouris M, Ding L, Fiorito F, et al. 2016. Passive and active cooling for the outdoor built environment–analysis and assessment of the cooling potential of mitigation technologies using performance data from 220 large scale projects. Solar Energy, 154: 14-33.

Santamouris M, Yun G Y. 2020. Recent development and research priorities on cool and super cool materials to mitigate urban heat island. Renewable Energy, 161: 792-807.

Shafiee E, Faizi M, Yazdanfar S A, et al. 2020. Assessment of the effect of living wall systems on the improvement of the urban heat island phenomenon. Building and Environment, 181: 106923.

Shafique M, Kim R, Rafiq M. 2018. Green roof benefits, opportunities and challenges – a review. Renewable and Sustainable Energy Reviews, 90: 757-773.

Sharifi A. 2020. Trade-offs and conflicts between urban climate change mitigation and adaptation measures: a literature review. Journal of Cleaner Production, 276: 122813.

Shih W Y, Ahmad S, Chen Y C, et al. 2020. Spatial relationship between land development pattern and intra-urban thermal variations in Taipei. Sustainable Cities and Society, 62: 102415.

Sugawara H, Shimizu S, Takahashi H, et al. 2016. Thermal influence of a large green space on a hot urban environment. Journal of Environmental Quality, 45(1): 125-133.

Sun F Y, Liu M, Wang Y C, et al. 2020. The effects of 3D architectural patterns on the urban surface temperature at a neighborhood scale: relative contributions and marginal effects. Journal of Cleaner Production, 258: 120706.

Sun R H, Chen L D. 2012. How can urban water bodies be designed for climate adaptation? Landscape and Urban Planning, 105(1-2): 27-33.

Sun R H, Chen L D. 2017. Effects of green space dynamics on urban heat islands: mitigation and diversification. Ecosystem Services, 23: 38-46.

Syafii N I, Ichinose M, Wong N H, et al. 2016. Experimental study on the influence of urban water body on thermal environment at outdoor scale model. Procedia Engineering, 169: 191-198.

Taleghani M, Berardi U. 2018. The effect of pavement characteristics on pedestrians' thermal comfort in Toronto. Urban Climate, 24: 449-459.

Testa J, Krarti M. 2017. A review of benefits and limitations of static and switchable cool roof systems. Renewable and Sustainable Energy Reviews, 77: 451-460.

Turner B L. 2016. Land system architecture for urban sustainability: new directions for land system science illustrated by application to the urban heat island problem. Journal of Land Use Science, 11(6): 689-697.

Viklund S B, Johansson M T. 2014. Technologies for utilization of industrial excess heat: potentials for energy recovery and CO_2 emission reduction. Energy Conversion and Management, 77: 369-379.

Wang J S, Meng Q L, Tan K H, et al. 2018. Experimental investigation on the influence of evaporative cooling of permeable pavements on outdoor thermal environment. Building and Environment, 140: 184-193.

Wong I, Baldwin A N. 2016. Investigating the potential of applying vertical green walls to high-rise residential buildings for energy-saving in sub-tropical region. Building and Environment, 97: 34-39.

Wong N H, Tan A Y K, Chen Y, et al. 2010. Thermal evaluation of vertical greenery systems for building walls. Building and Environment, 45(3): 663-672.

Wu J S, Li S, Shen N, et al. 2020. Construction of cooling corridors with multiscenarios on urban scale: a case study of Shenzhen. Sustainability, 12: 5903.

Wu Z F, Chen L D. 2017. Optimizing the spatial arrangement of trees in residential neighborhoods for better cooling effects: integrating modeling with in-situ measurements. Landscape and Urban Planning, 167: 463-472.

Xiao X D, Dong L, Yan H N, et al. 2018. The influence of the spatial characteristics of urban green space on the urban heat island effect in Suzhou Industrial Park. Sustainable Cities and Society, 40: 428-439.

Xu L, Wang J Y, Xiao F P, et al. 2021. Potential strategies to mitigate the heat island impacts of highway pavement on megacities with considerations of energy uses. Applied Energy, 281: 116077.

Yamak B, Yagci Z, Bilgilioglu B B, et al. 2021. Investigation of the effect of urbanization on land surface temperature example of Bursa. International Journal of Engineering and Geosciences,

6(1): 1-8.

Yan C H, Guo Q P, Li H Y, et al. 2020. Quantifying the cooling effect of urban vegetation by mobile traverse method: a local-scale urban heat island study in a subtropical megacity. Building and Environment, 169: 106541.

Zhang G C, He B J, Zhu Z Z, et al. 2019. Impact of morphological characteristics of green roofs on pedestrian cooling in subtropical climates. International Journal of Environmental Research and Public Health, 16(2): 179.

Zhang Y, Murray A T, Turner B L. 2017. Optimizing green space locations to reduce daytime and nighttime urban heat island effects in Phoenix, Arizona. Landscape and Urban Planning, 165: 162-171.

Zhou B, Rybski D, Kropp J P. 2017. The role of city size and urban form in the surface urban heat island. Scientific Reports, 7: 4791.